1+X 职业技能等级证书（可编程控制器系统应用编程）配套教材

可编程控制器系统应用编程

（初级）

组　编　无锡信捷电气股份有限公司
　　　　全国机械行业工业机器人与
　　　　智能装备职业教育集团
主　编　吴茹石　刘婧瑶　马成俊
副主编　邸静妍　任　玮　王　洋
参　编　俞亚平　李海波　李　坤

机 械 工 业 出 版 社

本书以可编程控制器系统应用编程职业技能等级标准（初级）为开发依据，结合企业生产实际要求，以典型项目为载体，以工作任务为中心，以行业案例为拓展，体现了较强的适用性、先进性与前瞻性。读者可以通过基础篇三个项目的学习，掌握可编程控制器系统构成、电路连接及其工艺要求、编程语言等基础知识；通过应用篇中公路交通灯系统、彩灯广告屏显示控制系统、自助洗车机系统的项目实践，学习可编程控制器系统设计的方式方法、电工工艺、常用编程方法等内容，掌握项目实施必备理论知识和实践方法，自主完成相关任务，初步具备承担自动化生产线系统的设计、安装、编程和调试的能力。

本书可作为中、高职院校装备制造类相关专业的教材，也可作为从事可编程控制器系统开发相关工程技术人员的参考资料和培训用书。

为方便教学，本书配有课件、模拟试卷及答案等教学资源，凡选用本书作为授课教材的老师，均可通过 QQ（3045474130）咨询。

图书在版编目（CIP）数据

可编程控制器系统应用编程：初级 / 无锡信捷电气股份有限公司，全国机械行业工业机器人与智能装备职业教育集团组编；吴茹石，刘婧瑶，马成俊主编 . —北京：机械工业出版社，2023.8

1+X 职业技能等级证书（可编程控制器系统应用编程）配套教材

ISBN 978-7-111-73690-5

Ⅰ . ①可…　Ⅱ . ①无… ②全… ③吴… ④刘… ⑤马…　Ⅲ . ①可编程序控制器 – 应用程序 – 程序设计 – 职业技能 – 鉴定 – 教材　Ⅳ . ① TP332.3

中国国家版本馆 CIP 数据核字（2023）第 153198 号

机械工业出版社（北京市百万庄大街 22 号　邮政编码 100037）

策划编辑：曲世海　　　　　　责任编辑：曲世海　冯睿娟

责任校对：张昕妍　李小宝　　责任印制：郜　敏

北京富资园科技发展有限公司印刷

2024 年 1 月第 1 版第 1 次印刷

184mm×260mm · 14 印张 · 335 千字

标准书号：ISBN 978-7-111-73690-5

定价：45.00 元

电话服务	网络服务
客服电话：010-88361066	机　工　官　网：www.cmpbook.com
010-88379833	机　工　官　博：weibo.com/cmp1952
010-68326294	金　　书　　网：www.golden-book.com
封底无防伪标均为盗版	机工教育服务网：www.cmpedu.com

前　言

本书是1+X职业技能等级证书——可编程控制器系统应用编程（初级）的配套教材。

本书根据可编程控制器系统应用编程职业技能等级标准（初级），按照“项目载体、技术主线”的指导思路编写。全书分为基础篇和应用篇两大部分，其中基础篇包含认识可编程控制器系统、硬件连接和软件配置、可编程控制器系统基础应用三个项目；应用篇包含公路交通灯系统应用编程、彩灯广告屏显示控制系统应用编程、自助洗车机系统应用编程三个项目。书中项目结合了典型生产案例，涵盖了标准中涉及的技术技能点，由易到难，深入浅出，适用于不同层面读者的学习。通过项目载体，整合理论知识和实践知识，培养职业技能，实现教学内容和岗位职业能力培养的对接；通过技术主线，抓住职教课程的技术本质，解决项目课程存在的覆盖面窄、技术丢失等问题；通过项目驱动，实现教学目标的达成，满足集中教学和分组教学相结合、过程评价和结果评价相结合的教学实施过程。

本书由无锡信捷电气股份有限公司、全国机械行业工业机器人与智能装备职业教育集团组编。由吴茹石、刘婧瑶、马成俊担任主编，邸静妍、任玮、王洋担任副主编，俞亚平、李海波、李坤参与了编写。

由于编者水平有限，书中难免有不足之处，恳请各使用单位和个人提出宝贵意见和建议。

编　者

目　录

前言

基础篇

项目 1　认识可编程控制器系统 …… 2
1.1　认识可编程控制器 …… 5
1.2　认识人机界面 …… 20
1.3　扩展模块 …… 25
1.4　认识步进驱动系统 …… 31
1.5　认识伺服系统 …… 35
1.6　认识变频器系统 …… 41
1.7　6S 整理 …… 46
项目 2　硬件连接和软件配置 …… 48
2.1　硬件连接 …… 52
2.2　软件配置 …… 84
2.3　6S 整理 …… 109
项目 3　可编程控制器系统基础应用 …… 110
3.1　可编程控制器基础指令 …… 111
3.2　人机界面基础编程 …… 143
3.3　6S 整理 …… 161

应用篇

项目 4　公路交通灯系统应用编程 …… 164
4.1　项目分析 …… 166
4.2　相关知识 …… 166
4.3　项目实施 …… 169
4.4　6S 整理 …… 179

项目 5 彩灯广告屏显示控制系统应用编程 …… 180

5.1 项目分析 …… 182

5.2 相关知识 …… 183

5.3 项目实施 …… 189

5.4 6S 整理 …… 197

项目 6 自助洗车机系统应用编程 …… 198

6.1 项目分析 …… 200

6.2 相关知识 …… 201

6.3 项目实施 …… 207

6.4 6S 整理 …… 217

参考文献 …… 218

基础篇

项目 1 认识可编程控制器系统

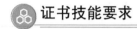

证书技能要求

可编程控制器系统应用编程职业技能等级证书技能要求（初级）	
序号	职业技能要求
1.1.1	能够正确查阅设备用户手册
1.1.2	能够正确选择可编程控制器
1.2.1	能够正确选择人机界面
1.2.2	能够正确安装人机界面
1.3.1	能够正确选择输入 / 输出扩展模块
1.3.2	能够正确选择模拟量输入 / 输出扩展模块
1.3.3	能够正确选择左扩展 ED 模块
1.3.4	能够正确选择扩展 BD 板
1.4.1	能够正确选择步进电动机及步进驱动器
1.5.1	能够正确选择伺服电动机及伺服驱动器
1.6.1	能够正确选择信捷变频器

项目导入

可编程控制器（PLC）是自动化生产线以及自动化控制系统中的核心部件，主要承担对现场的逻辑控制、运动控制、数据通信和视觉分析等任务。自第一台 PLC 诞生以来，其技术迅速发展，尤其是进入智能制造时代，PLC 呈现出产品规模两极化、通信网络化、模块化、智能化、编程语言 / 工具多样化和标准化等新特征。通过本项目的学习，读者可以了解 PLC 的产生及发展过程，了解 PLC 的分类、特点和典型应用，掌握 PLC 的结构和工作方式，以及 PLC 外围设备的基础知识。

本项目包含 3 项内容：了解可编程控制器的定义、发展、分类、特点和典型应用；认识信捷 XD 系列 PLC，学习信捷 XD 系列 PLC 的结构、单元型号含义和工作方式；认识信捷 PLC 外围设备，包括 TGM 系列人机界面、XD 系列拓展模块，步进运动控制系统

（由 MP3 系列步进电动机和 DP3L 系列步进驱动器构成）、伺服运动控制系统（由 MS5 系列伺服电动机和 DS5 系列伺服驱动器构成）、变频器（VH5 系列、VB5N 系列）等，学习这些外围设备的型号含义、电气参数、接口说明、面板显示和按键功能等。

学习目标

知识目标	了解 PLC 的产生和发展 了解 PLC 的分类、特点和基本应用 理解 PLC 的工作方式 掌握 PLC 的定义和结构
技能目标	能够认识信捷 XD 系列 PLC，说出其单元型号含义 能够认识信捷 PLC 的各种外围设备，说出其单元型号含义
素养目标	关注智能制造发展的过程，激发对科学技术探究的好奇心与求知欲 树立安全生产意识，养成规范操作的职业习惯 培养学生具有团队合作、沟通协作精神，主动适应团队工作要求

实施条件

分类	名称	实物	数量
硬件准备	信捷 XD 系列 PLC		1 台
	信捷 TGM 系列人机界面		1 台
	信捷 XD 系列输入 / 输出拓展模块		1 个

（续）

分类	名称	实物	数量
硬件准备	信捷 XD 系列模拟量输入 / 输出模块	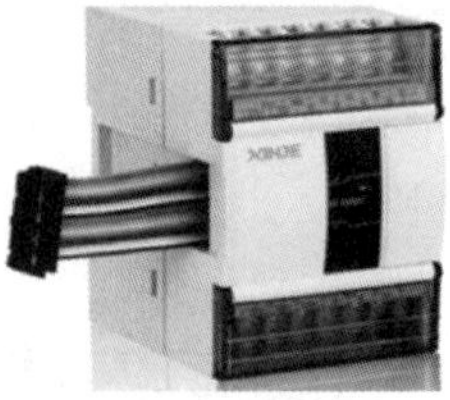	1 个
	信捷 XD 系列左拓展 ED		1 个
	信捷 XD 系列精确时钟 BD 板		1 块
	信捷 XD 系列通信扩展 BD 板		1 块
	MP3 系列步进电动机		1 台
	DP3L 系列步进驱动器		1 台
	DS5 系列伺服驱动器		1 台

（续）

分类	名称	实物	数量
硬件准备	MS5 系列伺服电动机		1 台
	VB5N 系列变频器		1 台
	VH5 系列变频器		1 台

1.1 认识可编程控制器

一、可编程控制器的定义

随着微处理器、计算机和数字通信技术的飞速发展，计算机控制已扩展到了所有的工业领域。随着现代制造业的发展，小批量、多品种、多规格、低成本和高质量产品的需求不断增加，对生产设备和自动化生产线控制系统要求有更高的可靠性和灵活性，可编程控制器（Programmable Logic Controller，PLC）正是顺应这些要求出现的，它是以微处理器为基础的通用工业控制装置。

为了使其生产和发展标准化，国际电工委员会（IEC）在 1987 年 2 月颁布的可编程控制器标准草案的第三稿中将 PLC 定义为："可编程控制器是一种数字运算操作的电子系统，专为在工业环境应用而设计。它采用一类可编程的存储器，用于其内部存储程序，执行逻辑运算、顺序控制、定时、计数与算术操作等面向用户的指令，并通过数字或模拟式输入 / 输出控制各种类型的机械或生产过程。可编程控制器及其有关外部设备，都按易于与工业控制系统联成一个整体，易于扩充其功能的原则设计。"

可编程控制器是专为工业环境应用而设计制造的计算机。它具有丰富的输入 / 输出接口，并且具有较强的驱动能力。但可编程控制器产品并不针对某一具体工业应用，在实际应用时，其硬件需根据实际需要进行选用配置，其软件需根据控制要求进行设计编制。

二、可编程控制器的发展历程和趋势

1. 可编程控制器的发展历程

1968 年美国通用汽车公司（GM）为了适应汽车型号的不断更新、生产工艺不断变化的需要，寻求一种新型工业控制器，希望能做到尽可能减少重新设计和更换继电器控制系统及接线，以降低成本，缩短周期。

1969 年，美国数字设备公司（DEC）研制出第一台 PLC PDP-14，并在美国通用汽车自动装配线上试用，获得成功。这种新型的电控装置很快就在美国得到了推广应用，1971 年日本从美国引进这项技术试制出日本第一台 PLC，1973 年德国西门子公司研制出欧洲第一台 PLC。

20 世纪 70 年代初出现了微处理器。人们很快将其引入可编程控制器，使 PLC 增加了运算、数据传送及处理等功能，成为真正具有计算机特征的工业控制装置。此时的 PLC 为计算机技术和继电器常规控制概念相结合的产物。20 世纪 70 年代中末期，可编程控制器进入实用化发展阶段，计算机技术已全面引入可编程控制器中，使其功能发生了飞跃。更高的运算速度、超小型体积、更可靠的工业抗干扰设计、模拟量运算、PID 功能及极高的性价比奠定了它在现代工业中的地位。

20 世纪 80 年代初，可编程控制器在先进工业国家中已获得广泛应用。世界上生产可编程控制器的国家日益增多，产量日益上升。这标志着可编程控制器已步入成熟阶段。

20 世纪 80 年代至 90 年代中期，是 PLC 发展最快的时期，年增长率一直保持为 30% ～ 40%。在这个时期，PLC 在处理模拟量能力、数字运算能力、人机接口能力和网络能力等方面得到大幅度提高，PLC 逐渐进入过程控制领域，在某些应用上取代了在过程控制领域处于统治地位的集散控制系统（DCS）。

20 世纪末，可编程控制器发展了大型机和超小型机，诞生了各种各样的特殊功能单元，生产了各种人机界面单元、通信单元，使应用可编程控制器的工业控制设备配套更加容易。

目前，世界上有 200 多家 PLC 厂商，产品系列较多，其中比较著名的有美国的罗克韦尔自动化和霍尼韦尔，它们是工业自动化领域的老牌公司。欧洲主要有德国的西门子、菲尼克斯电气、皮尔磁工业自动化，法国的施耐德电气等公司在 PLC 领域较为突出，特别是西门子公司的 PLC，在中大型 PLC 方面所占的市场份额较大，为 30% ～ 40%。日本有三菱电机、横河电机、欧姆龙等公司，在小型 PLC 方面，日本各厂家占领的市场份额最大。

我国 1974 年开始研制 PLC，1977 年开始工业应用。最初是从成套设备引进应用，主要用于当时国民经济发展的重点核心产业，如冶金、电力、自动化生产线等大型设备和系统。在引进过程中，我国不断消化、吸收关键技术，出现了一批优秀企业，如和利时、信捷电气等。目前我国 PLC 行业产品结构主要以小型 PLC 为主，小型 PLC 产品规模占比超过 50%。目前国产 PLC 及伺服平均产品价格相比日企品牌要低 10% ～ 20%，相比欧美品牌低 20% ～ 30%，并且在产品质量等方面已经在不断接近国际一线品牌水平。因此国内企业逐渐成为主要工控产品性价比最高的供应商，市场份额逐步扩大。

近年来，我国政府多次出台政策推动智能制造快速发展，也进一步推动了 PLC 的产品升级。例如，2018年工信部公布了《2018年工业强基工程重点产品、工艺“一条龙”应用计划示范企业、示范项目名单》，从6大应用方向开展相关工作，其中的控制器“一条龙”应用计划分为可编程控制器和机器人控制器两大类。在可编程控制器方面，小型PLC入选示范项目，包括无锡信捷电气的PLC可编程运行平台及编程工具、蓝普锋科技的基于信息安全的PLC及硬件平台研制等项目。而大中型PLC，包括南大傲拓的控制器“一条龙”应用计划、和利时的自主可控PLC系列产品研发和产业化、中电智能的安全可控可编程逻辑控制器（PLC)、科远自动化的PLC控制器软件及硬件平台的优化设计与研发等项目。国内的PLC厂家通过这些项目实现产业链技术协作，进一步强化控制器技术基础，提升PLC产品性能，丰富PLC产品线，铸就了具有国际影响力的国产PLC品牌。

从近些年的统计数据来看，在世界范围内，PLC的产量、销量、用量高居工业控制装置榜首，为各种各样的自动化控制设备提供了非常可靠的控制应用，为制造业智能升级和改造提供助力。

2. 可编程控制器的发展趋势

在智能制造的大背景下，PLC的发展趋势主要体现在以下几个方面：

1）高速度、大容量方向发展。随着复杂系统控制要求越来越高，及微处理器与计算机技术的不断发展，用户对PLC的信息处理速度要求也越来越高，要求PLC存储器容量也越来越大。目前，有的PLC的扫描速度可达0.1ms/k步。存储容量方面，有的PLC最高可达几十兆字节。为扩大存储容量，有的公司已使用了磁泡存储器或硬盘。

2）高性能、小型化方向发展。智能制造等概念的落地促使小型PLC的功能正逐渐向中型PLC靠拢，即向高性能方向发展。PLC不但具有强大的模拟量处理能力，还具备浮点数运算、PID调节、温度控制、精确定位、步进驱动、报表统计等高级处理能力，形成了强大的工业控制对应能力。

3）网络化、标准化方向发展。一般PLC都有专用通信模块与计算机通信，可以保证在完成设备控制任务的同时，还可以与上位计算机管理系统联网，可以实现从包括数据采集和执行的设备层，直至进行整体生产管理的IT层的无缝连接，实现生产现场顺畅的数据通信，为智能制造提供强力支持。

为了加强联网通信能力，PLC生产厂家之间也在协商制订通用的通信标准，以构成更大的网络系统。随着现场总线技术的发展，PLC与其他安装在现场的智能化设备，比如智能化仪表、传感器、智能型电磁阀、智能型驱动执行机构等，通过一根传输介质（如双绞线、同轴电缆、光缆）连接起来，并按照同一通信规则互相传输信息，由此构成一个现场工业控制网络，这种网络与单纯的PLC远程网络相比，配置更灵活，扩容更方便，造价更低，性能价格比更好，也更具开放意义。

4）模块化、智能化方向发展。为满足工业自动化各种控制系统的需要，近年来，PLC制造商先后开发了不少新器件和模块，如智能I/O模块、温度控制模块和专门用于检测PLC外部故障的专用智能模块等，这些模块的开发和应用不仅增强了功能，扩展了PLC的应用范围，还提高了系统的可靠性。

5）“控制＋驱动”一体化方向发展。随着PLC对产品技术和解决方案对软件能力要求越来越高，单一维度的通用产品未来将难以满足市场的需求，一体化专机将成为未来的发展趋势。未来，“控制＋驱动”一体化将成为行业内各工业自动化控制设备厂商的发展方向，通过 PLC 和驱动器产品的一体化，可极大地降低系统成本与体积、提升系统总体性能。

6）编程操作简易化方向发展。目前 PLC 推广的难度之一就是复杂的编程使得用户望而却步，而且不同厂商 PLC 所用编程语言也不尽相同，用户往往需要掌握多种编程语言，难度较大，编程过程既繁琐又容易出错，阻碍了 PLC 的进一步推广应用。PLC 的发展正朝着操作简易化方向迈进，例如使用编程向导简化对复杂任务的编程，只需要在对话框中输入一些参数，就可以自动生成用户程序，大大方便了用户的使用。

三、可编程控制器的特点和基本应用

1. 可编程控制器的特点

为适应工业环境使用，与一般控制装置相比较，PLC 具有以下特点：

1）可靠性高，抗干扰能力强。PLC 由于采用高度集成化的电路，采用严格的生产工艺制造，采取了一系列硬件和软件抗干扰措施，具有很高的可靠性。从实际使用情况来看，PLC 控制系统的平均无故障时间一般可达 4 万～ 5 万 h。

2）编程简单，使用方便。目前大多数 PLC 采用电气技术人员熟悉的继电器形式的“梯形图编程方式”，易于接受，使用方便。为了能够进一步简化编程，PLC 还针对具体问题设计了诸如步进指令、特殊功能指令等，用户经过很短时间的训练即能学会使用。

3）适应性强，应用灵活。PLC 控制逻辑的建立是程序，用程序代替硬件接线。当系统的控制要求改变时，可以通过更改程序来实现，方便快捷。另外 PLC 产品均成系列化生产，品种齐全，多数采用模块式硬件结构，组合和扩展方便，用户可根据自己需要灵活选用，以满足大小不同及功能繁简各异的控制系统的要求。

4）维修方便、功能完善。PLC 有完善的自诊断、数据存储及监视功能，其内部工作状态、通信状态、异常状态和 I/O 点等的状态均有显示。工作人员通过它可以查出故障原因，便于迅速处理。除基本的逻辑控制、定时、计数和算术运算等功能外；配合特殊功能模块 PLC 还可以实现运动控制、PID 运算、过程控制和数字控制等功能，方便了工厂管理及与上位机通信；通过远程模块还可以控制远方设备。

5）体积小、质量轻。由于 PLC 采用了微电子技术，因而体积小、结构紧凑、质量轻、功耗低，而且具备很强的抗干扰能力，易于装入机械设备内部，因而成为实现“机电一体化”较理想的控制设备。

由于 PLC 具备了以上特点，它的应用几乎覆盖了所有的工业企业，既能改造传统机械产品成为机电一体化的新一代产品，又适用于生产过程控制，实现工业生产的优质、高产、节能与降低成本。

2. PLC 的基本应用

PLC 是一种将自动化技术、计算机技术、通信技术融为一体的新型工业控制装置，广泛应用在钢铁、汽车、化工、电力、建材、机械制造、轻纺、交通运输、环保及文化娱乐等行业。图 1-1 所示为我国 PLC 应用领域示意图。

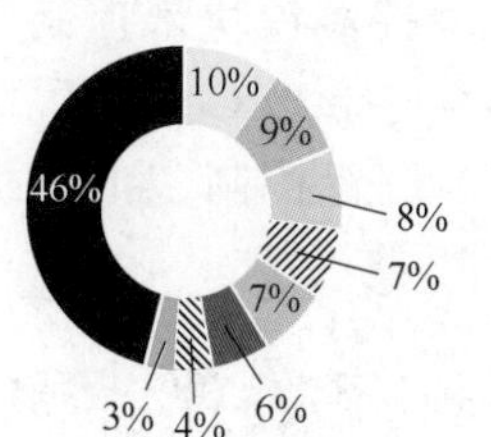

a) 国内大中型PLC应用领域

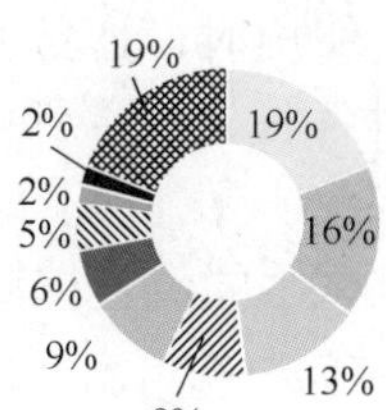

b) 国内小型PLC应用领域

图 1-1　我国 PLC 应用领域示意图

PLC 的具体应用主要有以下方面：

（1）开关量的逻辑控制　PLC 最初就是代替传统的继电器控制，实现逻辑控制和顺序控制。PLC 控制开关量的输入 / 输出点数，少的十几点、几十点，多的可达几百点、几千点，甚至几万点。它可用于单台设备的控制，也可用于自动化流水线，还可应用于机床电气控制、电动机控制、注塑机控制（见图 1-2）、电镀生产线（见图 1-3）、电梯控制等。

图 1-2　全自动注塑机实物图

图 1-3　电镀生产线实景图

（2）过程控制　过程控制是指对温度、压力、流量等模拟量的闭环控制，广泛应用于冶金、化工、机械、电力、建材等行业，具体应用如图 1-4、图 1-5 所示。为了使 PLC 处理模拟量，PLC 厂家都生产配套有 A/D 和 D/A 转换模块，便于 PLC 实现模拟量控制。对于一般闭环控制系统使用较多的 PID 调节，PLC 厂家配备了 PID 模块，用于实现闭环过程控制。

图 1-4　锅炉自动控制系统实景图

图 1-5　中药提取自动控制系统实景图

（3）运动控制 在实际使用时，通常是利用 PLC 的专用运动控制模块来控制步进电动机或伺服电动机，实现对各种机械部件的运动控制。世界上各主要 PLC 生产厂家的产品几乎都具有运动控制功能，广泛应用于数控机床（见图 1-6）位置控制、工业机器人（见图 1-7）的运动控制、机械手的位置控制、电梯运动控制等。

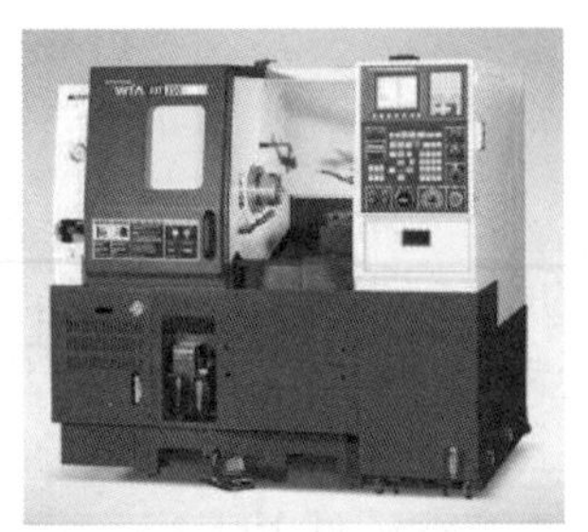

图 1-6 数控机床实物图

图 1-7 工业机器人实物图

（4）数据采集处理 PLC 具有数学运算（含矩阵运算、函数运算、逻辑运算）、数据传送、数据转换、排序、查表及位操作等功能，可对生产现场进行数据采集、分析、处理。PLC 一般用于大型控制系统，如无人控制的柔性制造系统，如图 1-8 所示；也可用于过程控制系统，如造纸、冶金、食品工业中的一些大型控制系统。

图 1-8 马扎克（MAZAK）公司的 FMS（柔性制造系统）实景图

（5）通信联网、多级控制 PLC 通信包括 PLC 与 PLC 之间的通信和 PLC 与其他设备之间的通信。由一台计算机与多台 PLC 组成的分布式控制系统，可实现“分散控制、集中管理”，使工业控制从点（Point）到线（Line）再到面（Area），使设备级的控制、生产线的控制、工厂管理层的控制连成一个整体，进而创造更高的效益，适应了当今计算机集成制造系统（CIMS）及智能化工厂发展的需要。图 1-9 为计算机集成制造系统拓扑图。

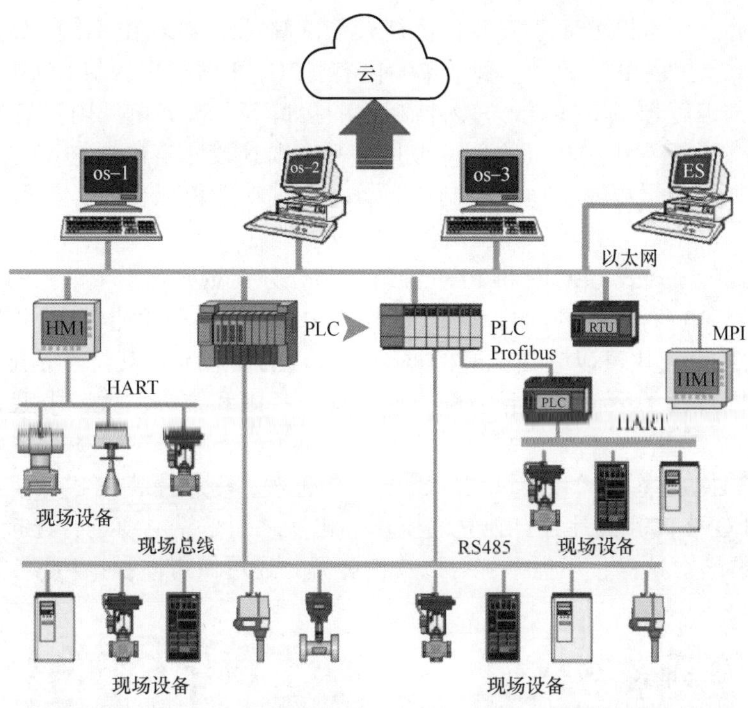

图 1-9　计算机集成制造系统拓扑图

事实上，PLC 不光在工业生产过程中得到广泛应用，一些非工业过程或者场合也有很多应用，例如楼宇自动化、农业的大棚环境参数调控、水利灌溉、广场音乐喷泉、舞台灯光控制等。实际应用如图 1-10、图 1-11 所示。

图 1-10　农业自动灌溉系统实景图

图 1-11　智能无人自助咖啡机实物图

四、可编程控制器的分类

PLC 产品种类繁多，其规格和性能也各不相同。PLC 的分类通常根据其结构形式的不同、功能的差异和 I/O 点数的多少等进行。

1. 按结构形式分类

根据 PLC 结构形式的不同，PLC 可分为整体式和模块式两类。

（1）整体式　整体式 PLC 是将电源、CPU、I/O 接口等部件都集中装在一个机箱内，如图 1-12a 所示，其体积小便于安装，价格较低。整体式 PLC 由不同 I/O 点数的基本单元（又称主机）和扩展单元组成。基本单元内有 CPU、I/O 接口、与 I/O 扩展单元相连的扩展口，以及与编程器或 EPROM 写入器相连的接口等。扩展单元内只有 I/O 和电源等，没有 CPU。基本单元和扩展单元之间一般用扁平电缆连接。整体式 PLC 一般还可配备特殊功能单元，如模拟量单元、位置控制单元等，使其功能得以扩展。小型 PLC 一般采用这种结构。

（2）模块式　模块式 PLC 是将 PLC 各组成部分分别做成若干个单独的模块，如 CPU 模块、I/O 模块、电源模块（有的含在 CPU 模块中）以及各种功能模块。图 1-12b 所示模块式 PLC 中的各个模块可以装在配套的框架或基板的插座上，其特点是配置灵活，可根据需要选配不同规模的系统，而且装配方便，便于扩展和维修。大、中型 PLC 一般采用模块式结构。

还有一些 PLC 将整体式和模块式的特点结合起来，构成叠装式 PLC。叠装式 PLC 的 CPU、电源、I/O 接口等也是各自独立的模块，相互之间是靠电缆进行连接，并且各模块可以一层层地叠装。这样，不但系统可以灵活配置，还可做得体积小巧。

a) 整体式　　b) 模块式

图 1-12　信捷 PLC 的实物图

2. 按性能分类

根据 PLC 所具有的性能不同，PLC 可分为低档、中档、高档三类。

（1）低档 PLC　低档 PLC 具有逻辑运算、定时、计数、移位、自诊断以及监控等基本功能，还可有少量模拟量输入 / 输出、算术运算、数据传送和比较、通信等功能，主要用于逻辑控制、顺序控制或少量模拟量控制的单机控制系统。

（2）中档 PLC　除具有低档 PLC 的功能外，中档 PLC 增强了模拟量处理、数值运算、远程 I/O、子程序、通信联网等功能；还增设中断控制、PID 控制等功能，适用于复杂控制系统。

（3）高档 PLC　高档 PLC 在中档 PLC 的基础上增加了带符号算术运算、矩阵运算、位逻辑运算、二次方根运算、其他特殊功能函数的运算、制表及表格传送功能等功能。高档 PLC 具有更强的通信联网功能，可用于大规模过程控制或构成分布式网络控制系统，实现工厂自动化。

3. 按 I/O 点数分类

根据 PLC 的 I/O 点数的多少，PLC 可分为小型、中型和大型三类。

（1）小型 PLC　I/O 点数小于 256 点，单 CPU、8 位或 16 位处理器、用户存储器容量为 4KB 及以下。其特点是体积小，价格低，功能单一，适合单机控制或者小型控制系统。

（2）中型 PLC I/O 点数为 256 ～ 2048 点，双 CPU，用户存储器容量为 2 ～ 8KB。通信功能和模拟量处理能力较强，指令系统丰富，扫描速度快，适用于多机控制或者大型控制系统。

（3）大型 PLC I/O 点数大于 2048 点，多 CPU，16 位或 32 位处理器，用户存储器容量为 8 ～ 16KB。软硬件功能强大，具有自我诊断功能和很强的通信能力，在分布式控制系统、集散网络控制系统中应用较多。

五、可编程控制器的系统构成

1. 信捷 XD 系列 PLC 简介

信捷公司从 2010 年成功推出 XCC 系列高性能 PLC 后，历经发展，陆续推出了高功能小点数 XD 系列 PLC、XL 系列薄型 PLC、XG/XS 系列中型 PLC、PLC 和人机界面一体化的整体式控制器 ZG/ZP/XP 系列等系列产品。

XD 系列 PLC 是专门为在工业环境下应用而设计的数字运算操作电子系统。它采用可编程的存储器，在其内部存储执行逻辑运算、顺序控制、定时、计数和算术运算等操作的指令，通过数字式或模拟式的输入 / 输出来控制各种类型的机械设备或生产过程。

XD 系列 PLC 具备丰富的基本功能和多种特殊功能，主要有以下几个方面：

1）具备高速运算功能，其处理指令的速度为 0.1 ～ 0.05μs（XDH 可达 0.005 ～ 0.03μs），程序容量最高达 1.5MB（XDH 高达 4MB）。

2）具备多个通信口，包括 USB、RS232、RS485、RJ45，可连接多种外部设备，如变频器、仪表、打印机等；还具有丰富的扩展口，一般支持 10 ～ 16 个扩展模块、1 ～ 2 个扩展 BD 板、1 个左扩展 ED 模块，包括开关量、温度模拟量模块等，如图 1-13 所示。

图 1-13 信捷 XD 系列 PLC 与扩展模块实物图

3）XD 系列 PLC 支持 X-NET 现场总线功能，可与 XD 系列 PLC 及 TG/TN 系列触摸屏实现快速通信；XDC 系列 PLC 支持 X-NET 运动总线功能，可同时控制 20 轴电动机，PLC 运动控制系统拓扑图如图 1-14 所示。以太网型 PLC 具备 RJ45 口，支持 TCP/IP，可实现基于以太网的 MODBUS-TCP 通信、自由格式通信，支持程序上下载、在线监控、远程监控、与其他 TCP/IP 设备通信。

XDH 系列 PLC 支持 EtherCAT 运动总线，可同步控制最多 32 轴电动机，控制周期小于或等于 1ms。其基本单元配备了 2 ～ 10 通道、两相高速计数器和高速计数比较器，可对单相、AB 相两种模式进行计数，频率可达 100kHz。

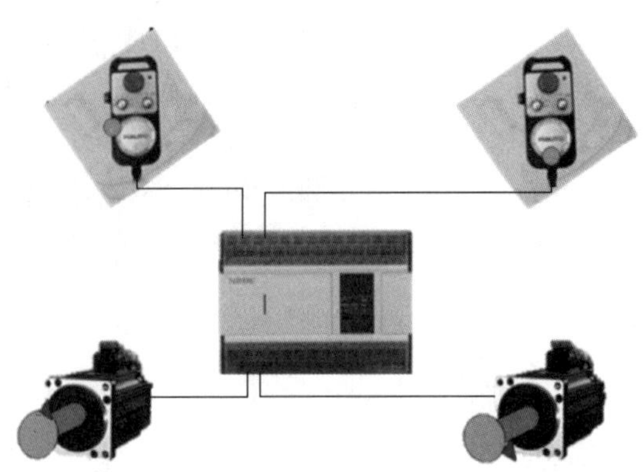

图 1-14　PLC 运动控制系统拓扑图

4）XD 系列 PLC 具有中断功能，分为外部中断、定时中断以及高速计数中断，可满足不同的中断需求。

5）针对端子损坏处理而开发的 I/O 点的自由切换技术，无须改动程序就可以实现正常的运行。利用 C 语言编写功能块，具有更加优越的程序保密性。同时，由于引进了 C 语言丰富的运算函数，可实现各种功能，节省了内部空间，提高了编程效率。

6）基本单元也具有 PID 控制功能，同时还可进行自整定控制。在顺序功能块中，可实现指令的顺序执行，特别适用于脉冲输出、运动控制、模块的读写等功能，简化了程序的编写。

7）XD 系列 PLC 的高速计数器拥有 100 段 32 位的预置值，每一段都可产生中断，实时性好，可靠性高，成本低；具有 PWM 脉宽调制功能，可用于对直流电动机的控制；可实现对频率的测量；可进行精确定时，精确定时器为 1ms 的 32 位定时器。

2. 信捷 XD 系列 PLC 的基本单元

基本单元是指配置有电源、CPU（中央处理器）、存储器、输入设备、输出设备、通信端口、拓展模块接口的可编程控制器主机，其内部设置有定时器、计数器、辅助继电器、数据寄存器等。基本单元可以独立地工作，对各种设备进行自动控制。

（1）基本单元的外形　XD 系列 PLC 的基本单元具备多个子系列产品线，机型丰富，多种组合可自由选择，详见表 1-1。图 1-15a 为 XD3 系列 PLC 的基本单元，图 1-15b 为 XDME 系列 PLC 的基本单元。

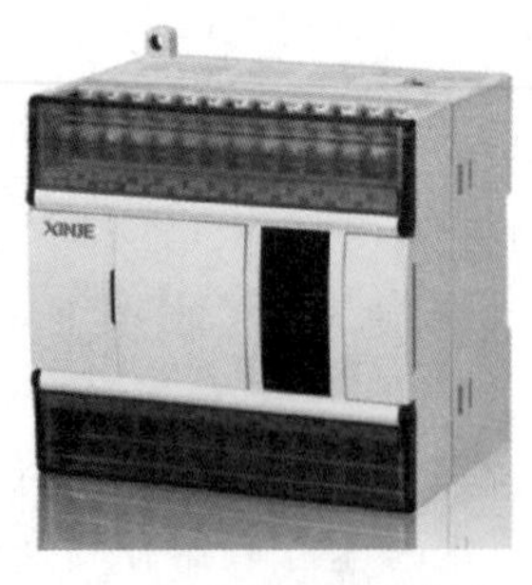

a) XD3系列PLC基本单元

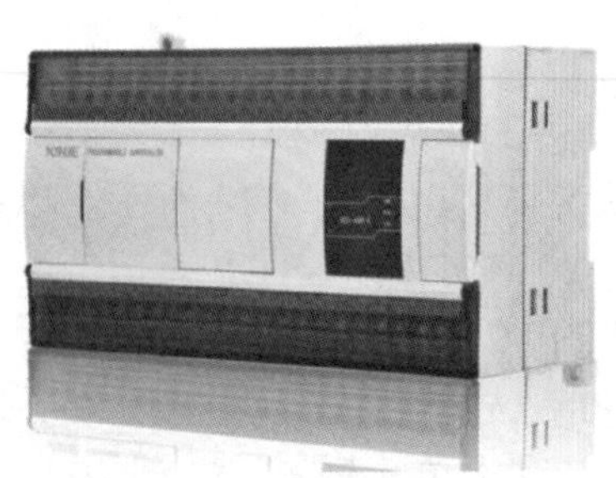

b) XDME系列PLC基本单元

图 1-15　XD 系列 PLC 基本单元实物图

表 1-1 XD 系列 PLC 基本单元子系列表

系列	描述
XD1（经济型）	基本功能齐全，不支持右扩展模块、左扩展 ED、扩展 BD
XD2（基本型）	功能齐全，不支持右扩展模块，支持左扩展 ED、扩展 BD（16 点不支持）
XD3（标准型）	功能齐全，可接扩展模块、扩展 ED、扩展 BD（16 点不支持）
XD5（增强型）	兼容 XD3 的所有功能，速度是 XC 系列的 12 倍，支持 2 ～ 10 轴高速脉冲输出，具备更大的内部资源空间。可接扩展模块、扩展 ED、扩展 BD（16 点不支持）
XDM（运动控制型）	兼容 XD3 的所有功能，支持 4 ～ 10 轴高速脉冲输出，可实现两轴联动、插补、随动等运动控制功能，可接扩展模块、扩展 ED、扩展 BD
XDC（运动总线型）	兼容 XD3 的所有功能，支持 2 ～ 4 路高速脉冲输出，20 轴总线运动控制，特殊机型支持 6 轴总线运动控制（4 ～ 6 轴空间插补），可接扩展模块、扩展 ED、扩展 BD
XD5E（以太网型）	兼容 XD5 的大部分功能，支持以太网通信，支持 2 ～ 10 轴高速脉冲输出，可接扩展模块、扩展 ED、扩展 BD
XDME（运动控制、以太网型）	兼容 XDM 的大部分功能，支持以太网通信，支持插补、随动等运动控制指令，支持 4 ～ 10 轴高速脉冲输出，可接扩展模块、扩展 ED、扩展 BD
XDH（运动控制、以太网型）	兼容 XD 的大部分功能，支持以太网通信、EtherCAT 总线，支持插补、随动等运动控制指令，支持 4 轴高速脉冲输出，可接扩展模块

（2）XD 系列 PLC 型号命名规则　XD 系列 PLC 型号命名格式如图 1-16 所示。

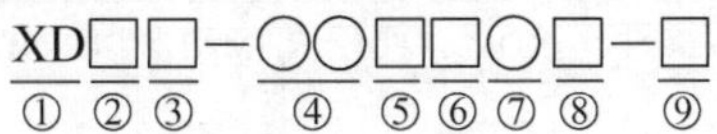

图 1-16 XD 系列 PLC 型号命名格式

①—产品系列。XD 系列可编程控制器。

②—系列分类。1：XD1 系列经济型；2：XD2 系列基本型；3：XD3 系列标准型；5：XD5 系列增强型；M：XDM 系列运动控制型；C：XDC 系列运动总线型；H：XDH 系列运动控制型。

③—以太网功能。E：支持以太网通信；无：不支持（XDII 系列除外）。

④—输入 / 输出点数。基本单元的输入 / 输出点数分配见表 1-2。

表 1-2 基本单元的输入 / 输出点数分配表

参数	总点数	输入点数	输出点数
16	16	8	8
24	24	14	10
30	30	16	14
32*	32	18	14
		16	16
48	48	28	20
60	60	36	24

注：* 表示只有 XD1-32R-E、XD1-32T-E 这两种基本单元是 16 输入 /16 输出，其余输入 / 输出总点数为 32 的基本单元均是 18 输入 /14 输出。

⑤—输入点类型。无：NPN 型输入；P：PNP 型输入。

⑥—输出点类型。R：继电器输出，继电器输出可以驱动交、直流负载，但不能输出高速脉冲；T：晶体管输出，晶体管输出只能驱动直流负载，可输出高速脉冲；RT：继电器晶体管混合输出。

⑦—脉冲路数。无：输出点类型为晶体管输出或继电器晶体管混合输出时表示两路脉冲输出（XD1 系列不支持）；4：表示 4 路脉冲输出；6：表示 6 路脉冲输出；10：表示 10 路脉冲输出。

⑧—程序容量。无：标准型；L：扩容型。

⑨—供电电源。E：供电电源 AC220V；C：供电电源 DC24V。

XD 系列 PLC 一共有 55 个型号，具体见表 1-3。

表 1-3 XD 系列 PLC 基本单元产品型号表

系列名称	产品型号
XD1 系列	XD1-16R/T、XD1-32R/T
XD2 系列	XD2-16R/T、XD2-24R/T/RT、XD2-32R/T/RT、XD2-48R/T/RT、XD2-60R/T/RT
XD3 系列	XD3-16R/T/RT、XD3-16PR/T、XD3-24R/T/RT、XD3-24PR/T/RT、XD3-32R/T/RT、XD3-32PR/T/RT、XD3-48R/T/RT、XD3-48PT、XD3-60R/T/RT、XD3-60PT
XD5 系列	XD5-16R/T/RT、XD5-24R/T/RT、XD5-24T4、XD5-32R/T/RT、XD5-32T4、XD5-48R/T/RT、XD5-60R/T/RT、XD5-48T4、XD5-48T6、XD5-60T4、XD5-60T6、XD5-60PT6、XD5-60T10
XDM 系列	XDM-24T4、XDM-24PT4、XDM-32T4、XDM-32PT4、XDM-60T4、XDM-60T4L、XDM-60T10、XDM-60PT10
XDC 系列	XDC-24T、XDC-32T、XDC-48T、XDC-60T、XDC-60PT
XD5E 系列	XD5E-24R/T、XD5E-30R/T、XD5E-30T4、XD5E-48T、XD5E-60T、XD5E-60T6、XD5E-60T10、XD5E-60PT6、XD5E-60PT10
XDME 系列	XDME-30T4、XDME-60T10
XDH 系列	XDH-60T4

根据 XD 系列 PLC 的型号命名方法可知型号为 XD3-32PR-C 的基本单元属于 XD3 系列标准型 PLC，输入 / 输出总点数为 32 点，输入点数 18/ 输出点数 14，PNP 型输入，继电器输出，供电电源为 DC 24V。

型号为 XD5-48PRT-E 的基本单元属于 XD5 系列增强型 PLC，输入 / 输出总点数为 48 点，输入点数 28/ 输出点数 20，PNP 型输入，继电器晶体管混合输出，AC220V 电源。

型号为 XDME-30T4-C 的基本单元属于 XDM 系列运动控制型 PLC，支持以太网通信，输入 / 输出总点数为 30 点，输入点数 16/ 输出点数 14，NPN 型输入，晶体管输出，有 4 路脉冲输出，供电电源为 DC 24V。

型号为 XDC-60C4-E 的基本单元属于 XDC 系列运动总线控制型 PLC，输入 / 输出总点数为 60 点，输入点数 36/ 输出点数 24，NPN 型输入，晶体管输出，有 4 路脉冲输出，供电电源为 AC220V。

3. XD 系列 PLC 基本单元的构成

如图 1-17 所示 XD 系列 PLC 的基本单元是整体式结构，由中央处理器（CPU）、存储器、输入接口、输出接口、通信接口、扩展接口、电源等部分组成。其中，CPU 是 PLC 的核心，输入接口与输出接口是连接现场输入 / 输出设备与 CPU 之间的接口电路，通信接口用于与编程器、上位计算机等外设连接。

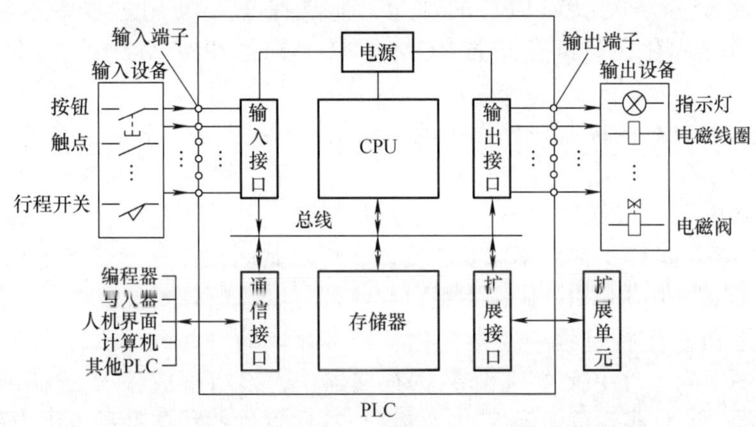

图 1-17 整体式 XD 系列 PLC 组成框图

（1）中央处理器（CPU） 中央处理器（CPU）是整个系统的核心部件，主要由运算器、控制器、寄存器以及地址总线、数据总线、控制总线构成，并配置了外围芯片，总线接口及有关电路。

目前，小型 PLC 为单 CPU 系统，而中、大型 PLC 则大多为双 CPU 系统，甚至有些 PLC 中多达 8 个 CPU。对于双 CPU 系统，一般一个为字处理器，一般采用 8 位或 16 位处理器；另一个为位处理器，采用由各厂家设计制造的专用芯片。字处理器为主处理器，用于执行编程器接口功能，监视内部定时器，监视扫描时间，处理字节指令以及对系统总线和位处理器进行控制等。位处理器为从处理器，主要用于处理位操作指令和实现 PLC 编程语言向机器语言的转换。位处理器的采用提高了 PLC 的速度，使 PLC 更好地满足实时控制要求。

CPU 按系统程序赋予的功能，指挥 PLC 有条不紊地进行工作，归纳起来主要有以下几个方面：

1）接收并存储上位计算机、编程设备（计算机、编程器等）输入的用户程序和数据。

2）诊断电源、PLC 内部电路的工作故障和编程中的语法错误等。

3）通过扫描方式从输入接口接收现场的状态或数据，并存入输入映像寄存器或数据寄存器中。

4）从存储器逐条读取用户程序，经过解释后，产生相应的控制信号去驱动有关的控制电路。

5）根据执行的结果，更新有关标志位的状态和输出映像寄存器的内容，通过输出单元实现输出控制。有些 PLC 还具有制表打印或数据通信等功能。

（2）存储器 存储器即内存，主要用于存储程序和数据，是 PLC 不可缺少的组成单元，主要有两种：一种是可进行读 / 写操作的随机存储器 RAM，另一种是只读存储器 ROM、PROM、EPROM 和 EEPROM。在 PLC 中，存储器主要用于存放系统程序、用户程序及工作数据。

系统程序是由 PLC 的制造厂家编写的，和 PLC 的硬件组成有关，完成系统诊断、命令解释、功能子程序调用管理、逻辑运算、通信及各种参数设定等功能，提供 PLC 运行的平台。系统程序关系到 PLC 的性能，而且在 PLC 使用过程中不会变动，所以是由制造厂家直接固化在只读存储器 ROM、PROM 或 EPROM 中的，用户不能访问和修改。

用户程序是随 PLC 的控制对象而定的，由用户根据对象生产工艺的控制要求而编制的应用程序。为了便于读出、检查和修改，用户程序一般存于 CMOS 静态 RAM 中，用锂电池作为后备电源，以保证掉电时不会丢失信息。为了防止干扰对 RAM 中程序的破坏，当用户程序经过运行正常，不需要改变时，可将其固化在只读存储器 EPROM 中。现在有许多 PLC 直接采用 EEPROM 作为用户存储器。

工作数据是 PLC 运行过程中经常变化、经常存取的一些数据。存放在 RAM 中，以适应随机存取的要求。在 PLC 的工作数据存储器中，设有存放输入 / 输出继电器、辅助继电器、定时器、计数器等逻辑器件的存储区，这些器件的状态都是由用户程序的初始设置和运行情况而确定的。根据需要部分数据在掉电时用后备电池维持其现有的状态，这部分在掉电时可保存数据的存储区域称为保持数据区。

由于系统程序及工作数据与用户无直接联系，所以在 PLC 产品样本或使用手册中所列存储器的形式及容量是指用户程序存储器。当 PLC 提供的用户存储器容量不够用时，许多 PLC 还提供有存储器扩展功能。

（3）输入 / 输出接口　输入 / 输出接口通常也称 I/O 单元或 I/O 模块，是 PLC 与工业生产现场之间的连接部件。PLC 通过输入接口可以检测被控对象的各种数据，以这些数据作为 PLC 对被控制对象进行控制的依据；同时 PLC 又通过输出接口将处理结果送给被控制对象，以实现控制目的。

常见的输入设备有按钮、行程开关、接近开关以及各种传感器等，常用的输出设备有电动机、电磁阀、指示灯等，由于这些设备所需的信号电平是多种多样的，而 PLC 内部 CPU 处理的信息只能是标准电平，所以 I/O 接口要实现这种转换。I/O 接口一般都具有光电隔离和滤波功能，以提高 PLC 的抗干扰能力。另外，I/O 接口上通常还有状态指示，直观显示工作状况，便于维护。

PLC 的输入 / 输出接口有三种接线方式，分别是汇点式、分组式、隔离式。汇点式是指输入 / 输出单元分别只有一个 COM。分组式是指输入 / 输出单元分为若干组，每组的 I/O 电路都有一个公共的 COM 端子，并且共享一个电源，而组与组之间的电路没有联系。隔离式是指每个输出点相互隔离，可各自使用独立的电源。

（4）电源　PLC 电源用于为 PLC 各模块的集成电路提供工作电源。同时，有的还为输入电路提供 24V 的工作电源。电源输入类型有：交流电源（AC220V 或 AC110V），直流电源（常用的为 DC24V）。

（5）通信接口　XD 系列 PLC 配置有很多通信接口，以实现与计算机、编程器、人机界面、其他 PLC 等设备的连接。

PLC 本身是不带编程器的，为了对 PLC 进行编程，所以在 PLC 面板上设置了编程接口，通过编程接口可以连接计算机或者其他编程设备。

（6）扩展接口 当基本单元的I/O点数不够用时，可以通过I/O扩展接口连接I/O拓展模块。实际使用时，也可以通过扩展接口连接特殊功能模块，例如模拟量输入/输出模块、通信扩展BD板等，具体的在后续章节中介绍。

4. PLC的工作方式

PLC采用的是循环扫描工作方式，其工作过程如图1-18所示，共分为五个阶段。

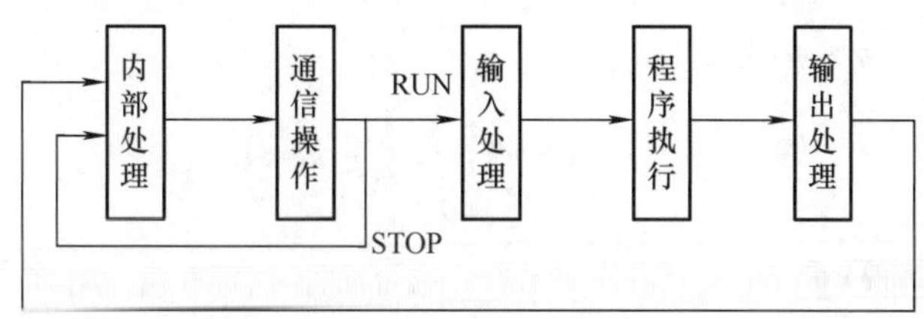

图1-18 PLC循环扫描工作过程图

PLC有两种工作状态：STOP（停止）状态和RUN（运行）状态，可以通过PLC上拨动开关或通过软件进行选择。当选择STOP状态时，PLC执行内部处理和通信操作两个阶段，一般用于程序的写入和修改；当选择RUN状态时，PLC除了要进行内部处理、通信操作外，还要执行反映控制要求的用户程序，即进行输入处理、程序执行和输出处理。所以只有在RUN状态下，PLC才进行循环扫描，周而复始地执行这五个阶段。执行这五个阶段的过程，称为一个扫描周期，CPU扫描顺序为从上到下，从左到右。PLC完成一个周期后，又重新执行上述过程，扫描周而复始地进行，直到停机或从RUN状态切换到STOP状态，才停止程序的运行。

（1）内部处理 CPU检查主机硬件和所有输入模块、输出模块，在运行状态下，还要检查用户程序存储器。如果发现异常，则停止并显示错误。如果自诊断正常，则继续向下扫描。

（2）通信操作 在通信操作阶段，CPU自检并处理各通信端口接收的信息，完成数据通信任务，即检查是否有外部设备（计算机、编程器等）的通信请求，若有则进行相应的处理。

（3）输入处理 输入处理又称输入采样。在此阶段，PLC以扫描方式按顺序读取所有输入端子的ON/OFF状态，并将其存入输入映像区。程序执行的过程也是不断进行扫描的过程，在本次扫描未结束前，即使输入端子状态发生变化，映像区中的内容也保持不变，直到下一个扫描周期来临，输入端子的状态变化才被写入。

（4）程序执行 如图1-19所示在程序执行阶段，PLC按用户程序顺序依次扫描每条指令，指令涉及输入、输出状态时，PLC从输入映像区“读入”上一阶段采集的对应输入端口的状态，从输出映像区“读入”对应元件的当前状态，并进行逻辑运算，然后把逻辑运算的结果存入输出映像区。

（5）输出处理 输出处理又叫输出刷新。当程序所有指令执行完毕时，输出映像区中的所有ON/OFF状态在CPU的控制下被一次性集中送至输出锁存存储区，并通过一定的输出方式输出，驱动外部负载执行工作。

图 1-19　PLC 程序执行过程图

1.2　认识人机界面

一、人机界面概述

人机界面（Human Machine Interaction，HMI）又称用户界面或使用者界面，是用于在操作人员与控制系统之间进行对话和相互作用的专用设备。现在的人机界面几乎都使用液晶显示器（LCD）。

触摸屏是一种直观的操作设备，用户在触摸屏的画面上单击按键和在输入域输入数字，计算机便会执行相应的操作，使控制变得简单、直接。触摸屏主要应用于自动化设备的操控部分，可以调试操控下位机，可以采集下位机参数存储在触摸屏里，也可以显示查看报警信息并存储在触摸屏里，然后将存储的信息通过 U 盘导出成 Excel 表格的形式放到计算机上观看，还可以通过 C 函数做一些复杂的运算，提高编程的自由度。

称重系统人机界面如图 1-20 所示，根据需求设计不同算法实现动态称重、实现标定补偿；为工作人员设置不同的登录操作权限，分为管理员、操作员、厂家，能够实时记录数据以及每次的重量、时间、日期、合格与否，使操作更加便捷、人性化。

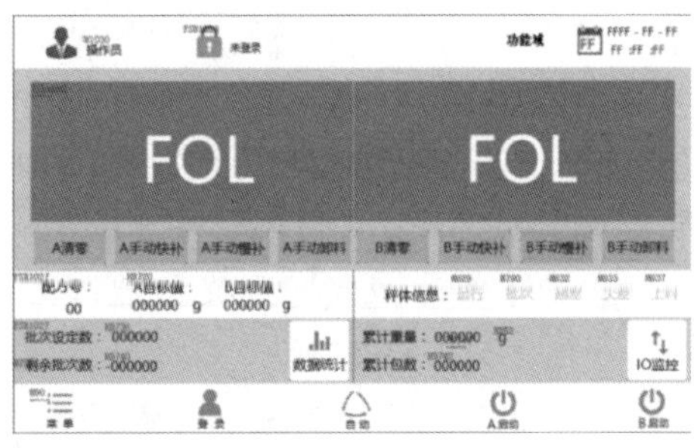

图 1-20　称重系统人机界面示意图

人机界面目前应用于相对比较成熟的行业，从长远看，这些行业还存在着设备升级换代的需求。人机界面的未来发展趋势是六个现代化：平台嵌入化、品牌民族化、设备智能化、界面时尚化、通信网络化和节能环保化。

二、信捷 TG 系列人机界面

信捷人机界面产品众多，如图 1-21 所示，TP/TH/TG/TE/RT/MTG/CCSG 系列为主打系列。信捷 TG 系列人机界面全新超薄的外观设计，具有多种下载方式（以太网、USB

口、U 盘导入），具备穿透功能，可通过触摸屏上 / 下载信捷 XD/XL/XG 系列 PLC 程序；拥有 1677 万色，画质细腻无痕，显示效果媲美液晶显示器；高速 400MHz 主频 CPU，128MB 内存配置，展现出色的数据处理能力，下载速度更快，大幅度提高开机加载速度，减少等待时间、画面跳转时间，动画效果更加流畅；支持 C 语言脚本功能，支持运算、自由协议编写、绘图等功能，提高编程自由度，支持 BMP、JPEG 格式图片，可显示丰富的立体 3D 图库，画面更生动。TG 系列人机界面有灵活的部件选择空间，自定义动画轨迹设计，数据采集保存功能，支持时间趋势图、XY 趋势图等多种形式的数据管理方式，及配方数据的存储与双向传送，大大提高了工作效率。

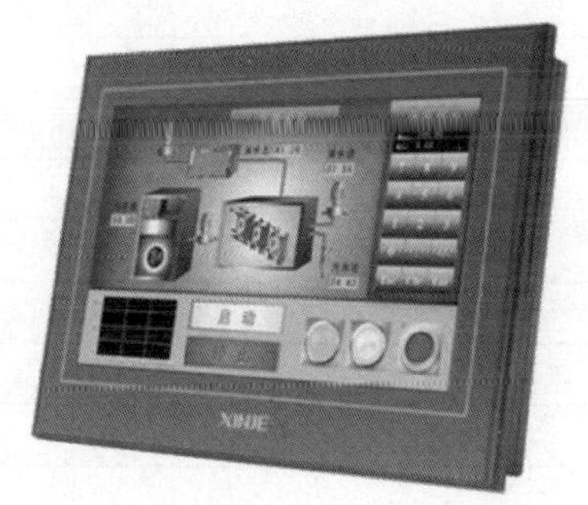

图 1-21　信捷人机界面产品实物图

1. 型号命名规则

信捷触摸屏型号命名格式如图 1-22 所示。

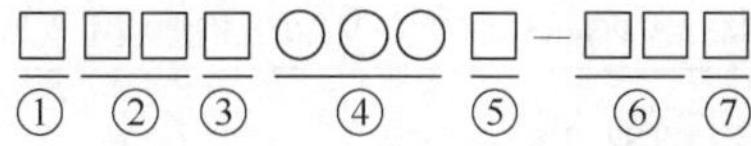

图 1-22　信捷触摸屏型号命名格式图

①—专用型号。C：专用于 CAD 功能；S：专用于视觉功能；无：普通型号。

②—系列名称。TG 系列。

③—专用型号。M：专用于穿透功能。

④—显示尺寸。465：4.3in（1in=2.54cm）；765：7.0in；865：8.0in；A62：10.1in（分辨率 800×480）；C65：15.6in；A63：10.1in（分辨率 1024×600）。

⑤—产品类型。S：薄款；G：灰色外观；B：裸屏；空：常规。

⑥—接口类型。NT/ET：配备 USB-B 下载口、USB-A U 盘口、以太网口；UT：配备 USB-B 下载口、USB-A U 盘口；MT：配备 USB-B 下载口（TGM 系列标配 USB-A U 盘口）。

⑦—类型。空：通用型；P：耐油型。

例如人机界面型号为 TG765S-ET，则表示该人机界面为信捷 TG 系列触摸屏，屏幕尺寸为 7in，产品类型为薄款，配备有 USB-B 下载口、USB-A U 盘口、以太网口。

2. 一般规格

（1）电气规格　信捷触摸屏电气规格表见表 1-4。

表 1-4　信捷触摸屏电气规格表

<table>
<tr><th colspan="2">项目</th><th>TG(M) 465 (B)</th><th>TG(M)765(S/B)</th><th>TG (M) 865</th><th>TGA62</th><th>TG (M) A63</th><th>TG (M) C65</th></tr>
<tr><td rowspan="5">电气特征</td><td>输入电压</td><td colspan="6">DC24V（电压范围：DC22V ～ 26V）</td></tr>
<tr><td>消耗电流 /mA</td><td>140</td><td>200</td><td>250</td><td>270</td><td>270</td><td>730</td></tr>
<tr><td>允许瞬时停电时间</td><td colspan="6">10ms 以下（实际失电小于 1s）</td></tr>
<tr><td>耐电压</td><td colspan="6">AC1000V，10mA，小于 1min（信号与地间）</td></tr>
<tr><td>绝缘阻抗</td><td colspan="6">DC500V，10MΩ 以上（信号与地间）</td></tr>
<tr><td rowspan="7">环境</td><td>操作温度</td><td colspan="6">0 ～ 50℃</td></tr>
<tr><td>保存温度</td><td colspan="6">-20 ～ 60℃</td></tr>
<tr><td>环境湿度</td><td colspan="6">10%RH ～ 90%RH（无凝露）</td></tr>
<tr><td>耐振动</td><td colspan="6">10 ～ 25Hz（X、Y、Z 方向各 2g/30min）</td></tr>
<tr><td>抗干扰</td><td colspan="6">电压噪声：1500V $_{(p-p)}$，脉宽 1μs，1min</td></tr>
<tr><td>周围空气</td><td colspan="6">无腐蚀性气体</td></tr>
<tr><td>保护结构</td><td colspan="6">前面板符合 IP65</td></tr>
<tr><td rowspan="3">结构</td><td>冷却方式</td><td colspan="6">自然风冷</td></tr>
<tr><td>外部尺寸 /（mm × mm × mm）</td><td>152.0 × 102.0 × 41.8</td><td>200.4 × 146.9 × 43.4</td><td>224.4 × 170.8 × 45.5</td><td>272.2 × 191.7 × 51.2</td><td>272.2 × 191.7 × 51.2</td><td>410.0 × 270.0 × 65.0</td></tr>
<tr><td>开孔尺寸 /（mm × mm）</td><td>144.0 × 94.0</td><td>192.0 × 138.5</td><td>211.4 × 157.8</td><td>260.2 × 17</td><td>260.2 × 179.7</td><td>399.0 × 259.0</td></tr>
<tr><td rowspan="2">接口</td><td>PLC 口</td><td colspan="6">支持 RS232/RS485/RS422
TG765-XT（P）、TG765-XT（P）-C 只支持 RS232，-NT 型号只支持 RS485/X-Net 总线，TG465-XT 只支持 RS232/RS485，TG465-MT/UT V3.0 及以上版本支持 RS422</td></tr>
<tr><td>下载口</td><td>MT2/UT2 有此串口，为 RS232/485</td><td colspan="5">支持 RS232/RS485
TG765-XT（P）、TG765-XT（P）-C、TGM765B-MT/ET 无此通信口</td></tr>
</table>

（2）HMI 规格　触摸屏 HMI 规格表见表 1-5。

表 1-5　触摸屏 HMI 规格表

<table>
<tr><th colspan="2">项目</th><th>TG (M) 865</th><th>TG (M) 465 (B)</th><th>TG (M) 765 (S/B)</th><th>TGA62</th><th>TG (M) A63</th><th>TG (M) C65</th></tr>
<tr><td rowspan="8">画面属性</td><td>尺寸 /in</td><td>4.3</td><td>7.0</td><td>8.0</td><td>10.1</td><td>10.1</td><td>15.6</td></tr>
<tr><td>类型</td><td colspan="6">1677 万色</td></tr>
<tr><td>分辨率</td><td>480 × 272</td><td>800 × 480</td><td>800 × 600</td><td>800 × 480</td><td>1024 × 600</td><td>1366 × 768</td></tr>
<tr><td>亮度</td><td>不可调</td><td colspan="4">可调（系统寄存器 PFW100）</td><td>不可调</td></tr>
<tr><td>触摸面板</td><td colspan="6">四线电阻式触摸板</td></tr>
<tr><td>使用寿命</td><td colspan="6">50000h 以上，环境温度 25℃，24h 运行</td></tr>
<tr><td>文字设定</td><td colspan="6">简体中文、繁体中文、英文、日文、俄文、德文等多种语言</td></tr>
<tr><td>字符尺寸</td><td colspan="6">任意字体、任意大小</td></tr>
<tr><td colspan="2">存储器</td><td colspan="6">128MB</td></tr>
</table>

3. 各部分说明

（1）结构说明　图 1-23 所示为 TG 系列人机界面接口。

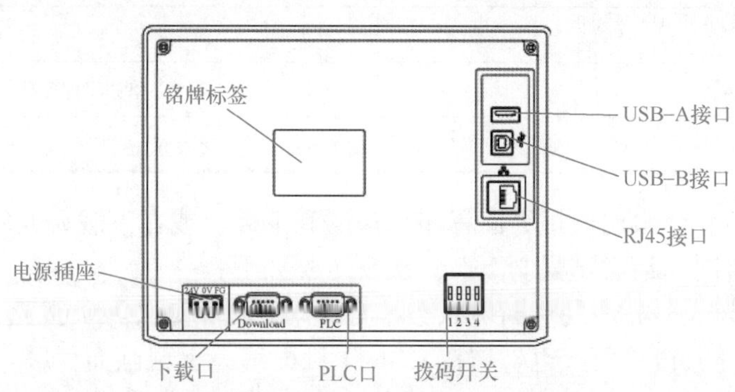

图 1-23　TG 系列人机界面接口示意图

（2）接口说明　信捷 TG 系列人机界面接口功能说明见表 1-6。

表 1-6　信捷 TG 系列人机界面接口功能表

外观	名称	功能
1234	拨码开关	用于设置强制下载、触控校准等
Download	COM1 通信口（下载口）	支持 RS232/RS485 通信 （TG465 系列除 MT2/UT2 外、TG765-XT（P）(已停产)、TG765-XT（P）-C、TGM765B-MT/ET 无此通信口，-NT 型号支持 RS232/RS485/RS422，TG765S-XT 为 RS232）
PLC	COM2 通信口（PLC 口）	支持 RS232/RS485/RS422 通信 （TG465-XT 及此系列 V3.0 以下版本只支持 RS232/RS485，TG765-XT（P）、TG765-XT（P）-C、TG765S-XT 只支持 RS232，NT 型号支持 RS485/X-Net 总线）
	USB-A 接口	可插入 U 盘存储数据和导入工程（下位机版本为 V2.D.3c 及以上）
	USB-B 接口	连接 USB 线上 / 下载程序
	以太网接口（RJ45 接口）	支持与 TBOX、西门子 S7-1200、西门子 S7-200Smart 及其他 Modbus-TCP 设备通信

TG 系列人机界面拥有一组 4 位拨码开关，位于背面右下侧，其功能见表 1-7。

表 1-7 TG 系列人机界面拨码开关功能表

开关	DIP1	DIP2	DIP3	DIP4	功能
状态	ON	OFF	OFF	OFF	未定义
	OFF	ON	OFF	OFF	强制下载
	OFF	OFF	ON	OFF	系统菜单：时钟校准、触摸校准
	OFF	OFF	OFF	ON	未定义

在特殊环境下，会出现人机界面程序无法顺利下载，或在下载完成后，人机界面画面无法正常显示等情况，请尝试强制下载。实现步骤如下：

1）将 TG 系列人机界面处于断电状态，将拨码开关第 2 位开关拨至 ON 状态。

2）将 TG 系列人机界面上电，连接 USB 下载电缆，下载画面程序。

3）完成后，将 2 号开关拨至 OFF，重新上电，画面正常显示。

（3）外部接线 TG 系列人机界面只能使用直流电源，电源规格为直流 24V（电压范围为 22 ～ 26V），符合大多数工业控制设备 DC 电源的标准。如图 1-24 所示，直流电源的正极连接到“24V”端，负极连接到“0V”端。

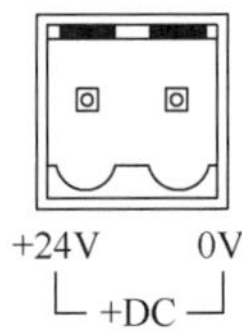

图 1-24 电源接口图

4. 产品安装及使用环境

TG 系列人机界面出厂随机配备 4 个铁制安装架，显示器的上下侧面各有两个方形固定孔，使用安装架将显示器紧密固定在控制柜安装孔上，如图 1-25 所示。为了防止人机界面长时间工作时温度过高，在安装时，人机界面上下最好各保留 10cm 空间，左右各保留 5cm 空间，保证空气对流通畅。

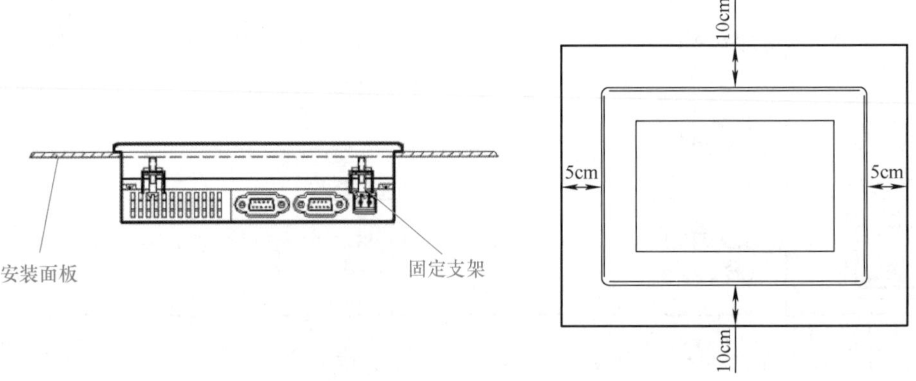

图 1-25 人机界面装配图

安装时参照上节尺寸，在控制柜的面板上开一个矩形安装孔；在密封槽内加置密封圈；将显示器底部插入控制柜的安装孔；将安装架嵌入显示器侧面固定孔并旋紧螺钉；用通信电缆连接显示器及 PLC 通信口。通信电缆可由厂家提供或用户根据连接图自己加工，接入 24V 直流电源后开始工作。

1.3 扩展模块

PLC 扩展模块的作用是扩展 PLC 的功能或者增加已有功能的数量。为了更好地满足现场的控制需求，信捷 XD 系列 PLC 外部扩展模块包括右扩展模块、左扩展 ED 模块和扩展 BD 板等。XD 系列 PLC 不仅具有强大的逻辑处理、数据运算、高速处理等功能，而且具有 A/D、D/A 转换功能，通过使用输入 / 输出模块、模拟量模块等，使 XD 系列 PLC 在过程控制和运动控制系统中得到了广泛的应用。

一、右扩展模块

XD 系列 PLC 右扩展模块可以安装在 XD 系列 PLC 的主单元、扩展单元、扩展模块和特殊功能模块右边。XD3 系列 PLC 本体最多可以外接 10 个扩展模块（XD5/XDM/XDC/XD5E/XDME 系列 PLC 最多可外接 16 个模块，XD1/XD2 系列不支持扩展模块），种类不受限制，可以为输入 / 输出开关量模块，也可以是模拟量模块、温度控制模块等。当 XD 系列 PLC 外接右扩展模块数≥5 时，为改善信号传输质量，需要配合使用终端电阻模块 XD-ETR。

1. 输入 / 输出扩展模块

（1）输入 / 输出扩展模块的外观及型号命名 输入 / 输出扩展模块的型号命名格式如图 1-26 所示。

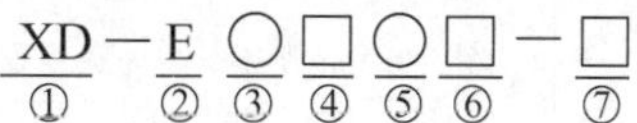

图 1-26 输入 / 输出扩展模块型号命名格式

①—系列名称 XD。

②—扩展模块 E。

③—输入点数 8 或 16 或 32。

④—NPN 型输入时：X；PNP 型输入时：PX。

⑤—输出点数 8 或 16 或 32。

⑥—输出形式。YR：继电器输出；YT：晶体管输出。

⑦—电源类型。E：供电电源 AC220V；C：供电电源 DC24V。

例如，模块 XD-E8X8YT 是 NPN 输入型的输入 / 输出扩展模块，实物如图 1-27 所示，具有 8 通道开关量输入，8 通道晶体管输出。

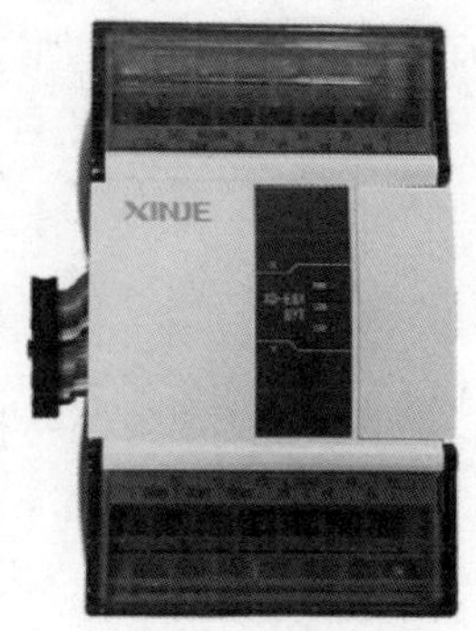

图 1-27 XD-E8X8YT 模块实物图

（2）端子说明 NPN 输入型模块与 PNP 输入型模块端

子排列相同。XD-E8X8YR、XD-E8X8YT 模块端子排如图 1-28 所示。

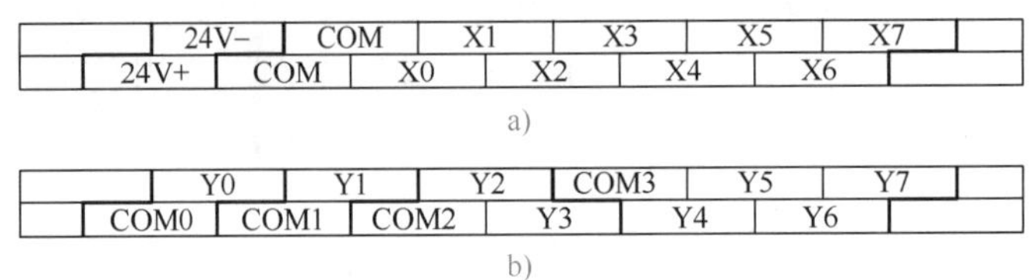

图 1-28 XD-E8X8YR、XD-E8X8YT 模块端子排分布示意图

（3）模块参数 输入 / 输出模块参数见表 1-8。

表 1-8 输入 / 输出模块参数表

地址	SFD350		SFD351		SFD352		SFD353 ～
	Byte0	Byte1	Byte2	Byte3	Byte4	Byte5	SFD359
Bit7	X0 ～ X3 的滤波时间设置	X4 ～ X7 的滤波时间设置	-	-	-	-	-
Bit6			X3 逻辑	X7 逻辑	Y3 逻辑	Y7 逻辑	-
Bit5			-	-	-	-	-
Bit4			X2 逻辑	X6 逻辑	Y2 逻辑	Y6 逻辑	-
Bit3			-	-	-	-	-
Bit2			X1 逻辑	X5 逻辑	Y1 逻辑	Y5 逻辑	-
Bit1			-	-	-	-	-
Bit0			X0 逻辑	X4 逻辑	Y0 逻辑	Y4 逻辑	-
说明	滤波时间（单位：ms）： 可设置时，时间为 1 ～ 5、10、15、20、25、30、35、40、45、50 未设置时，为 10		注：0 为正逻辑；1 为负逻辑				-

2. 模拟量输入 / 输出扩展模块

（1）模拟量输入 / 输出扩展模块的外观及型号命名 模拟量输入 / 输出扩展模块的型号命名格式如图 1-29 所示。

$$\text{XD}-\underset{①}{\underline{\text{E}}}\ \underset{②}{\underline{\text{4AD}}}\ \underset{③}{\underline{\text{2DA}}}\ \underset{④}{\underline{\text{6PT}}}\ \underset{⑤}{\underline{\text{6TC}}}\ \underset{⑥}{\underline{\text{1WT}}}\ \underset{⑦}{\underline{\text{4SSI}}}-\underset{⑧}{\underline{\text{P}}}$$

图 1-29 模拟量输入 / 输出扩展模块型号命名格式

①—扩展标志。E：扩展模块。

②—模拟量输入。4AD：4 路模拟量输入；8AD：8 路模拟量输入。

③—模拟量输出。2DA：2 路模拟量输出；4DA：4 路模拟量输出。

④—温度测量。6PT：6 路铂热电阻输入；4PT3：4 路铂热电阻输入（三线制）。

⑤—温度测量。6TC：6 路热电偶输入。

⑥—压力测量。1WT：1 路压力测量；2WT：2 路压力测量；4WT：4 路压力测量。

⑦—编码器检测。4SSI：4 路编码器检测。

⑧—型号区分。P：带 PID 控制。

例如，模拟量输入 / 输出模块 XD-E4AD2DA 实物如图 1-30 所示，包含 4 点输入、2 点输出。将 4 路模拟输入数值转换成数字值，2 路数字量转换成模拟量，并且把它们传输到 PLC 主单元，且与 PLC 主单元进行实时数据交互；电源规格：DC24V；14 位高精度模拟量输入；12 位高精度模拟量输出；模拟量输入类型：电压、电流可选；模拟量输出类型：电压、电流可选。

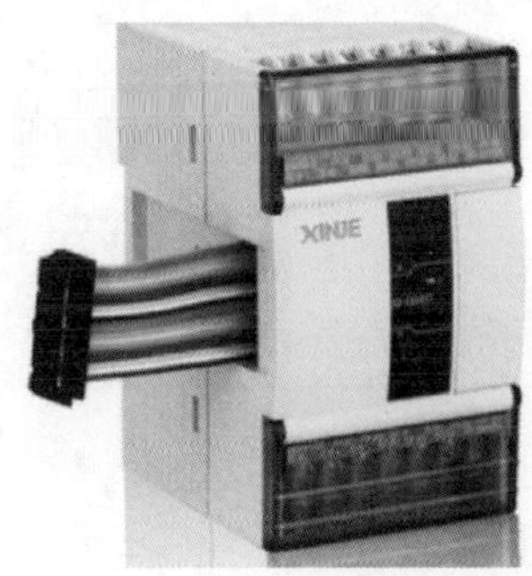

图 1-30　XD-E4AD2DA 模块实物图

（2）XD-E4AD2DA 端子说明　XD-E4AD2DA 端子排分布示意图如图 1-31 所示。

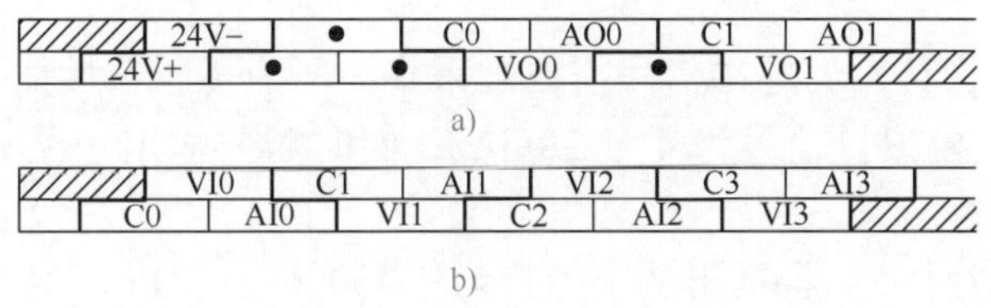

图 1-31　XD-E4AD2DA 端子排分布示意图

4 路输入通道 CH0 ～ CH3，其中输入通道 CH0 对应端子 AI0 电流模拟量输入、VI0 电压模拟量输入、C0 模拟量输入公共端；2 路输出通道 CH0 ～ CH1，其中 CH0 对应端子 AO0 电流模拟量输出、VO0 电压模拟量输出、C0 模拟量输出公共端。

（3）模拟量与数字量转换关系

1）输入模拟量与转换的数字量关系（见表 1-9）。

表 1-9　输入模拟量与转换的数字量关系表

0 ～ 20mA 模拟量输入	4 ～ 20mA 模拟量输入
+16383 数字量 0　20mA 模拟量	+16383 数字量 0　4mA　20mA 模拟量

输入模拟量电流 0 ～ 20mA/4 ～ 20mA，转换成对应数字量均为 0 ～ 16383；输入模拟量电压 –20 ～ 20mA，转换成对应数字量为 –8192 ～ 8191。

输入模拟量电压 0 ～ 5V/0 ～ 10V，转换成对应数字量均为 0 ～ 16383；输入模拟量电压 –5 ～ 5V/–10 ～ 10V，转换成对应数字量均为 –8192 ～ 8191。

2）输入数字量与其对应的模拟量数据的关系（见表 1-10）。

表 1-10　输入数字量与其对应的模拟量数据的关系表

0 ～ 20mA 模拟量输出	4 ～ 20mA 模拟量输出
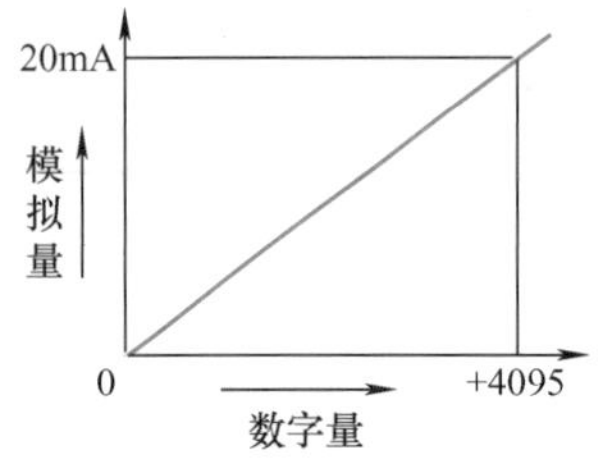 20mA 模拟量 0 +4095 数字量	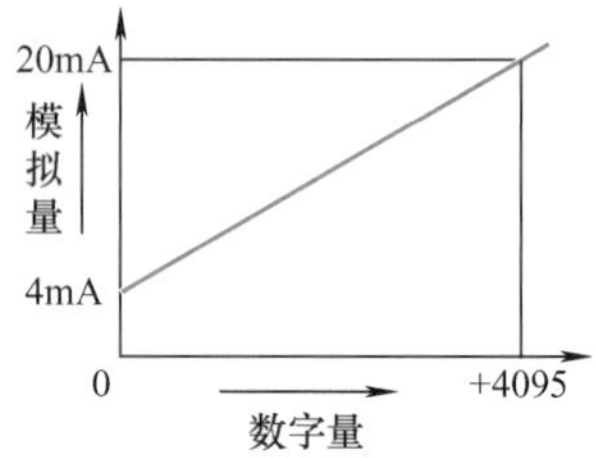 20mA 模拟量 4mA 0 +4095 数字量

0 ～ 20mA/4 ～ 20mA 电流模拟量输出的对应输入数字量为 0 ～ 4095；0 ～ 5V/0 ～ 10V 电压模拟量输出的对应输入数字量为 0 ～ 4095；–5 ～ 5V/–10 ～ 10V 电压模拟量输出的对应输入数字量为 –2048 ～ 2047。

注意：① AD 电压输入悬空时，对应的 ID 寄存器显示为 16383；AD 电流输入悬空时，对应的 ID 寄存器显示为 0。②当输入数据超出 4095 时，D/A 转换的模拟量数据保持 5V、10V 或 20mA 不变。

例：现有一路压力传感器输出信号需要被采集（压力传感器性能参数：检测压力范围为 0 ～ 10MPa，输出模拟量信号为 4 ～ 20mA），同时需要输出一路 0 ～ 10V 电压信号给变频器。

分析：由于压力传感器的压力检测范围为 0 ～ 10MPa，对应输出的模拟量为 4 ～ 20mA，扩展模块通过模 / 数转换转化的数字量范围为 0 ～ 16383；所以可以跳过中间转换环节的模拟量 4 ～ 20mA，直接就压力检测范围为 0 ～ 10MPa 对应数字量范围为 0 ～ 16383 进行分析；10MPa/16383=0.000610388MPa 为扩展模块所采集的数字量每个数字 1 所对应的压强值，所以只要将扩展模块 ID 寄存器中采集的实时数值乘以 0.000610388MPa 就能计算出当前压力传感器的实时压强。例如，在 ID 寄存器里采集的数字量是 4095，则对应压强则为 2.5MPa。

同理，扩展模块寄存器 QD 中的设定数字量范围 0 ～ 4095 对应电压输出信号 0 ～ 10V，10V/4095=0.002442V 则表示扩展模块寄存器 QD 中每设定一个数字量就对应输出的电压值。例如，现在需要输出 3V 电压值，3V/0.002442V=1228.5，将计算出的数字量数值送到对应的 QD 寄存器。

二、左扩展 ED 模块

XD 系列 PLC 除支持右扩展模块外，还可在 PLC 左侧再扩展一个 ED 模块，如图 1-32 所示，左扩展 ED 模块为薄片设计，占用空间更小，具有 A/D 转换、D/A 转换、温度测量、远程通信等功能。

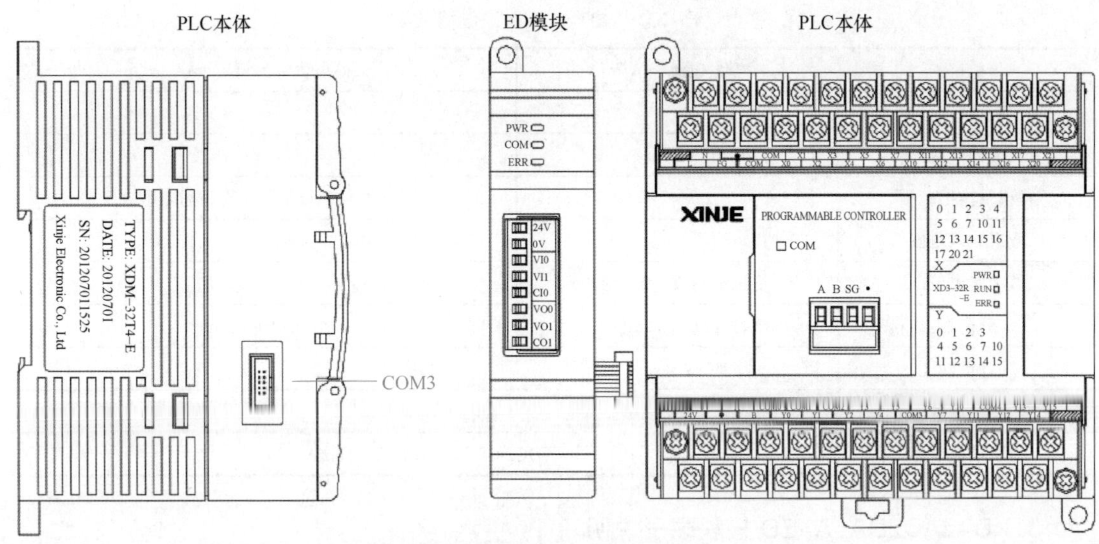

图 1-32　左扩展 ED 模块配置图

1. 左扩展 ED 模块的外观及型号命名

左扩展 ED 模块的型号命名格式如图 1-33 所示。

XD — 2AD 2DA 2PT NES — A — ED
①　②　③　④　⑤　⑥

图 1-33　左扩展 ED 模块型号命名格式图

①—模拟量输入。2AD：2 路模拟量输入。

②—模拟量输出。2DA：2 路模拟量输出。

③—温度测量。2PT：2 路铂热电阻输入。

④—通信。NES：RS232 或 RS485 通信；WBOX：WiFi 通信模块；4GBOX：4G 通信模块；SBOXT：无线透传模块；COBOX：CANopen 通信模块。

⑤—模拟量类型。A：输入 / 输出均为电流模式；V：输入 / 输出均为电压模式。

⑥—扩展标志。ED：左扩展 ED 模块标志。

例如：XD-2AD2DA-A-ED 模块为 XD 系列 PLC 适配模拟量输入 / 输出左扩展模块，如图 1-34 所示，此模块可以将 2 路模拟量输入数值转换成数字值，2 路数字量转换成模拟量，并且把它们传输到 PLC 主单元，且与 PLC 主单元进行实时数据交互。电源规格：DC24V；2 路 12 位高精度模拟量输入、2 路 10 位高精度模拟量输出；模拟量输入类型：电流。

图 1-34　XD-2AD2DA-A-ED 模块实物图

2. XD-2AD2DA-A-ED 模块规格

XD-2AD2DA-A-ED 模块规格见表 1-11。

表 1-11 XD-2AD2DA-A-ED 模块规格表

项目	模拟量电流输入 /mA	模拟量电流输出 /mA
模拟量输入范围	0 ～ 20mA、4 ～ 20mA	—
最大输入范围	0 ～ 30mA	—
模拟量输出范围	—	0 ～ 20mA、4 ～ 20mA（外部负载电阻小于 300Ω）
数字输入范围	—	10 位二进制数（0 ～ 1023）
数字输出范围	12 位二进制数（0 ～ 4095）	
分辨率	1/4095（12bit）	1/1023（10bit）
综合精确度	1%	
转换速度	10ms（所有通道）	
模块供电电源	DC24V（1 ± 10%）、150mA	

3. XD-2AD2DA-A-ED 模块端子说明

XD-2AD2DA-A-ED 模块端子功能见表 1-12，端子排分布如图 1-35 所示。

表 1-12 XD-2AD2DA-A-ED 模块端子功能表

名称		功能
电源端子	24V	外部给 ED 模块供电 24V 电源正
	0V	外部给 ED 模块供电 24V 电源负
CH1、CH2	AI0	第 1 路 AD 模拟量电流输入端子
	AI1	第 2 路 AD 模拟量电流输入端子
	CI0	AI0、AI1 输入地
CH3、CH4	AO0	第 1 路 DA 模拟量电流输出端子
	AO1	第 2 路 DA 模拟量电流输出端子
	CO0	AO0、AO1 输出地

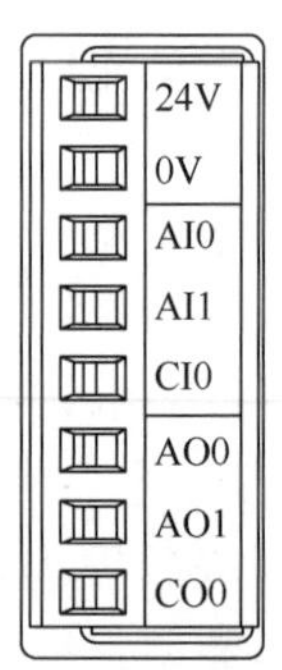

图 1-35 XD-2AD2DA-A-ED 模块端子排分布示意图

4. XD-2AD2DA-A-ED 模块模 / 数转换

XD-2AD2DA-A-ED 模块模 / 数转换见表 1-13。

表 1-13 XD-2AD2DA-A-ED 模块模 / 数转换表

0 ～ 20mA 模拟量输入	4 ～ 20mA 模拟量输入
+4095 数字量 0 20mA 模拟量	+4095 数字量 0 4mA 20mA 模拟量
0 ～ 20mA 模拟量输出	**4 ～ 20mA 模拟量输出**
20mA 模拟量 0 +1023 数字量	20mA 模拟量 4mA 0 +1023 数字量

三、扩展 BD 板

XD 系列 PLC 提供通信和精确时钟两种类型的扩展 BD 板。24 ～ 32 点 PLC 可扩展 1 个 BD 板，48 ～ 60 点 PLC 可扩展 2 个 BD 板。精确时钟 BD 板 XD-RTC-BD 如图 1-36 所示，提供比 PLC 本体更精确的时钟功能，误差每月不超过 13s。XD-NE-BD 通信扩展 BD 板，如图 1-37 所示，通信方式支持 RS485 通信、X-NET 标准接口、总线通信；XD-NS-BD 支持 RS232 通信；XD-NO-BD 支持 X-NET 光纤接口、总线通信。

图 1-36 精确时钟 BD 板实物图

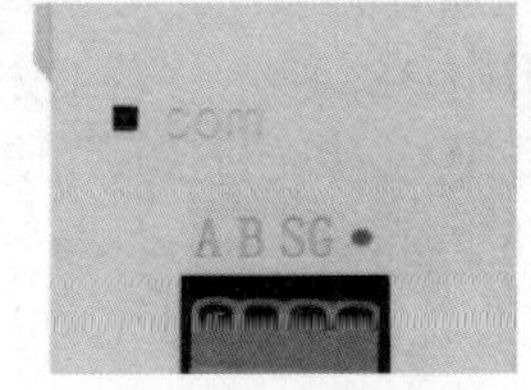

图 1-37 通信扩展 BD 板实物图

1.4 认识步进驱动系统

步进驱动系统主要是由控制器、步进电动机驱动器、步进电动机以及直流电源组成。第一部分是控制器，主要的功能是每秒发射一定数量的脉冲给步进电动机驱动器的脉冲接收端子，通常这一部分每秒发射的脉冲数量是可以人为控制；第二部分是步进电动机驱动器，主要是由脉冲接收端子、步进电动机正反转的控制部分、脱机控制部分、细分调节部分、工作电流调节部分、电源和接线端子组成；第三部分是步进电动机，通常有 4 引线、6 引线、8 引线，所谓引线也就是指步进电动机的外接电线。

一、步进电动机简介

步进电动机是将电脉冲信号转换为相应的角位移或直线位移的一种特殊执行电动机。每输入一个电脉冲信号，电动机就转动一个角度，它的运动形式是步进式的，所以称为步进电动机。步进电动机的结构形式和分类方法较多，一般按励磁方式分为磁阻式、永磁式和混合式三种；按相数可分为二相、三相、四相、五相步进电动机。

1. 步进电动机的工作原理

下面以最简单的三相反应式步进电动机为例，简单介绍步进电动机的工作原理。

图 1-38 是一台三相反应式步进电动机的原理图。定子铁心为凸极式，共有三对（六个）磁极，每两个空间相对的磁极上绕有一相控制绕组。转子用软磁性材料制成，也是凸极结构，只有四个齿，齿宽等于定子的极宽。

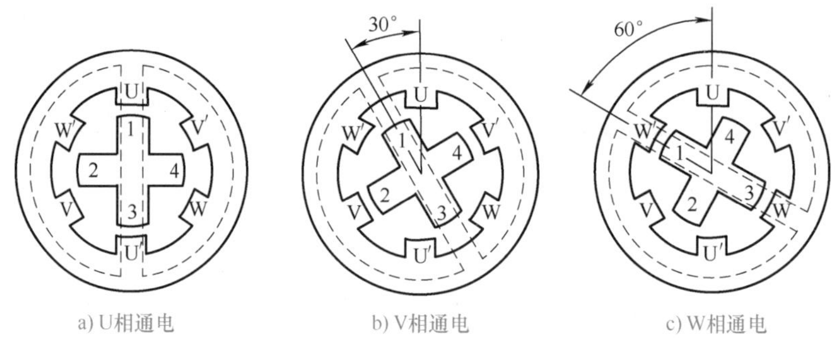

图 1-38 三相反应式步进电动机的原理图

当 U 相控制绕组通电，其余两相均不通电时，电动机内建立以定子 U 相为极轴线的磁场。由于磁通具有力图走磁阻最小路径的特点，使转子齿 1、3 的轴线与定子 U 相极轴线对齐，如图 1-38a 所示。若 U 相控制绕组断电、V 相控制绕组通电时，转子在反应转矩的作用下，逆时针转过 30°，使转子齿 2、4 的轴线与定子 V 相极轴线对齐，即转子走了一步，如图 1-38b 所示。若断开 V 相，使 W 相控制绕组通电，即转子逆时针方向又转过 30°，使转子齿 1、3 的轴线与定子 W 相极轴线对齐，如图 1-38c 所示。如此按 U—V—W—U 的顺序轮流通电，转子就会一步一步地按逆时针方向转动。其转速取决于各相控制绕组通电与断电的频率，旋转方向取决于控制绕组轮流通电的顺序。若按 U—W—V—U 的顺序通电，则电动机按顺时针方向转动。

上述通电方式称为三相单三拍。“三相”是指三相步进电动机；“单三拍”是指每次只有一相控制绕组通电；控制绕组每改变一次通电状态称为一拍，“三拍”是指改变三次通电状态为一个循环。每一拍转子转过的角度称为步距角。三相单三拍运行时，步距角为 30°。显然，这个角度太大，不能付诸实用。

如果把控制绕组的通电方式改为 U → UV → V → VW → W → WU → U，即一相通电接着二相通电间隔地轮流进行，完成一个循环需要经过六次改变通电状态，称为三相单、双六拍通电方式。当 U、V 两相绕组同时通电时，转子齿的位置应同时考虑到两对定子极的作用，只有 A 相极和 B 相极对转子齿所产生的磁拉力相平衡的中间位置，才是转子的平衡位置。这样，单、双六拍通电方式下转子平衡位置增加了一倍，步距角为 15°。

进一步减少步距角的措施是采用定子磁极带有小齿，转子齿数很多的结构，其步距角可以做得很小。实际的步进电动机产品都采用这种方法实现步距角的细分。

例如，MP3–57H044为两相开环步进电动机，图1-39所示为MP3系列步进电动机实物图，它的步距角是在整步方式下为1.8°，半步方式下为0.9°。除了步距角外，步进电动机还有保持转矩、相电流等其他参数。

图1-39　MP3系列步进电动机实物图

2. 步进电动机的使用

安装步进电动机时，必须严格按照产品说明的要求进行，正确接线。步进电动机是精密装置，安装时注意不要敲打它的轴端，更不要拆卸电动机。

二、步进电动机的驱动装置

步进电动机需要专门的驱动装置（驱动器）供电，驱动器和步进电动机是一个有机的整体，步进电动机的运行性能是电动机及其驱动器二者配合所反映的综合效果。如图1-40～图1-42所示，信捷DP3系列步进驱动器常用的有开环（DP3L系列）、闭环（DP3F系列）和总线（DP3C系列）步进驱动器三类。

DP3L系列步进驱动器适用于各种中小型自动化设备及仪器，如气动打标机、贴标机、割字机、激光打标机、绘图仪、小型雕刻机、数控机床、拿放装置等。在用户期望低振动、小噪声、高精度、高速度的小型设备中效果尤佳。

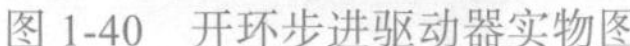

图1-40　开环步进驱动器实物图

图1-41　闭环步进驱动器实物图

图1-42　总线步进驱动器实物图

步进驱动器的组成包括脉冲分配器和脉冲放大器两部分，主要解决向步进电动机的各相绕组分配输出脉冲和功率放大两个问题。

脉冲分配器是一个数字逻辑单元，它接收来自控制器的脉冲信号和转向信号，把脉冲信号按一定的逻辑关系分配到每一相脉冲放大器上，使步进电动机按选定的运行方式工作。由于步进电动机各相绕组是按一定的通电顺序并不断循环来实现步进功能的，因此脉冲分配器也称为环形分配器。实现这种分配功能的方法有多种，例如，可以由双稳态触发器和门电路组成，也可由可编程序逻辑器件组成。

DP3L 系列驱动器采用八位拨码开关设定细分精度、动态电流、半流 / 全流模式。详细描述如图 1-43 所示。

图 1-43　拨码开关示意图

注：DP3L-224 只有 3 位拨码设定细分，第 8 位没有分配具体定义。

脉冲放大器是进行脉冲功率放大的。因为脉冲分配器输出的电流很小（毫安级），而步进电动机工作时需要的电流较大，因此需要进行功率放大。此外，输出信号的脉冲波形、幅度、波形前沿陡度等对步进电动机运行性能有重要的影响。

阶梯式正弦波形电流按固定时序流过电动机绕组，其每个阶梯对应电动机转动一步。通过改变驱动器输出正弦电流的频率来改变电动机转速，而输出的阶梯数确定了每步转过的角度，当角度越小时，其阶梯数就越多，即细分就越大，从理论上说此角度可以设得足够小，所以细分数可以是很大。DP3L-425 最高可达 12800 步 / 转的驱动细分功能，细分可以通过拨动开关设定。细分驱动方式不仅可以减小步进电动机的步距角，提高分辨率，而且可以减少或消除低频振动，使电动机运行更加平稳均匀。

（1）DP3L-425 电流设定　DP3L-425 电流设定见表 1-14。

表 1-14　DP3L-425 电流设定表

输出峰值电流 /A	输出均值电流 /A	SW1	SW2	SW3
1.0	0.7	On	On	On
1.5	1.1	Off	On	On
1.9	1.4	On	Off	On
2.4	1.7	Off	Off	On
2.8	2.0	On	On	Off
3.3	2.4	Off	On	Off
3.8	2.7	On	Off	Off
4.2	3.0	Off	Off	Off

（2）DP3L-425 细分设定　DP3L-425 细分设定见表 1-15。

表 1-15　DP3L-425 细分设定表

步数	SW5	SW6	SW7	SW8
200	On	On	On	On
400	Off	On	On	On
800	On	Off	On	On

（续）

步数	SW5	SW6	SW7	SW8
1600	Off	Off	On	On
3200	On	On	Off	On
6400	Off	On	Off	On
12800	On	Off	Off	On

三、使用步进电动机应注意的问题

控制步进电动机运行时，应注意考虑防止步进电动机运行中失步的问题。步进电动机失步包括丢步和越步。丢步时，转子前进的步数小于脉冲数，越步时，转子前进的步数多于脉冲数。丢步严重时，将使转子停留在一个位置上或围绕一个位置振动；越步严重时，设备将发生过冲。

例如，在物料输送控制系统中，使物料转盘返回原点的操作，常常会出现越步情况。当机械手装置回到原点时，原点开关动作，使指令输入 Off。但如果到达原点前速度过高，惯性转矩将大于步进电动机的保持转矩而使步进电动机越步，因此回原点的操作应确保足够低速为宜。

电动机绕组本身是感性负载，输入频率越高，励磁电流就越小。频率高，磁通量变化加剧，涡流损失加大。因此，输入频率增高，输出力矩降低。最高工作频率的输出力矩只能达到低频转矩的 40% ～ 50%。进行高速定位控制时，如果指定频率过高，会出现丢步现象。

此外，如果机械部件调整不当，会使机械负载增大。步进电动机不能过载运行，哪怕是瞬间，都会造成失步，严重时停转或不规则原地反复振动。

1.5　认识伺服系统

一、伺服系统概述

1. 伺服系统的产生和发展

伺服系统是自动控制系统的一种，一般是负反馈控制系统，又被称为动态的随动系统，用于控制被控对象的位移或转角，是保证物体的位置、姿态、状态等输出量能够跟随输入指令值变化的自动控制系统。它的主要任务是按控制命令的要求，对功率进行放大、变换与调控等处理，使驱动装置输出的力矩、速度和位置的控制灵活方便。

伺服控制系统最初从国防军工中发展而来，雷达的自动瞄准跟踪，火炮、导弹发射架的瞄准控制，坦克炮塔的防摇稳定，均需要伺服控制技术。20 世纪 50 年代中期，晶闸管的出现，使交流电动机控制技术飞速发展。MAC 永磁交流伺服电动机和驱动系统的推出标志着新一代交流伺服技术已进入实用化阶段。20 世纪 80 年代中后期，整个伺服装置市场都转向了交流系统。如今伺服控制技术已广泛应用于很多领域，包括运输行业中高铁调速、电梯升降、飞机自动驾驶、船舶自操舵等。回顾伺服系统的发展历程，数字化、高精度、速度快、高性能是伺服控制系统的发展方向。

2. 伺服系统的工作原理

伺服控制系统结构、类型繁多，但从自动控制理论的角度分析，伺服控制系统一般包括控制器、被控对象、执行环节、检测环节、比较环节等五部分。使用在伺服系统中的驱动电动机要求具有响应速度快、定位准确、转动惯量大等特点，这类专用的电动机称为伺服电动机。伺服主要靠脉冲来定位，伺服电动机接收到脉冲，就会旋转相应的角度，从而实现位移。在实际应用中，伺服系统一般是指以机械位置或角度作为控制对象的自动控制系统，例如数控机床等。

3. 伺服系统的作用和性能

伺服系统的主要作用是以小功率指令信号去控制大功率负载；在没有机械连接的情况下，由输入轴控制位于远处的输出轴，实现远距同步传动；能使输出机械位移精确地跟踪电信号，如记录和指示仪表等。

伺服系统具有精度高、快速响应性好、稳定性好、适应性强、抗干扰能力强和节能高等显著优点。

1）精度高。伺服系统实现了精确位置、速度和力矩的闭环控制；克服了步进电动机丢步的问题。

2）快速响应性好。电动机加、减速的动态响应时间短，一般在几十毫秒之内。

3）稳定性好。低速运行平稳，低速力矩大，波动小，低速运行时不会产生类似于步进电动机的步进运行现象，适用于有高速响应要求的场合。

4）适应性强。伺服系统过载能力强，能承受三倍于额定转矩的负载，特别适用于有瞬间负载波动和要求快速起动的场合。

4. 伺服系统的应用

随着我国制造业产业升级的不断推进，工业技术也相应得到了创新与发展。在自动化系统中，伺服技术的运用越来越广泛，开展伺服技术的研究具有极其重要的意义。很多有远识的国产厂商正加大研发力度提升其产品的性能，扩大品牌号召力。我国伺服技术也正朝着智能化、自动化以及网络化方向发展。我国伺服系统行业受益于产业升级的影响，仍将保持良好的增长速度。伺服系统的应用如图 1-44、图 1-45 所示。我国伺服系统行业市场规模继续扩大，国产伺服产品的市场占有率将大大提升。

图 1-44　伺服进料系统实景图

图 1-45　工业机器人实物图

二、伺服电动机及伺服驱动器

现代高性能的伺服系统，大多数采用永磁交流伺服系统，其中包括永磁同步交流伺服电动机和全数字交流永磁同步伺服驱动器两部分。

交流伺服电动机的工作原理：伺服电动机内部的转子是永磁铁，驱动器控制的 U、V、W 三相电形成电磁场，转子在此磁场的作用下转动，同时电动机自带的编码器反馈信号给驱动器，驱动器根据反馈值与目标值进行比较，调整转子转动的角度。伺服电动机的精度决定于编码器的精度（线数）。

交流永磁同步伺服驱动器主要有伺服控制单元、功率驱动单元、通信接口单元、伺服电动机及相应的反馈检测器件组成，其中伺服控制单元包括位置控制器、速度控制器和电流控制器等，系统控制结构如图 1-46 所示。

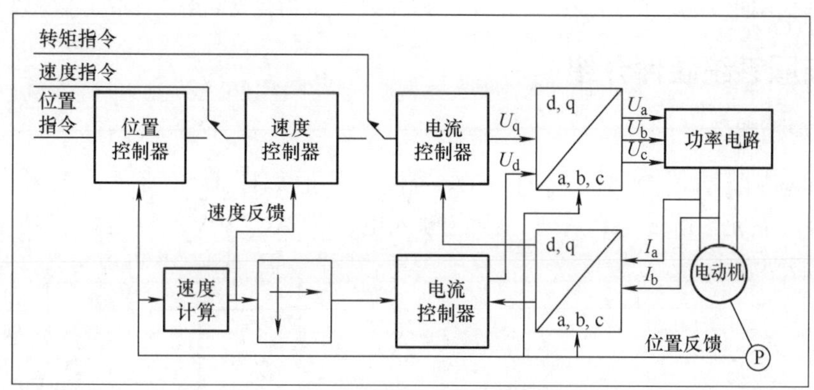

图 1-46　系统控制结构图

伺服驱动器均采用数字信号处理器（DSP）作为控制核心，其优点是可以实现比较复杂的控制算法，实现数字化、网络化和智能化。功率器件普遍采用以智能功率模块（IPM）为核心设计的驱动电路，IPM 内部集成了驱动电路，同时具有过电压、过电流、过热、欠电压等故障检测保护电路，在主回路中还加入软起动电路，以减小起动过程对驱动器的冲击。

功率驱动单元首先通过整流电路对输入的三相电或者市电进行整流，得到相应的直流电。再通过三相正弦 PWM 电压型逆变器变频来驱动三相永磁式同步交流伺服电动机。逆变部分采用功率器件集成驱动电路、保护电路和功率开关于一体的智能功率模块（IPM），主要拓扑结构采用了三相桥式电路。利用了脉宽调制技术即 PWM（Pulse Width Modulation），通过改变功率晶体管交替导通的时间来改变逆变器输出波形的频率，改变每半周期内晶体管的通断时间比，即改变脉冲宽度来改变逆变器输出电压幅值以达到调节功率的目的。三相逆变电路如图 1-47 所示。

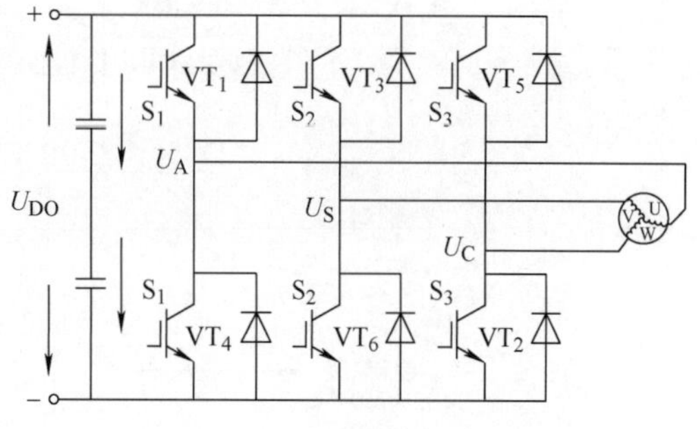

图 1-47　三相逆变电路原理图

三、交流伺服系统的位置控制模式

伺服驱动器输出到伺服电动机的三相电压波形基本是正弦波，不像步进电动机那样是三相脉冲序列。伺服系统用作定位控制时，位置指令输入到位置控制器，速度控制器输入端前面的电子开关切换到位置控制器输出端，同样，电流控制器输入端前面的电子开关切换到速度控制器输出端。因此，位置控制模式下的伺服系统是一个三闭环控制系统，两个内环分别是电流环和速度环。

由自动控制理论可知，这样的系统结构提高了系统的快速性、稳定性和抗干扰能力。在足够高的开环增益下，系统的稳态误差接近为零。这就是说，在稳态时，伺服电动机以指令脉冲和反馈脉冲近似相等时的速度运行。反之，在达到稳态前，系统将在偏差信号作用下驱动电动机加速或减速。若指令脉冲突然消失（例如紧急停车时，PLC 立即停止向伺服驱动器发出驱动脉冲），伺服电动机仍会运行到反馈脉冲数等于指令脉冲消失前的脉冲数才停止。

四、伺服系统硬件介绍

1. 伺服驱动器

以信捷伺服驱动器 DS5C-20P1-PTA 为例，外形如图 1-48 所示，型号命名格式如图 1-49 所示。它是 EtherCAT 系列，额定输入电压为 AC220V，额定输出功率为 100W，编码器是通信型编码器。

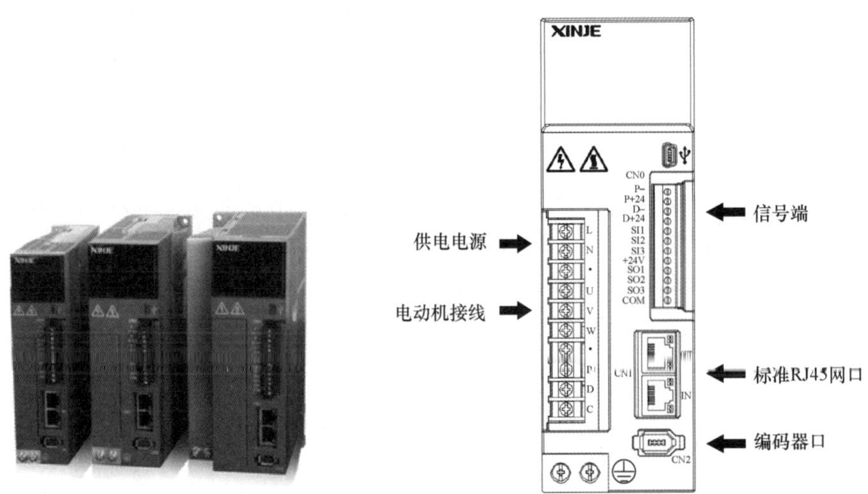

图 1-48 伺服驱动器外观与结构图

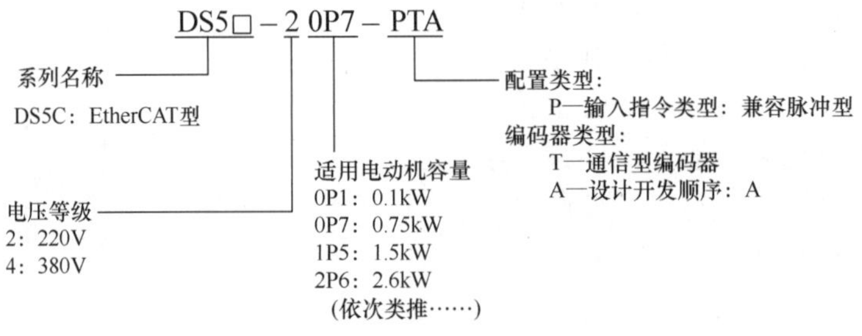

图 1-49 伺服驱动器型号命名格式图

2. 伺服电动机

（1）各部分说明　伺服电动机外观与结构如图 1-50 所示。

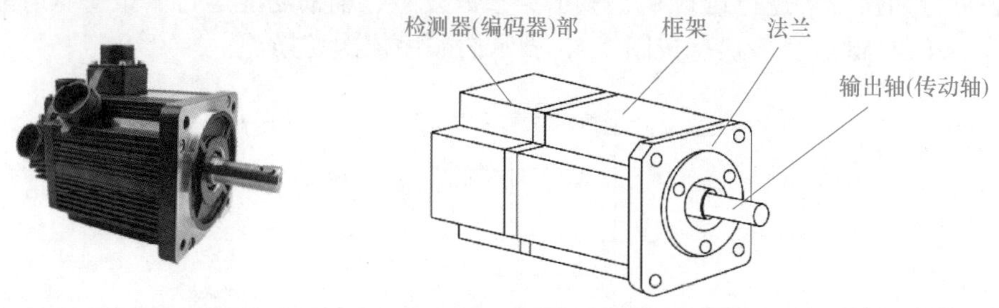

图 1-50　伺服电动机外观与结构图

（2）型号命名　以信捷伺服电动机 MS5S-80ST-CS02430BZ-20P7-S01 为例介绍型号含义，如图 1-51 所示。MS5 系列 S 低惯量电动机；电动机座为 80mm；编码器 C 是磁编码器；编码器精度 S 为单圈 17 位；额定转速为 3000r/min；电动机轴 B 带键、有油封、带螺纹孔；制动器 Z 带制动功能；电动机接头类型 1 为安普插头，电压等级 2 为 AC220V；额定功率 0P7 为 750W。

显示(系列)	惯量
MS5S	低惯量电动机
MS5G	中惯量电动机
MS5H	高惯量电动机

显示	机座号
60	60机座
80	80机座

显示	产品名称
ST	正弦波驱动电动机

显示	编码器种类
C	磁编码器
T	光电编码器

显示	编码器精度
S	单圈17位
M	多圈17位
U	单圈23位
L	多圈23位

显示	额定转矩(N·m)	额定转速(r/min)
00630	0.637	3000
01330	1.3	3000
02430	2.39	3000

显示	设计序号
S01/S02	标准型

显示	额定功率(kW)
0P2	0.2
0P4	0.4
0P7	0.75

显示	电压等级
2	220V
4	380V

显示	失电制动器
空	无
Z	有

显示	轴规格
A	无键
B	带键

图 1-51　伺服电动机型号含义图

3. 伺服驱动器面板基础显示和按钮介绍

伺服驱动器的面板如图 1-52 所示，按钮功能对照表见表 1-16，通过对面板操作器的基本状态进行切换，可进行运行状态显示、参数设定、辅助功能运行、报警状态显示等操作。按 STA/ESC 键后，各状态按图 1-53 显示的顺序依次切换。

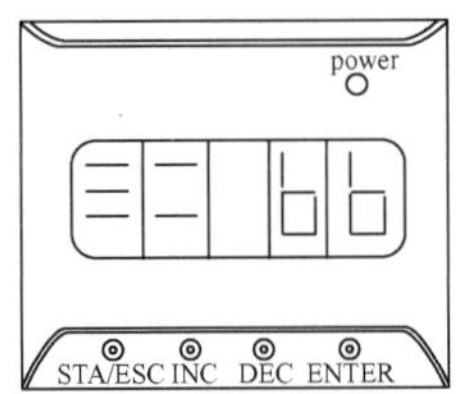

图 1-52 伺服驱动器面板

表 1-16 伺服驱动器按钮功能表

按键名称	操作说明
STA/ESC	短按：状态的切换，状态返回
INC	短按：显示数据的递增；长按：显示数据连续递增
DEC	短按：显示数据的递减；长按：显示数据连续递减
ENTER	短按：移位；长按：设定和查看参数

状态：bb 表示伺服系统处于空闲状态；run 表示伺服系统处于运行状态，rst 表示伺服需要重新上电。状态切换如图 1-53 所示。

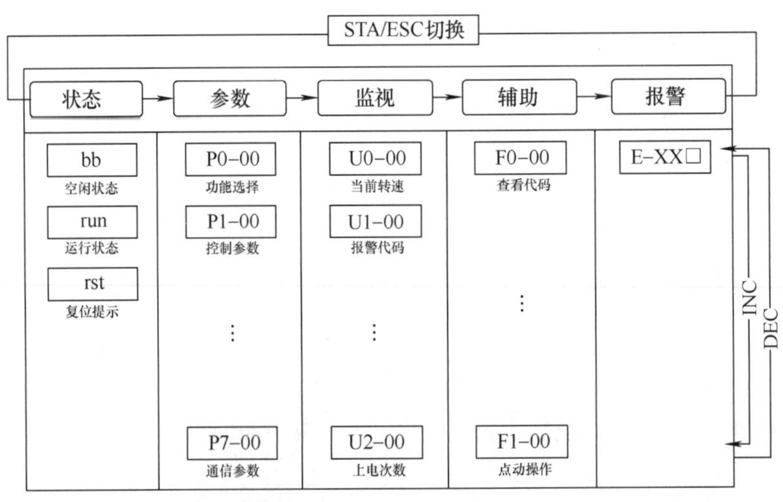

图 1-53 伺服面板状态切换示意图

参数设定：PX−XX，第一个 X 表示组号，后面两个 X 表示该组下的参数序号。

监视状态：UX–XX，第一个 X 表示组号，后面两个 X 表示该组下的参数序号。
辅助功能：FX–XX，第一个 X 表示组号，后面两个 X 表示该组下的参数序号。
报警状态：E–XX □，XX 表示报警大类，□表示大类下的小类。

1.6　认识变频器系统

一、变频器概述

变频器（Variable–frequency Drive，VFD）是应用变频技术与微电子技术，通过改变电动机工作电源频率方式来控制交流电动机的电力控制设备。变频器主要用于交流电动机转速的调节。变频调速不但具有调速精度高、范围广、动态响应好等优点，还节能环保，在工业生产中得到了普遍认可。

变频器是一种电动机驱动控制设备，基本结构主要由整流电路、中间电路、逆变电路等组成的主电路，以及控制电路构成。按电能变换的方式，变频器可以分为两类：交 – 直 – 交型变频器和交 – 交型变频器。交 – 直 – 交型变频器先把恒压恒频的交流电“整流”成直流电，再把直流电“逆变”成电压和频率均可调的三相交流电。把直流电逆变成交流电的环节比较容易控制，该方法在增大频率的调节范围和改善变频后电动机的特性方面具有明显的优势。大多数变频器都属于交 – 直 – 交型。交 – 交型变频器中不设置整流器，把恒压恒频的交流电直接变换成电压和频率均可调的交流电，所以又称直接式变频器。它具有过载能量强、效率高、输出波形好等优点；但同时存在着输出频率低（最高频率小于电网频率的 1/2）、使用功率器件多、功率因数低等缺点。

20 世纪 70 年代以后，电力电子器件普遍应用了晶闸管及其升级产品，为变频调速技术的研究开发和广泛应用奠定了基础，脉宽调制变压变频调速技术的问世，促进了变频器的发展，微处理器的发展大大提升了变频技术。

随着工业自动化程度的不断提高，变频器也得到了非常广泛的应用。21 世纪后，国产变频器迅速崛起，逐步占领中高端市场。变频器生产厂家很多，主要有三菱、西门子、ABB、安川和信捷等。虽然变频器的品牌和型号种类繁多，但基本功能是一致的，所以使用方法大同小异。

二、认识信捷 VB5N 系列变频器

VB5N 系列变频器是信捷公司高性能、简易型、低噪声变频器。在提高稳定性的前提下增加了实用的 PI 调节，灵活的输入 / 输出端子、参数在线修改、定长控制、摆频控制、RS485 控制、现场总线控制等一系列实用先进的运行、控制功能，为设备制造和终端客户提供了集成度高的一体化解决方案。

1. 型号命名规则

VB5N 系列变频器拥有 220V 和 380V 两种电压等级。命名格式如图 1-54 所示，规格型号见表 1-17，适配电动机功率范围为 0.75 ～ 3.7kW。型号中含“ –S”的为此规格型号的简易型变频器。

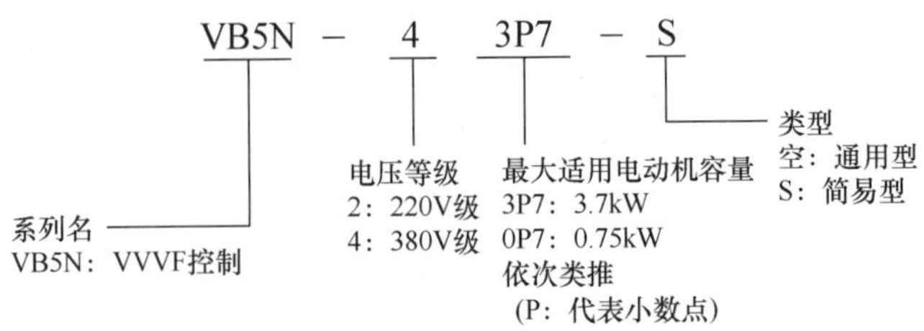

图 1-54　VB5N 系列变频器型号命名格式图

表 1-17　VB5N 系列变频器规格型号表

电压等级	变频器型号	额定容量 /kV · A	额定输出电流 /A	适配电动机 /kW
220V	VB5N-20P7	1.5	4.7	0.75
380V 三相	VB5N-42P2	3.0	6.0	2.2
	VB5N-43P7	5.9	9.6	3.7

2. 技术规格

VB5N 系列变频器技术规格见表 1-18。

表 1-18　VB5N 系列变频器技术规格表

主要控制功能	调制方式	优化空间电压矢量 SVPWM 调制
	控制方式	空间电压矢量 SVPWM 控制（具有最优低频死区补偿特性）
	频率精度	数字设定：最高频率 × ± 0.01%；模拟设定：最高频率 × ± 0.2%
	频率分辨率	数字设定：0.01Hz；模拟设定：最高频率 × 0.1%
	起动频率	0.40 ～ 20.00Hz
	转矩提升	自动转矩提升、手动转矩提升 0.1% ～ 30.0%
	V/F 曲线	五种方式：恒转矩 V/F 曲线方式、1 种用户定义多段 V/F 曲线方式和 3 种降转矩特性曲线方式（2.0 次幂、1.7 次幂和 1.2 次幂）
	加减速曲线	两种方式：直线加减速、S 曲线加减速；七种加减速时间，时间单位（min/s）可选，最长 6000min
	直流制动	直流制动开始频率：0 ～ 15.00Hz 制动时间：0 ～ 60.0s，制动电流：0 ～ 80%
	能耗制动	内置能耗制动单元，可外接制动电阻
	点动	点动频率范围为 0.1 ～ 50.00Hz，点动加减速时间为 0.1 ～ 60.0s
	内置 PI	可方便地构成闭环控制系统
	多段速运行	通过内置 PLC 或控制端子实现多段速运行
	纺织摆频	可实现预置频率、中心频率可调的摆频功能
	自动电压调整（AVR）	当电网电压变化时，维持输出电压恒定不变

（续）

主要控制功能	自动节能运行	根据负载情况，自动优化 VF 曲线，实现节能运行
	自动限流	运行期间对电流自动限制，防止频繁过电流故障跳闸
	定长控制	到达设定长度后变频器停机
	通信功能	具有 RS485 标准通信接口，支持 Modbus-RTU 格式的通信协议。具有主从多机联动功能（功能开发中）
运行功能	运行命令通道	操作面板给定，控制端子给定，串行口给定。三种方式可互相切换
	频率设定通道	键盘模拟电位器给定；键盘∧、∨键给定；功能码数字给定；串行口给定；端子 UP/DOWN 给定；模拟电压给定；模拟电流给定；脉冲给定；组合给定；多种给定方式可随时切换
	开关输入通道	正、反转指令；6 路可编程开关量输入，可分别设定 35 种功能，X6 支持 0 ～ 20kHz 脉冲输入
	模拟输入通道	2 路模拟信号输入：4 ～ 20mA、0 ～ 10V 可选
	模拟输出通道	1 路模拟信号输出：0 ～ 10V、4 ～ 20mA，可实现设定频率、输出频率等物理量的输出
	开关、脉冲输出通道	1 路可编程开路集电极输出；1 路继电器输出信号；1 路 0 ～ 20kHz 脉冲输出信号，实现多种信号输出
操作面板	LED 数码显示	设定频率、输出电压、输出电流等参数显示
	外接仪表显示	输出频率、输出电流、输出电压等物理量显示
保护功能		过电流保护，过电压保护，欠电压保护，过热保护，过载保护等
选配件		制动组件，VB5N 面板底座，操作面板延长线

3. VB5N-20P7 变频器面板介绍

如图 1-55 所示，变频器操作键盘上设有 8 个按键和一个模拟电位器，功能定义见表 1-19。

图 1-55　VB5N-20P7 变频器外形图

表 1-19　VB5N-20P7 变频器面板按键功能表

按　键	名　称	功能说明
FWD	正向运行键	在操作键盘方式下，按该键即可正向运行
STOP/RESET	停止 / 复位键	变频器在正常运行状态时，如果变频器的运行指令通道设置为面板停机有效方式，按下该键，变频器将按设定的方式停机。变频器在故障状态时，按下该键将复位变频器，返回到正常的停机状态
MENU/ESC	编程 / 退出键	进入或退出编程状态
JOG/REV	点动 / 反转运行键	P3.45=0，点动运行 P3.45=1，反转运行
	增加键	数据或功能码递增
	减少键	数据或功能码递减
	移位 / 监控键	在编辑状态时，可以选择设定数据的修改位；在其他状态下，可切换显示状态监控参数
ENT/DATA	存储 / 切换键	在编程状态时，用于进入下一级菜单或存储功能码数据
	模拟电位器	当 P0.01=0，选择键盘模拟电位器给定时，调节该模拟电位器，可以控制变频器的输出频率

变频器操作面板上有 4 位 8 段 LED 数码管、1 个单位指示灯、3 个状态指示灯，显示功能表见表 1-20。3 个状态指示灯位于 LED 数码管的上方，自左到右分别为 FWD（正转指示灯）、REV（反转指示灯）、ALM（报警指示灯）。

表 1-20　VB5N-20P7 变频器面板显示功能表

<table>
<tr><th colspan="3">项　目</th><th colspan="2">功能说明</th></tr>
<tr><td rowspan="4">显示功能</td><td colspan="2">LED 数码显示</td><td colspan="2">显示变频器当前运行的状态参数及设置参数</td></tr>
<tr><td rowspan="3">状态指示灯</td><td>FWD</td><td>正转指示灯，表明变频器输出正相序，接入电动机时，电动机正转</td><td rowspan="2">若 FWD、REV 指示灯同时亮，表明变频器工作在直流制动状态</td></tr>
<tr><td>REV</td><td>逆转指示灯，表明变频器输出逆相序，接入电动机时，电动机反转</td></tr>
<tr><td>ALM</td><td colspan="2">当变频器发生故障报警时，该指示灯点亮</td></tr>
</table>

三、认识信捷 VH5 系列变频器

VH5 系列变频器是信捷公司开发的一款简易型变频器。产品采用矢量控制技术，实现了异步的开环矢量控制，同时也强化了产品的可靠性和环境适应性。

1. 型号命名规则

VH5 系列变频器型号命名格式如图 1-56 所示。

VH 5 － 4 5P5－B

① ② 　③ ④ 　⑤

图 1-56　VH5 系列变频器型号命名格式图

①—产品标志。VH：通用型变频器。

②—产品系列。5：通信型开环矢量变频器。

③—输入电压等级。4：AC380V；2：AC220V。

④—功率等级。5P5：5.5kW；0P7：0.75kW（小数点用 P 表示）。

⑤—制动单元。B：内含制动单元；空：无制动单元。

VH5 系列变频器拥有多种规格型号。变频器型号及相应功能配置见表 1-21。

表 1-21　VH5 变频器型号及功能配置表

型号 VH5-_ _ _ _-B	20P7	21P5	22P2	40P7	41P5	42P2	43P7	45P5
适配电动机 /kW	0.75	1.5	2.2	0.75	1.5	2.2	3.7	5.5
输入额定电流 /A	5.6	9.3	12.7	3.4	5.0	5.8	10.5	14.6
电源容量 /kV · A	1.5	3.0	4.5	1.5	3.0	4.0	5.9	8.9
输出额定电流 /A	4.0	7.0	9.6	2.1	3.8	5.1	9.0	13.0

2. VH5 系列变频器面板介绍

变频器外观及面板如图 1-57 所示，有五位 7 段 LED 数码管，4 个状态指示灯。4 个状态指示灯位于 LED 数码管的上方，自左到右分别为 RUN、REV、REMOT、TUNE。各指示灯功能说明见表 1-22。

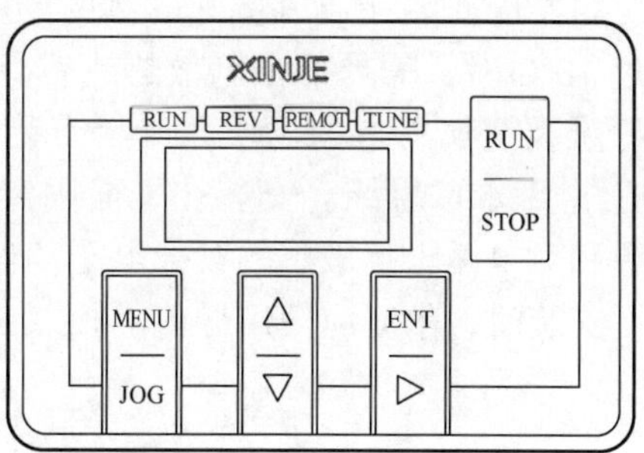

图 1-57　VH5 系列变频器外观及面板

表 1-22 VH5 系列变频器指示灯功能说明表

指示灯	含　义	功能说明
RUN	运行指示灯	灯亮：运转状态 灯灭：停机状态
REV	正反转指示灯	灯亮：反转运行状态 灯灭：正转运行状态 灯闪：切换状态
REMOT	命令源指示灯	熄灭：面板启停 常亮：端子启停 闪烁：通信启停
TUNE	调谐指示灯	灯慢闪：调谐状态 灯快闪：故障状态 灯常亮：转矩状态

变频器操作键盘上设有 8 个按键，功能定义见表 1-23。

表 1-23 VH5 系列变频器按键功能说明表

按　键	名　称	功能说明
MENU	编程 / 退出键	进入或退出编程状态
ENT	存储 / 切换键	在编程状态时，用于进入下一级菜单或存储参数数据
RUN	正向运行键	在操作键盘运行命令方式下，按该键即可正向运行
STOP	停止 / 复位键	停机 / 故障复位
JOG	多功能按键	通过 P8-00 设置
△	增加键	数据和参数的递增或运行中暂停频率
▽	减少键	数据和参数的递减或运行中暂停频率
▷	移位 / 监控键	在编辑状态时，可以选择设定数据的修改位；在其他状态下，可切换显示状态监控参数

四、信捷变频器的安装与使用环境

变频器应安装在通风良好的室内场所，环境温度要求在 -10 ～ 40℃ 的范围内，如温度超过 40℃ 时，需外部强制散热或者降额使用。避免安装在阳光直射、多尘埃、有飘浮性的纤维及金属粉末的场所。严禁安装在有腐蚀性、爆炸性气体的场所。湿度要求低于 95%RH，无水珠凝结。安装在平面固定振动小于 5.9m/s²（0.6g）的场所。尽量远离电磁干扰源和对电磁干扰敏感的其他电子仪器设备。一般情况下采用立式安装。多台变频器采用上下安装时，中间应使用导流隔板。

1.7　6S 整理

在所有的任务都完成后，按照 6S 职业标准打扫实训场地，图 1-58 为 6S 整理现场标准图示。6S 职业标准如下：

整理：要与不要，一留一弃；

整顿：科学布局，取用快捷；

清扫：清除垃圾，美化环境；

清洁：清洁环境，贯彻到底；

素养：形成制度，养成习惯；

安全：安全操作，以人为本。

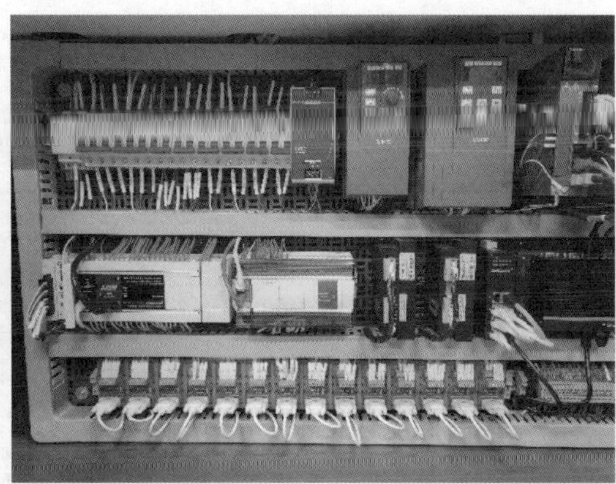

图 1-58　6S 整理现场标准图示

项目 2

硬件连接和软件配置

证书技能要求

可编程控制器系统应用编程职业技能等级证书技能要求（初级）	
序号	职业技能要求
1.1.1	能够正确连接 PLC 电源，使得 PLC 正常进入上电状态
1.1.2	能够将有源输入信号正确接入 PLC，使得 PLC 能够正常获取信号状态
1.1.3	能够根据 PLC 类型选择 NPN 或 PNP 信号接入 PLC，能够完成 PLC 的通信调试
1.1.4	能够正确连接 PLC 的公共端，使得输入信号正常工作
1.2.1	能够正确连接直流负载
1.2.2	能够正确连接交流负载
1.2.4	能够根据要求正确连接负载电源
1.3.1	能够正确连接扩展模块
1.3.2	能够正确连接人机界面
1.3.3	能够正确连接变频器
1.3.4	能够正确连接步进、伺服运动控制系统
2.1.2	能够正确选择上位机通信端口，保证端口和软件配置的一致性
2.1.3	能够正确配置 PLC 通信参数，使 PLC 与上位机成功通信
2.1.4	能够正确配置 PLC 通信参数，使 PLC 与 HMI 成功通信
2.2.1	能够正确选择人机界面机型，并创建空程序
2.2.2	能够正确选择上位机通信端口
2.2.3	能够正确配置 HMI 通信参数，使 HMI 与上位机成功通信
2.2.4	能够正确配置 HMI 通信参数，使 HMI 与 PLC 成功通信
2.3.1	能够正确完成输入模块的配置
2.3.2	能够正确完成输出模块的配置
2.3.3	能够正确完成输入 / 输出集成模块的配置
2.3.4	能够正确完成通信模块的配置
3.1.1	能够正确创建新的 PLC 程序
4.1.1	能够完成有源输入信号的调试
4.1.2	能够完成无源输入信号的调试
4.1.3	能够完成阻性负载的调试
4.1.4	能够完成感性负载的调试

项目导入

PLC 编程的准备工作包括硬件连接和软件配置两部分。硬件连接是 PLC 编程的基础，要完成程序的正常调试，首先必须要保证硬件连接准确无误且符合工艺标准。软件配置主要包括通信参数配置和 PLC 模块参数配置两部分。信捷 XD/XL/XG 系列 PLC 使用编程软件 XDPPro；信捷 TP/TH/TG/TE/TN/XMH/XME/ZG 系列触摸屏使用的编程软件是 TouchWin。通过本项目的学习，读者将了解硬件连接的工艺标准，掌握 PLC 硬件接线；学习信捷 PLC 和触摸屏编程软件使用方法，掌握信捷 PLC 和触摸屏通信配置及模块参数配置方法。

本项目包含两部分内容：第一部分是硬件连接，包括硬件连接工艺标准、PLC 输入/输出线路连接、脉冲型运动控制线路连接（步进和伺服驱动）、变频系统控制线路连接及综合接线；第二部分是软件配置，包括信捷 PLC 和触摸屏的编程软件介绍、信捷 PLC 和触摸屏的通信配置、模块参数的配置（含 I/O 扩展模块、模拟量扩展模块、左扩展模块）。

学习目标

知识目标	了解硬件连接的工艺标准 理解 PLC 输入/输出线路、脉冲型运动控制线路、变频系统控制线路的连接方法 掌握信捷 PLC 和触摸屏的编程软件使用方法 掌握信捷 PLC 和触摸屏的通信配置及模块参数的配置方法
技能目标	能够进行 PLC 输入/输出线路、脉冲型运动控制线路、变频系统控制线路的硬件连接 能够熟练使用信捷的 PLC 编程软件和触摸屏编程软件 能够正确完成 PLC 和上位机及触摸屏的通信配置 能够正确进行 PLC 模块参数的配置
素养目标	严格按照工艺规范标准进行接线，培养学生精益求精的工匠精神 提高整理、整顿、清扫、清洁、素养、安全 6S 职业素养

实施条件

分类	名称	实物和型号/版本	数量
硬件准备	信捷 XD 系列 PLC	XDH-60T4-E	1 台

（续）

分类	名称	实物和型号 / 版本	数量
硬件准备	信捷 XD 系列输入 / 输出拓展模块	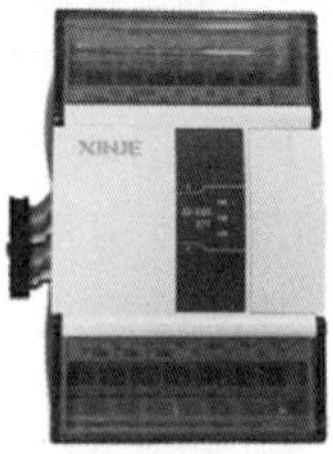 XD-E8X8YT	1 个
	信捷 TGM 系列人机界面	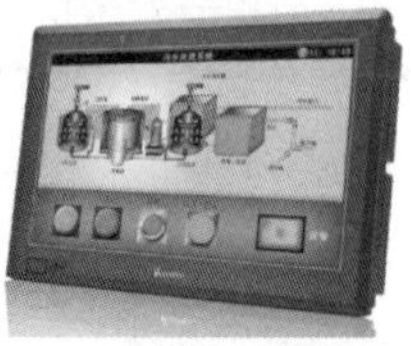 TGM765S-ET	1 台
	DP3L 系列步进驱动器	 DP3L-565	1 台
	DS5 系列伺服驱动器	 DS5C-20P1-PTA	1 台
	VH5 系列变频器	 VH5-20P7-B	1 台
	低压断路器	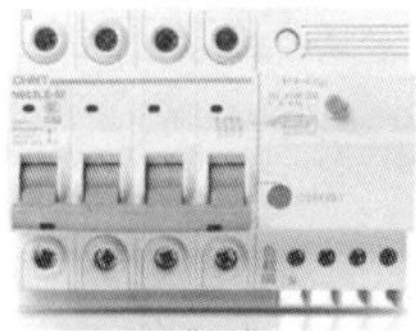 NBE7LE-32（4p）	1 只

（续）

分类	名称	实物和型号 / 版本	数量
硬件准备	低压断路器	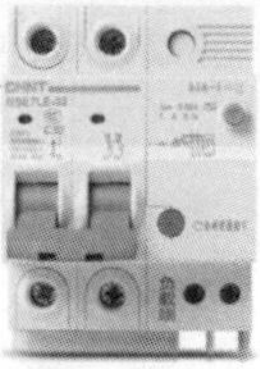 NBE7LE-32（2p）	2只
	DELTA 开关电源	 DRL-24V240W1AA	1台
	中间继电器	 JQX-13（D）/2Z	1个
	两线制传感器	 SMC 3C-D-C	1个
	三线制传感器	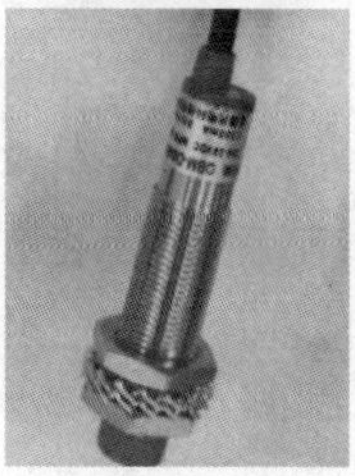 OMB-D04NK	1个

（续）

分类	名称	实物和型号 / 版本	数量
硬件准备	指示灯	ND-16-22D	3 只
	按钮	XB2BW33B1C	2 只
	转换开关	XB2BD21C	1 只
	急停开关	XB2BS542C	1 只
软件准备	信捷 PLC 编程软件	XDPPro V3.7.4a	1 套
	信捷 TouchWin 编辑工具	TWin v2.e5a	1 套

2.1 硬件连接

对比继电器控制系统，PLC 控制系统接线的工作量要减少了很多，但硬件连接仍然是非常重要的部分，它是 PLC 编程的基础，要想完成程序的正常调试，必须要保证硬件连接准确无误且符合工艺标准。

一、工艺标准

工艺标准主要内容包括电路安装的工艺标准、气路安装的工艺标准、气管及导线的绑扎、职业素养的培养等方面。电路、气路的连接都应符合技术要求和工艺规范，才能保证设备的安装质量，设备才能可靠运行。关注这些细节的同时，还要养成一些严谨的工作习惯，如工具摆放整齐、环境整洁、穿戴规范等，有利于培养劳动者良好的职业素养。

1. 电路安装的工艺标准（见表 2-1）

表 2-1　电路安装的工艺标准

具体要求	正确做法	错误做法
① 与端子排连接的导线，应做冷压端子（且为合适的冷压端子），并套上热塑管，导线连接时不可露出金属部分	 √	 ×
② 使用标签机在号码管上打印，号码管长度相同，文字方向一致，横放时从左到右读，竖放从下至上读。号码管位置于便于观察的位置	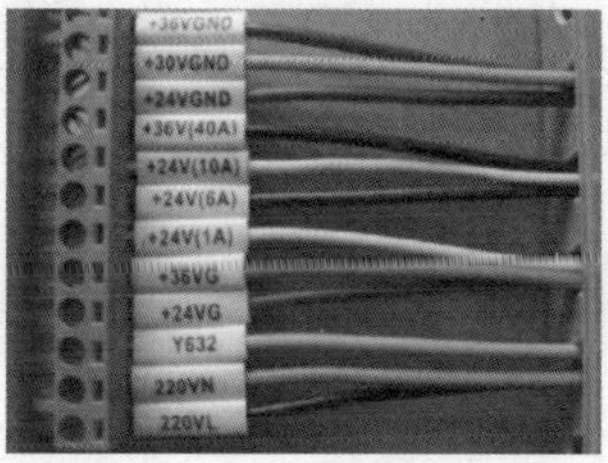 √	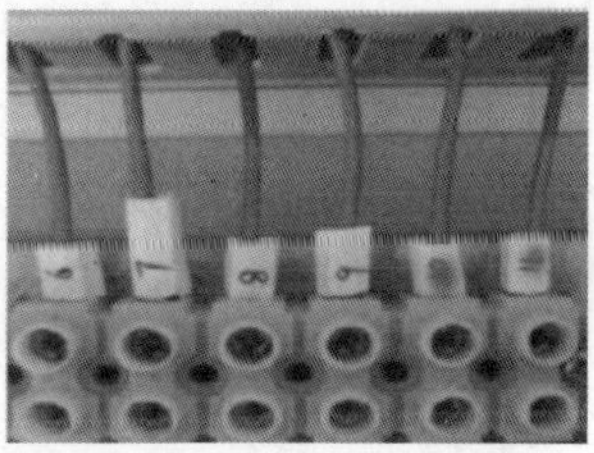 ×
③ 从线槽出线孔穿出的导线，最多只能两条。线槽与接线端子排之间的导线，不能交叉	 √	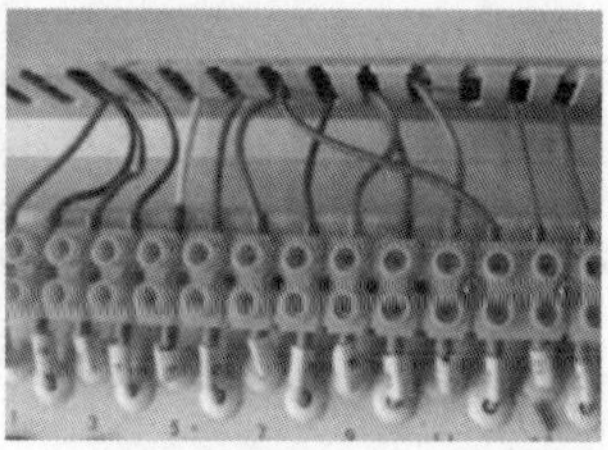 ×
④ 导线的绝缘层应完好，不能有损伤	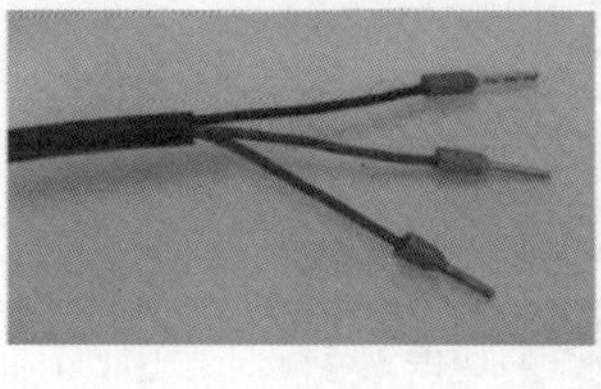 √	 ×

2. 气路安装的工艺标准（见表 2-2）

表 2-2 气路安装的工艺标准

具体要求	正确做法	错误做法
① 引入安装台的气管，应先固定在台面上，再与气源组件的进气接口连接	 √	 ×
② 气管接口应完好无损，有缺陷的气管接口应更换，避免漏气	 √	 ×
③ 从气源组件引出接到电磁阀组的气管，应使用线夹子固定在安装台台面上	 √	 ×
④ 气管不进线槽	 √	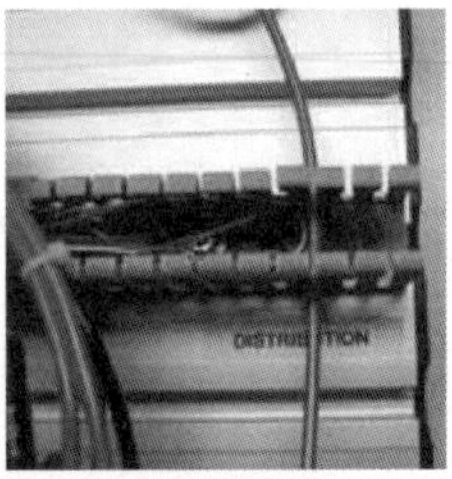 ×

3. 气管及导线的绑扎（见表 2-3）

表 2-3　气管及导线的绑扎

具体要求	正确做法	错误做法
① 第一根扎带离电磁阀的气管接头连接处的距离为 60mm 左右。距离不宜过小或过大	 √	 ×
② 气管绑扎点之间的距离以 40 ～ 50mm 为宜	 √	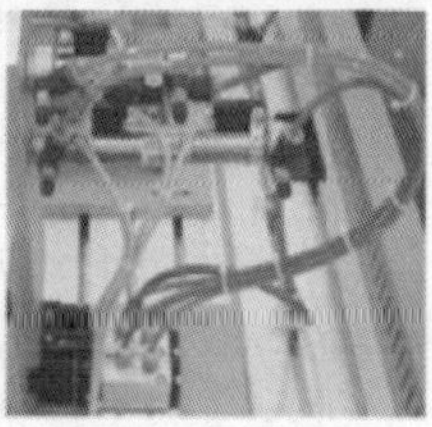 ×
③ 剪掉多余扎带后，剩余长度应≤1mm。留余太长，有割伤危险	 √	 ×
④ 露在安装台台面的导线，应使用线夹子固定在台面上或部件的支架上，不能直接塞入安装槽内	 √	 ×

（续）

具体要求	正确做法	错误做法
⑤ 电缆和气管分开绑扎。当电缆、光纤电缆和气管都来自同一个移动模块上时，允许它们绑扎在一起	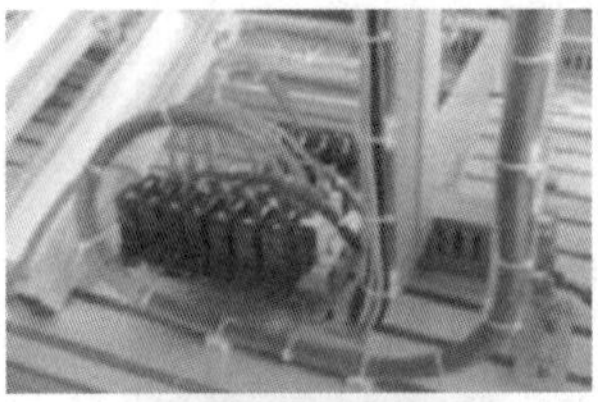 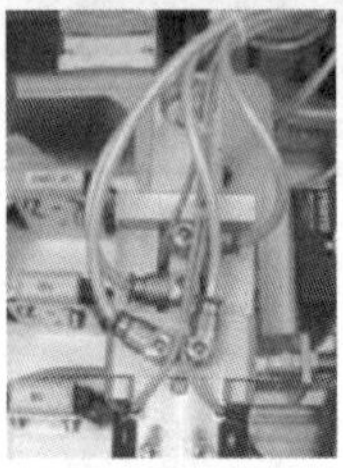 √	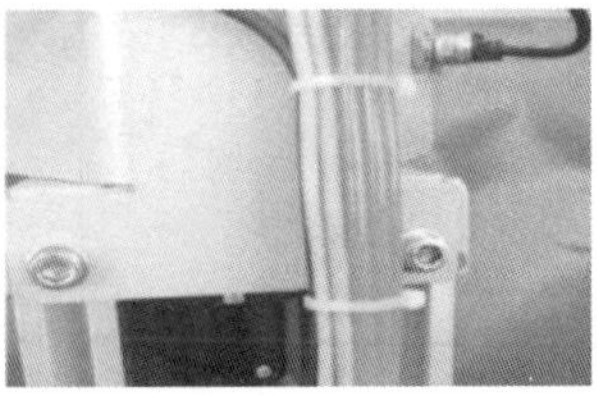 ×
⑥ 绑扎在一起的导线应理顺，不能交叉	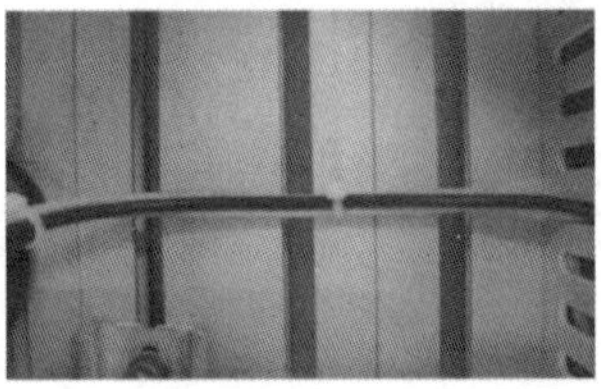 √	 ×
⑦ 电磁阀组上的导线应按要求进行绑扎，在离开电磁阀组时再进行绑扎就会太乱	 √	 ×

4. 职业素质的培养

1）进入实训场地穿好工作服和绝缘鞋。

2）工具必须整齐摆放在工作台或其他固定的位置，不能摆放在地上或安装台上。

3）待安装或组装的零件和部件，应整齐放在工作台上并且在工作台上组装，不能放在地上和在地面上组装部件。

4）安装完成后，应清理安装台，不能有遗留的导线、扎带、螺钉等任何东西，保证工作区域地面上没有垃圾。

二、PLC 输入与输出线路连接

1. PLC 面板结构及通信接口

以信捷 XDH-60T4-E PLC 为例，其面板结构如图 2-1 所示。XD5E-48/60、XDME-60、XDH-60 三种型号的面板结构是相同的。

PLC 的通信接口有 USB 口、COM0、COM1、COM2、以太网口等。信捷 XDH-60T4-E PLC 无 USB 口，主要有 COM1（RS232 口）、以太网口、COM2（RS485 口）等方式来进行程序的上下载和通信。

COM1（RS232 口）支持 MODBUS 和 X-NET 两种通信模式，连接上位机，用于人机界面编程或调试；COM2 口（RS485 口）连接智能仪表、变频器等，接到 PLC 输出端子排上的 A、B 端子，A 接 RS485+，B 接 RS485-；以太网口（RJ45），连接上位机，用于编程调试，与局域网内的其他设备通信。

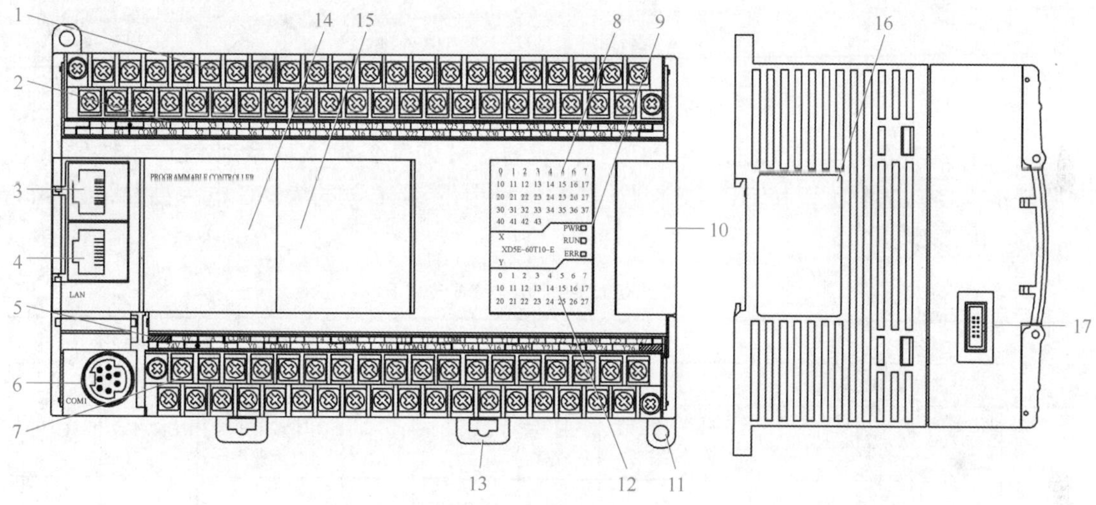

图 2-1　PLC 面板结构图

1—输入端子、电源接入端子　2—输入标签　3—RJ45 口 1　4—RJ45 口 2　5—输出标签
6—RS232 口（COM1）　7—输出端子、RS485 口（COM2）　8—输入动作指示灯
9—系统指示灯（PWR：电源指示灯；ERR：错误指示灯；RUN：运行指示灯）　10—扩展模块接入口
11—安装孔（2 个）　12—输出动作指示灯　13—导轨安装挂钩（2 个）　14—扩展 BD（COM4）
15—扩展 BD（COM5）　16—产品标签　17—左扩展 ED 模块接入口（COM3）
注：XDH 系列不支持扩展 BD 板及扩展 ED 模块。

2. PLC 输入与输出线路连接方法

（1）接线端子排的阅读方法

1）电源端子：L、N 为电源端子，分别代表相线、零线，为 PLC 提供交流电源。FG 是接地端子。“•”表示空端子，不能进行外部接线或作为中继端子使用。

2）传感器电源输出端子：24V 和 0V 端子可以作为传感器用供给电源。输出端子排上的 24V、0V 为外部输出端子，可对模块或传感器供电，但务必不要超过其最大输出电流。XD 系列 PLC 输入 / 输出点数在 16 点及以下最大输出电流为 200mA，24 点及以上最大输出电流为 400mA。特别需要注意的是：这个端子不能接外部电源。

3）输入端子：X0 ～ X43 为输入端子。COM 为所有输入端子的公共端。

4）输出端子：Y0 ～ Y27 为输出端子。COM0 ～ COM6 为各组输出端子的公共端。PLC 的输出是分组输出的，如 COM0 对应 Y0、Y1，COM1 对应 Y2、Y3；其余 COM2 ～ COM6 都是四个点一组，如 COM2 对应 Y4 ～ Y7 等。信捷 PLC 输入 / 输出端子排如图 2-2 所示。

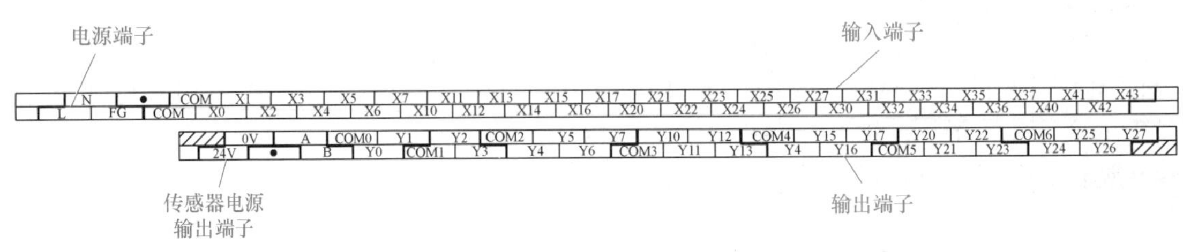

图 2-2 信捷 PLC 输入 / 输出端子排

（2）电源部分的连接 XDH 系列型号代表的含义见表 2-4。XD 系列 PLC 本体的供电电源规格支持 AC 电源型和 DC 电源型。其中型号中带“–E”的为 AC 电源型，带“–C”的为 DC 电源型。

表 2-4 XDH 系列型号代表含义表

型号							输入点数 DC24V	输出点数 R，T
	AC 电源			DC 电源				
	继电器输出	晶体管输出	晶体管继电器混合输出	继电器输出	晶体管输出	晶体管继电器混合输出		
NPN 型		XDH–60T4–E			XDH–60T4–C		36 点	24 点

本书选用的是信捷 XDH–60T4–E PLC，电源采用 AC 电源。PLC 的额定电压是 AC100 ～ 240V，由于国内一般都是 AC220V，所以电源部分的连接只要将 50Hz、220V 的交流电源直接连接到 PLC 的 L、N 电源输入端子上，地线接到接地端子 FG 即可。

（3）输入接线方法

1）NPN 输入模式和 PNP 输入模式的接线说明。XD 系列 PLC 的输入分 NPN、PNP 两种模式，NPN 输入模式如图 2-3 所示，PNP 输入模式如图 2-4 所示。NPN 输入模式指的是接到输入端子 X 的信号为负信号（即低电平有效），PNP 输入模式指的是接到输入端子 X 的信号为正信号（即高电平有效）。信捷 XDH–60T4–E 的 PLC 的输入端子采用的是 NPN 模式。

外部输入元器件可以是无源器件（如按钮、转换开关、行程开关等），也可以是有源器件（传感器、光电开关、接近开关等）。PLC 输入接口电路一般都包含有光耦合器和 RC 滤波器。光耦合器对输入信号进行光电隔离，防止 PLC 信号受到干扰。RC 滤波器进行滤波，可以消除触头抖动的影响。以 NPN 输入模式为例，当输入端的开关接通时，输入信号经过光电隔离电路和 *RC* 滤波电路后被送到 PLC 内部电路。送入 PLC 内部电路后，CPU 在输入阶段读入数字 1 供用户程序处理，同时该信号面板上的 LED 输入指示灯点亮，指示该输入信号的开关接通。反之，如输入端的开关断开时，光耦合器截止，CPU 在输入阶段读入数字 0 供用户程序处理，同时该信号面板上的 LED 输入指示灯熄灭，指示该输入信号的开关断开。

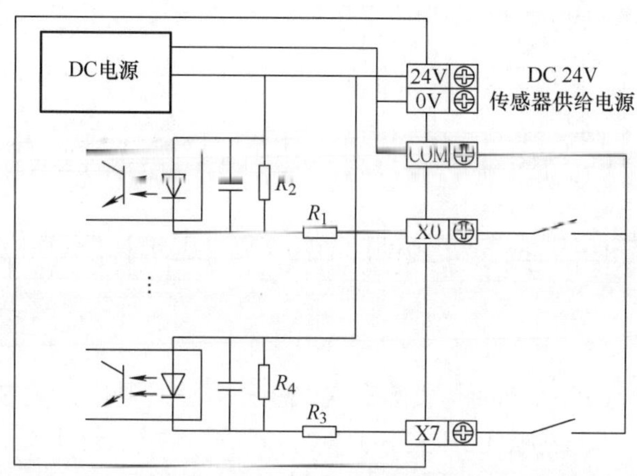

图 2-3　NPN 输入模式原理图

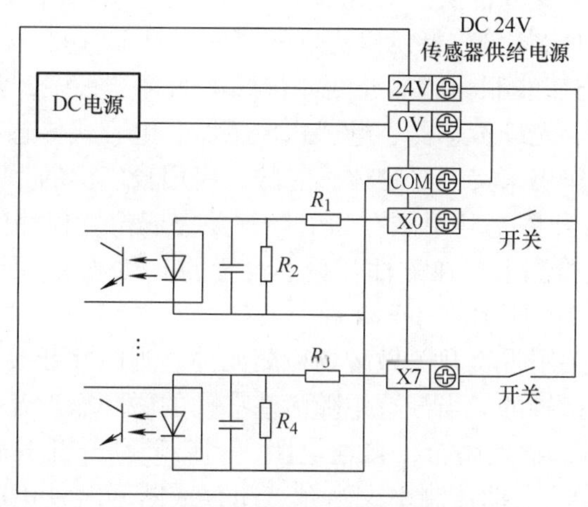

图 2-4　PNP 输入模式原理图

由于 PLC 内部有 24V 的直流电源，为方便接线，内部电源 24V 接到传感器电源输出端子的 24V，内部电源的 0V 接到传感器电源输出端子的 0V。如图 2-3 所示，对于 NPN 输入模式，PLC 出厂时，已经将传感器电源输出端子 0V 与 COM 接在一起，只需要在输入端子和 COM 之间接入开关输入器件或 NPN 输入模式的晶体管即可完成输入接线。

PLC 的输入端子 X 用来接收外部控制信号。在图 2-3 中，以 X0 为例，将开关的一端连接在 X0 端子上，另外一端接到 COM 口。另外，内部电源 DC24V 接到光耦合器的发光二极管上，流经 R_1，回到 X0 端子。电流回路是：24V →发光二极管→ R_1—X0 端子—开关—COM（即 0V）。

2）PLC 与开关、按钮等输入元件的接线。按照图 2-5 进行接线，将按钮 SB1 常开触点的一端接到 X0 输入端子，按钮 SB1 常开触点的另一端接到公共端 COM。未按动按钮 SB1 时，X0 输入指示灯不亮；按动按钮 SB1 后，X0 输入指示灯亮。

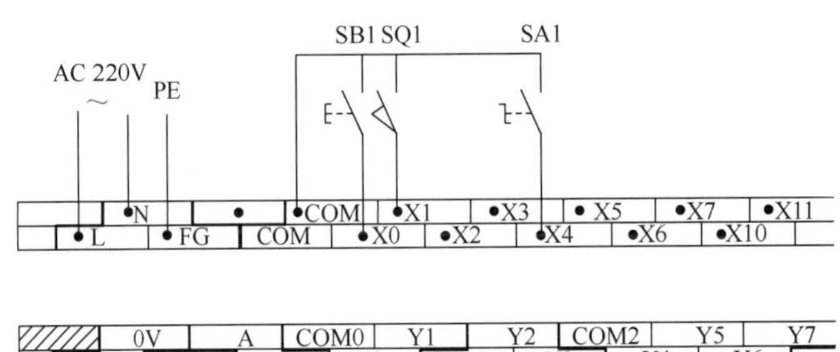

图 2-5 PLC 与开关、按钮等输入元件的接线图

将限位开关 SQ1 常开触点的一端接到 X1 输入端子，限位开关 SQ1 常开触点的另一端接到公共端 COM。未接通限位开关 SQ1 时，X1 输入指示灯不亮；接通限位开关 SQ1 后，X1 输入指示灯亮。

将转换开关 SA1 常开触点的一端接到 X4 输入端子，转换开关 SA1 常开触点的另一端接到公共端 COM。未接通转换开关 SA1 时，X4 输入指示灯灭；接通转换开关 SA1，常开触点变为闭合，此时 X4 输入指示灯亮。

3）两线制传感器与三线制传感器介绍。传感器的种类很多，常用的传感器有磁感应式传感器、光电传感器、光纤传感器、电感式传感器、电容式传感器等。磁感应式传感器是利用磁性物体的磁场作用来实现对物体感应的，应用较广泛的是磁性开关。

① 磁性开关。磁性开关是利用磁石和引导开关完成位置检测的一种接近传感器，它主要应用在气缸的位置检测上。在磁性开关上设置的 LED 显示用于显示其信号状态，供调试时使用，实物如图 2-6 所示。

有触点式的磁性开关用舌簧开关做磁场检测元件。当磁性开关不处在工作状态时，舌簧开关的两根簧片是不接触的。当气缸中随活塞移动的磁环靠近开关时，舌簧开关的两根簧片被磁化而相互吸引，触点闭合，接通电路；当磁环移开开关后，簧片失磁，触点断开，断开电路。在 PLC 的自动控制中，当触点闭合或断开时发出电控信号，可以利用该信号判断气缸所处的位置，以确定工件是否被推出或气缸是否返回。

磁性开关动作时，输出信号“1”，LED 亮；磁性开关不动作时，输出信号“0”，LED 不亮。磁性开关的安装位置可以调整，调整方法是松开它的固定螺栓，让磁性开关顺着气缸滑动，到达指定位置后，再旋紧固定螺栓。

磁性开关有蓝色和棕色两根引出线，使用时蓝色引出线应连接到 PLC 输入公共端，棕色引出线应连接到 PLC 输入端。磁性开关内部电路原理图如图 2-7 所示。

② 光电传感器。光电传感器也叫红外线光电接近开关，它是通过发光强度的变化转换为电信号的变化来实现检测的。光电传感器由发射器、接收器和检测电路三部分组成。

发射器发出光源，接收器接收光线，检测电路用于滤出有效信号和应用该信号。实物图如图 2-8 所示，光电传感器的内部电路原理图如图 2-9 所示。

光电传感器不仅可以检测金属，对所有能反射光线的物体都可以检测。按照接收器接收光的方式的不同，可以分为漫射式、对射式、反射式光电传感器。

图 2-6　磁性开关实物图

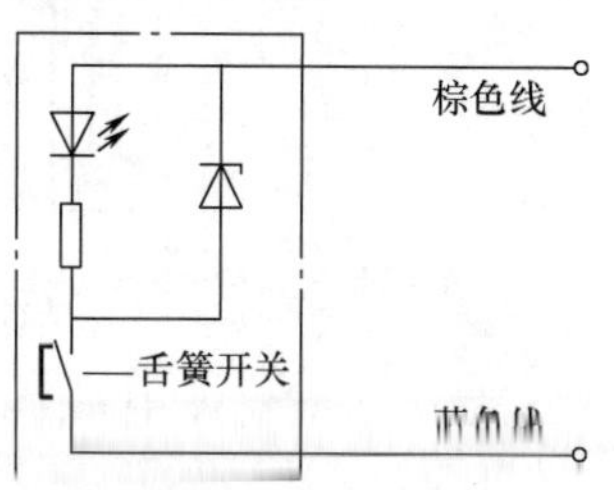

图 2-7　磁性开关内部电路原理图

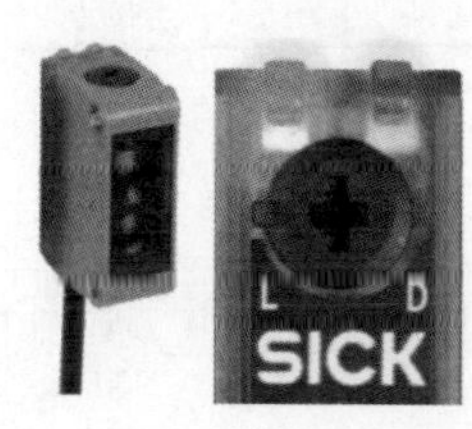

图 2-8　光电传感器实物图

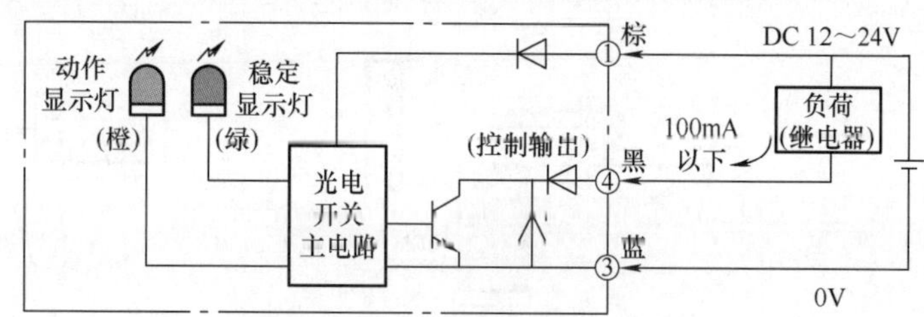

图 2-9　光电传感器的内部电路原理图

漫射式光电传感器是利用光照射到被测物体上后反射回来的光线而工作的，由于物体反射的光线为漫射光，故称为漫射式光电传感器。它的发射器与接收器处于同一侧位置，且为一体化结构。在工作时，发射器始终发射检测光，若传感器前方一定距离内没有物体，则没有光被反射到接收器，这时传感器处于常态而不动作；反之，若传感器前方一定距离内出现物体，只要反射回来的发光强度足够，则接收器接收到足够的漫射光，就会使传感器动作而改变输出的状态。漫射式光电传感器工作原理图如图 2-10 所示。

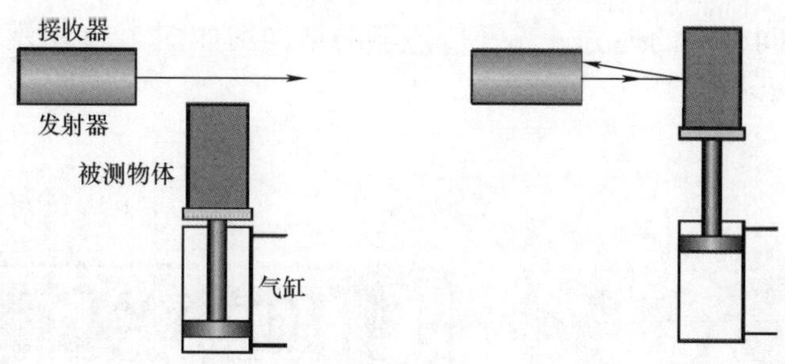

图 2-10　漫射式光电传感器工作原理图

对射式光电传感器的发射器与接收器结构上相互分离，如发射器和接收器之间没有物体遮挡，发射器发出的光线能被接收器收到。当有物体遮挡时，接收器接收不到发射器发出的光线，传感器产生输出信号。对射式光电传感器工作原理图如图 2-11 所示。

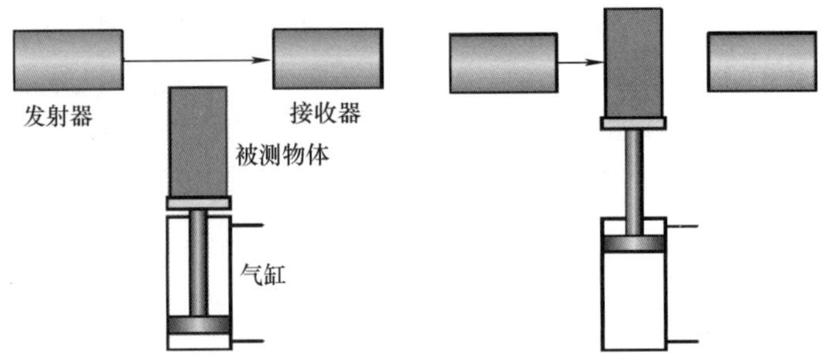

图 2-11　对射式光电传感器工作原理图

反射式光电传感器的发射器与接收器也是一体化结构，但与漫射式光电传感器不同的是，它的前面放置了一块反射板。当发射器和接收器之间没有物体遮挡时，可以接收到光线。当发射器和接收器之间有物体遮挡时，接收不到光线，此时传感器产生输出。反射式光电传感器工作原理图如图 2-12 所示。

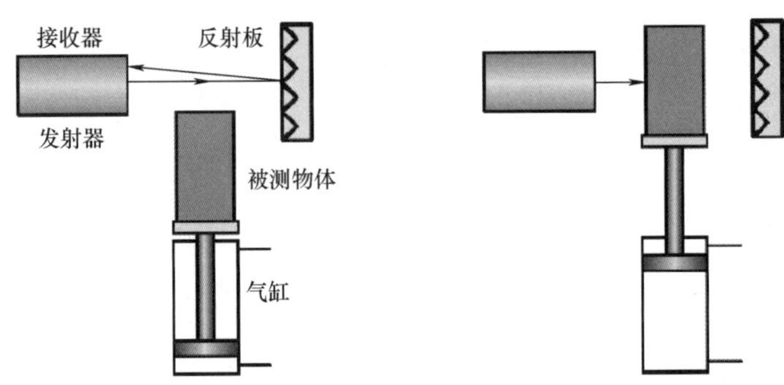

图 2-12　反射式光电传感器工作原理图

③ 光纤传感器。光纤传感器由光纤检测头、放大器两部分组成，放大器和光纤检测头是分离的两个部分，光纤检测头的尾端部分有两条光纤，使用时分别插入放大器的两个光纤孔。光纤传感器也是光电传感器中的一种。光纤传感器具有下述优点：抗电磁干扰，可工作于恶劣环境，传输距离远，使用寿命长，此外，由于光纤检测头具有较小的体积，所以可以安装在空间很小的地方。光纤传感器的结构图如图 2-13 所示，光纤传感器放大器单元的俯视图如图 2-14 所示。

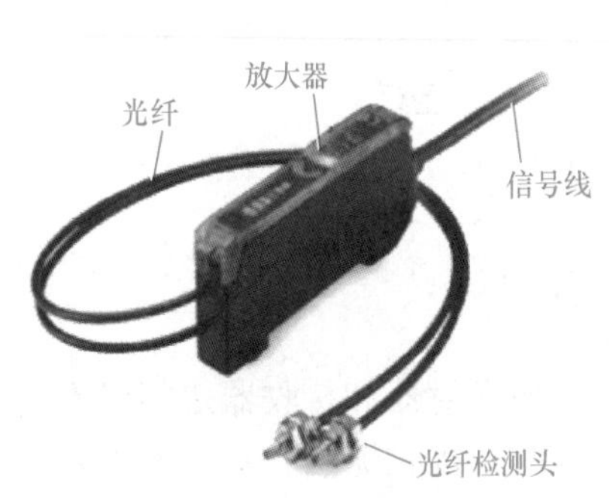

图 2-13　光纤传感器的结构图

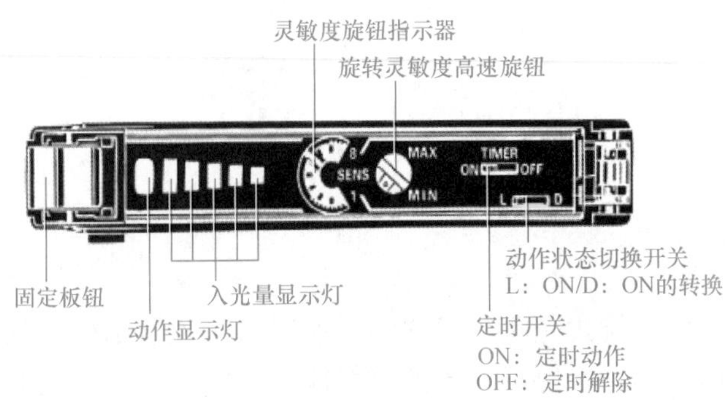

图 2-14　光纤传感器放大器单元的俯视图

当光纤传感器灵敏度调得较小时，对于反射性较差的黑色物体，光电探测器无法接收到反射信号；而反射性较好的白色物体，光电探测器就可以接收到反射信号。反之，若调高光纤传感器灵敏度，则即使对反射性较差的黑色物体，光电探测器也可以接收到反射信号。调节光纤传感器中部的旋转灵敏度高速旋钮就能进行放大器灵敏度调节（顺时针旋转灵敏度增大）。调节时，会看到“入光量显示灯”发光的变化。当探测器检测到物料时，“动作显示灯”会亮，提示检测到物料。

光纤传感器接线时请注意棕色和蓝色分别是24V和0V，黑色是信号输出线。光纤传感器的内部电路框图如图2-15所示。

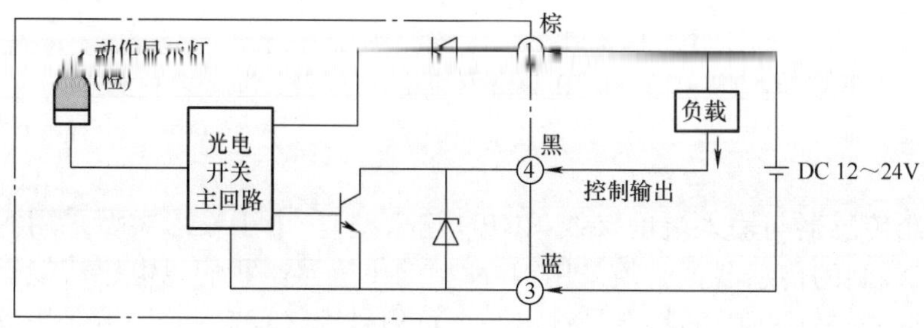

图2-15　光纤传感器的内部电路框图

④ 电感式传感器。电感式传感器只能检测金属物体。电感式传感器是利用电涡流效应制造的传感器，是指当金属物体处于一个交变的磁场中时，金属物体内部会产生交变的电涡流，引起振荡器振幅或频率的变化，由传感器内部处理电路将该变化转换成开关量输出，从而达到检测目的。电感式传感器的工作原理图如图2-16所示。

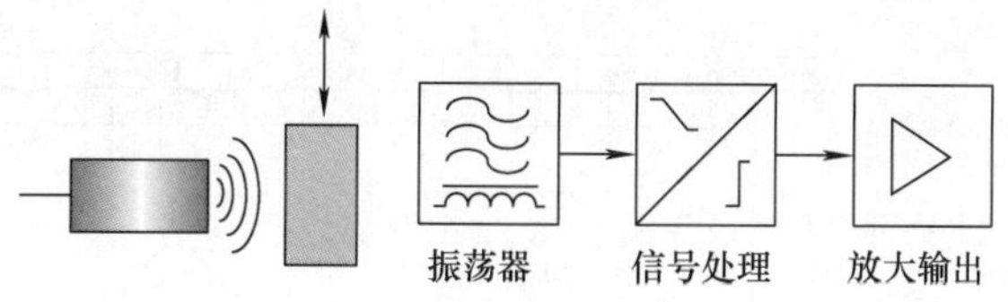

图2-16　电感式传感器工作原理图

⑤ 电容式传感器。电容式传感器既能检测金属物体，也能检测非金属物体。它是把被测量转换为电容量变化的传感器。当物体靠近时，如果电容量增大，振荡器开始振荡，经过后级电路的处理，振荡信号被转换为开关信号，从而可以用来判断有无物体。电容式传感器的工作原理图如图2-17所示。

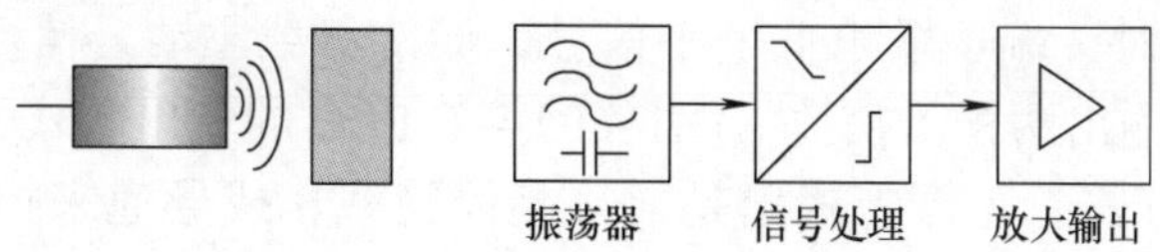

图2-17　电容式传感器工作原理图

4）两线制传感器与输入端的接线（NPN输入型）。以磁性开关为例，对两线制传感器进行接线。两线制传感器的棕色线接X输入端子，蓝色线接公共端COM。将传感器的棕色线接到 X2 输入端子，传感器的蓝色线接到公共端 COM。当气缸活塞未到位时，指示灯不亮，当气缸活塞移动到指定位置时，指示灯亮。

两线制传感器接线图如图 2-18 所示。

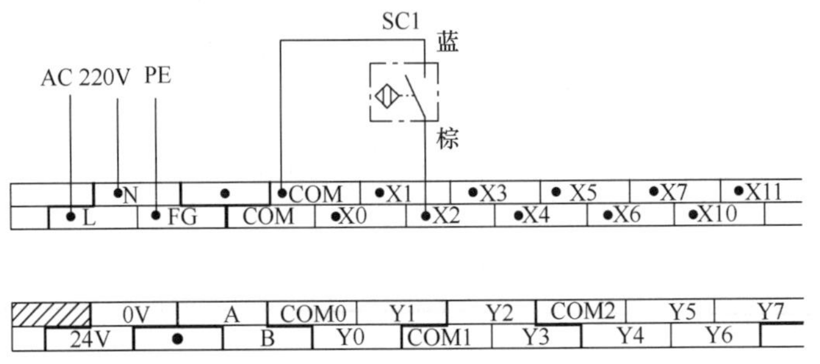

图 2-18 两线制传感器接线图

5）三线制传感器与输入端的接线（NPN 输入型）。由于输入类型采用 NPN 输入型，所以采用的三线制的传感器也必须采用 NPN 型的传感器。我们以电感式接近传感器（三线制）为例，NPN 型传感器的特点是输出一个负信号到 X3 点上，一般是黑颜色的线。传感器另外两根线是棕色线和蓝色线，是传感器的电源线，棕色是 DC24V，蓝色是 DC0V。

在信捷 PLC 中，内部 24V 直流电源被引到了输出端子排上面，我们需要将传感器的电源线（棕色和蓝色线）分别接到输出的端子排的 24V 和 0V。将黑色线接到对应的 X 接线端子。当有金属靠近电感式传感器时，传感器的指示灯点亮，PLC 相应的输入信号指示灯也点亮。三线制传感器接线图如图 2-19 所示。

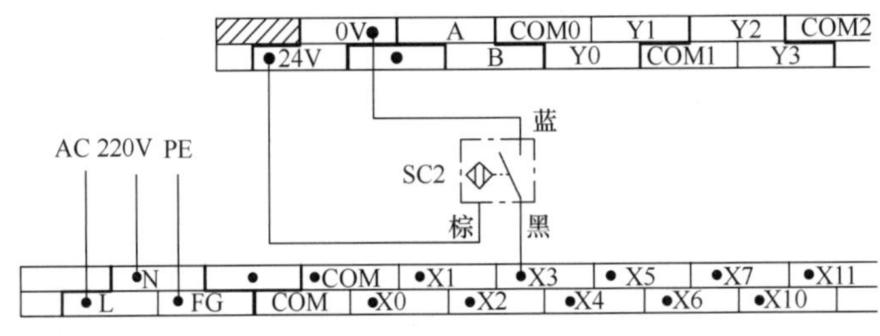

图 2-19 三线制传感器接线图

（4）输出接线方法 PLC 的外部负载和负载电源与 PLC 的输出端子和公共端 COM 连接成一个回路，这样负载就可以被 PLC 的程序运行结果（即 PLC 的输出）控制。当 PLC 输出端子置 ON 时，端子输出低电平信号，促使负载驱动。信捷 PLC 的输出电路有晶体管输出、继电器输出两种。信捷 XDH-60T4-E PLC 的输出方式为晶体管输出。

1）晶体管输出方式。晶体管输出是通过晶体管截止或导通来控制外部负载电路的，PLC 内部回路与输出晶体管之间用光耦合器进行绝缘隔离。晶体管输出属于直流输出，只能接直流负载。优点是寿命长、无噪声、动作频率高、响应时间短（<0.2ms）；缺点是价格高，过载能力差。普通晶体管输出性能指标见表 2-5。当需要用高速脉冲输出控制步进或伺服系统时，一般选用晶体管输出。

表 2-5　普通晶体管输出性能指标表

项目		指标
外部电源		DC5 ～ 30V
电路绝缘		光耦绝缘
动作指示		LED 指示灯
最大负载	阻性负载	0.3A
	感性负载	7.2W/DC24V
	灯负载	1.5W/DC24V
最小负载		DC5V 2mA
开路漏电流		0.1mA 以下
响应时间	OFF → ON	0.2ms 以下
	ON → OFF	0.2ms 以下

信捷 PLC 的晶体管输出方式是漏型输出（NPN 型输出），低电平有效。晶体管在外部接线时，COM 端接到电源的负极上，Y 点输出的信号经过负载（继电器、电磁阀、灯等）回到电源正极。

为了防止负载短路导致电流过大烧坏印制电路板及输出元器件，在 COM 端与负极之间接入一个熔断器进行短路保护。晶体管输出内部结构图如图 2-20 所示，晶体管输出接线图如图 2-21 所示。

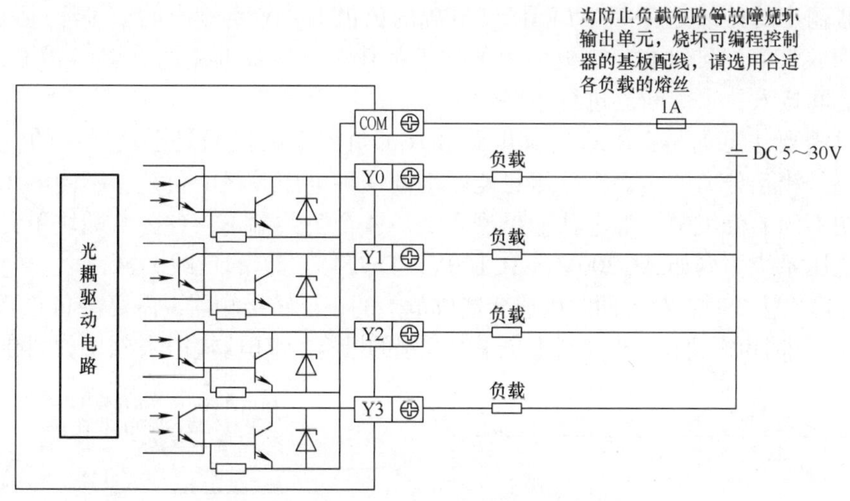

图 2-20　晶体管输出内部结构图

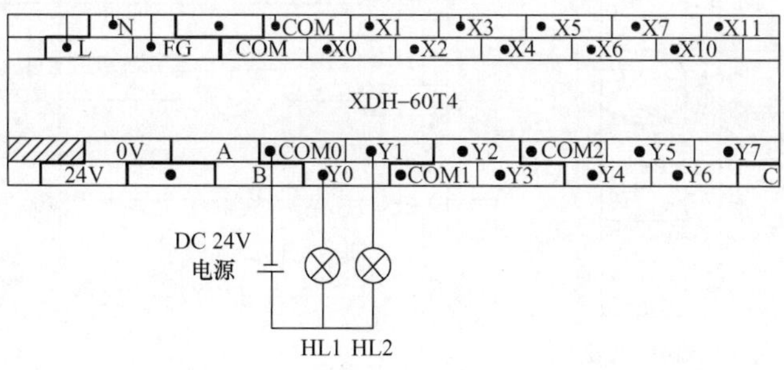

图 2-21　晶体管输出接线图

型号为 XDH-60T4-E 的信捷 PLC 采用晶体管高速脉冲输出时，高速脉冲输出位为 Y0 ～ Y3 四路脉冲输出，外部电源为 DC5 ～ 30V 以下，最大电流为 50mA，最大输出频率为 100kHz。

2）继电器输出方式。继电器输出是用 PLC 控制继电器线圈的得电或失电，触头相应地闭合或断开，其触头再去控制外部负载电路的接通或断开。继电器输出方式最常用，适用于交、直流负载。优点是价格便宜、带负载能力强；缺点是触点寿命短，响应时间长（10ms）。继电器输出性能指标见表 2-6。

表 2-6 继电器输出性能指标表

外部电源		AC250V、DC30V 以下
电路绝缘		机械绝缘
动作指示		LED 指示灯
最大负载	阻性负载	3A
	感性负载	80V · A
	灯负载	100W
最小负载		DC5V 2mA
响应时间	OFF → ON	10ms
	ON → OFF	10ms

继电器输出的接线是将 COM 端接到电源的负极上，Y 点输出的信号经过负载（继电器、电磁阀、灯等）回到电源正极。为了防止负载短路导致电流过大烧坏 PLC，在 COM 端与负极之间接入一个熔断器进行短路保护。

使用时需要注意的是：PLC 内部电路和外部负载电路之间是电气绝缘的，同时各公共端块间也是相互分离的。每个分组只能驱动同一种电压等级的负载，不同电压等级的负载需要放在不同的分组中。继电器输出型有 2 ～ 4 个公共端子，各公共端块单元可以驱动不同电源电压系统（例如 AC200V、AC100V、DC24V 等）的负载。

在进行输出接线时，对于同时接通会造成危险的正反转接触器，需要在 PLC 程序里进行软件的互锁，同时也需要在硬件接线上也采取互锁的措施。继电器输出接线图如图 2-22 所示。

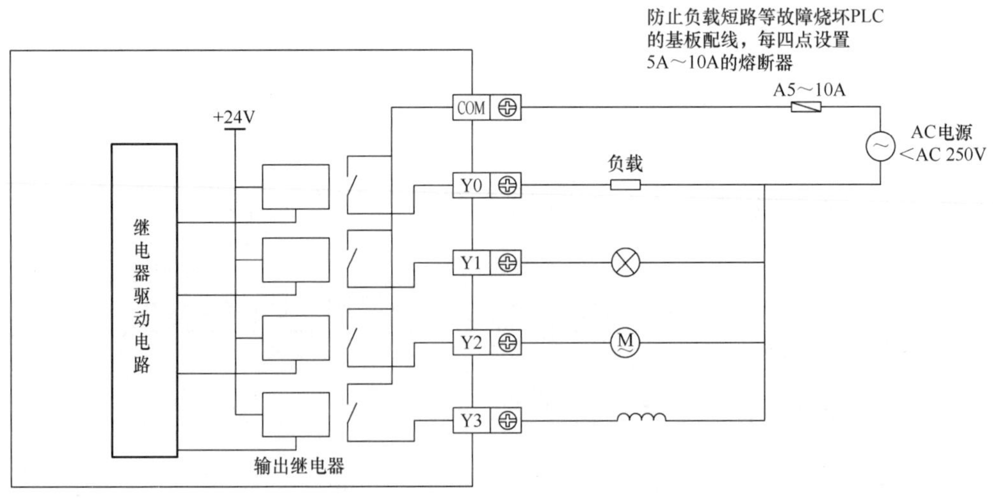

图 2-22 继电器输出接线图

三、脉冲型运动控制线路连接

1. 步进驱动器与信捷 PLC 的接线

（1）DP3L 系列步进驱动器接口及接线　步进驱动器端子排布如图 2-23 所示。

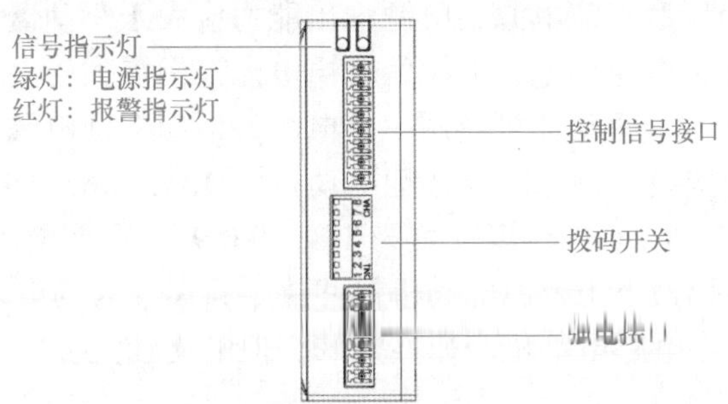

图 2-23　步进驱动器端子排布图

1）控制信号接口。以信捷 DP3L-565 步进驱动器为例，它的输入信号有 8 个端子，分别是 PUL+、PUL–、DIR+、DIR–、ENA+、ENA–、ERR、COM，具体功能描述见表 2-7。

表 2-7　控制信号接口功能表

信号	功能	说明
PUL+	脉冲控制信号	上升沿有效，信号支持 DC24V
PUL–		
DIR+	方向控制信号	高 / 低电平信号，对应电动机运转的两个方向。信号支持 DC24V。电动机的初始运行方向取决于电动机的接线，互换任意一相可改变电动机初始运行方向
DIR–		
ENA+	使能 / 释放信号	用于释放电动机，使能信号接通时，驱动器将切断电动机各相电流而处于自由状态，步进脉冲将不被响应。此时，驱动器和电动机的发热和温升将降低。不用时，将电动机释放信号端悬空。信号支持 DC24V
ENA–		
ERR	报警输出信号	报警输出，最大饱和输出电流 50mA，最大输出电压 DC24V，报警输出端子输出高电平
COM		

2）强电接口。强电接口有 GND 接口、+V 接口、A+ 和 A– 接口、B+ 和 B– 接口，具体功能描述见表 2-8。

表 2-8　强电接口功能表

接口	功能	说明
GND	直流电源地	直流电源地
+V	直流电源正极	根据需求选定电压
A+，A–	电动机 A 相线圈	互换 A+ 和 A–，可改变电动机运转方向
B+，B–	电动机 B 相线圈	互换 B+ 和 B–，可改变电动机运转方向

3）DP3L 系列步进驱动器与 PLC 的接线（见图 2-24）。在连接电源时要特别注意以下几点：

① 电源电压切勿接反！

② 不要超过电源的工作范围，保证驱动器正常工作。

③ 电源宜采用非稳压型直流电源，电源输出能力应大于驱动器设定电流的 60%。

④ 若使用稳压型开关电源供电，电源的输出电流范围需大于电动机工作电流。

⑤ 为降低成本，两三个驱动器可共用一个电源，但应保证电源功率足够大。

（2）步进电动机的接线　首先需要选配电动机，DP3L–565 可以用来驱动 4、6、8 线的两相、四相混合式步进电动机，步距角为 1.8° 和 0.9°。选择电动机时主要考虑电动机的转矩和额定电流。转矩大小主要由电动机尺寸决定，尺寸大的电动机转矩较大；而电流大小主要与电感有关，小电感电动机高速性能好，但电流较大。

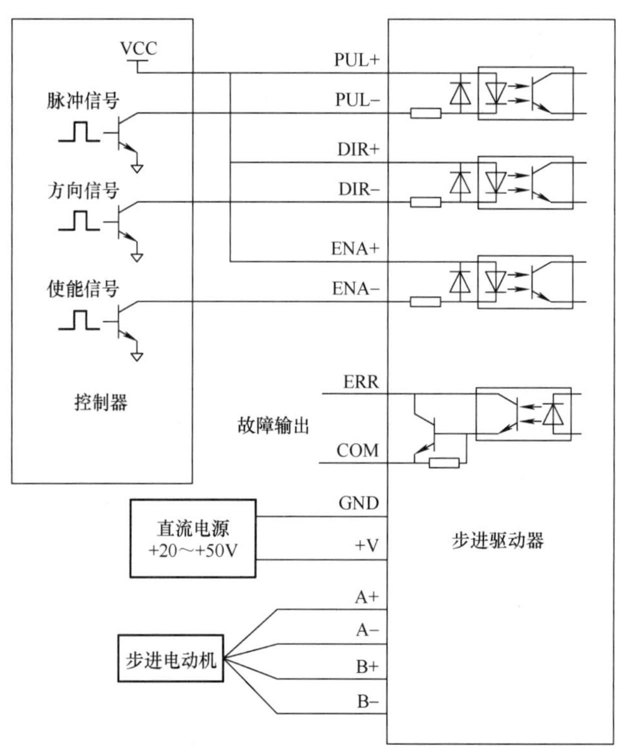

图 2-24　DP3L 系列步进驱动器与 PLC 的接线图

电动机选配时，要确定三个要素：负载转矩、传动比和工作转速范围。通过如下公式可算出电动机的转矩：

$$T（电动机）=C（J\varepsilon+T（负载））$$

式中，C 表示安全系数，推荐值 1.2 ～ 1.4；J 表示负载的转动惯量；ε 表示负载的最大角加速度；T 表示负载的最大负载转矩，包括有效负载、摩擦力、传动效率等阻力转矩。

对于 6/8 线步进电动机，不同线圈的接法，电动机有相当大的差别，步进电动机的接线图如图 2-25 所示。

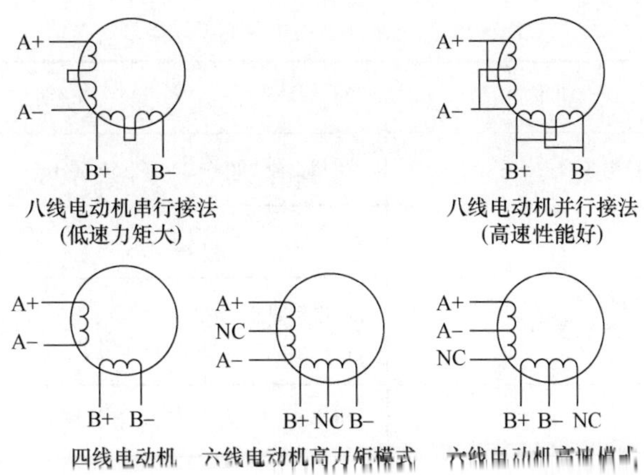

图 2-25 步进电动机接线图

判断步进电动机串联或并联接法正确与否的方法是：在不接入驱动器的条件下用手直接转动电动机的轴，如果能轻松均匀地转动则说明接线正确，如果遇到阻力较大、转动不均匀并伴有一定的声音说明接线错误。

2. 伺服驱动器与信捷 PLC 的接线方式

DS5C–20P1–PTA 是 EtherCAT 运动控制型伺服驱动器，2 表示电压等级为 220V，0P1 表示使用电动机的容量为 0.1kW。

（1）伺服驱动器的端子介绍

1）伺服驱动器端子的排布。伺服驱动器端子排布如图 2-26 所示。

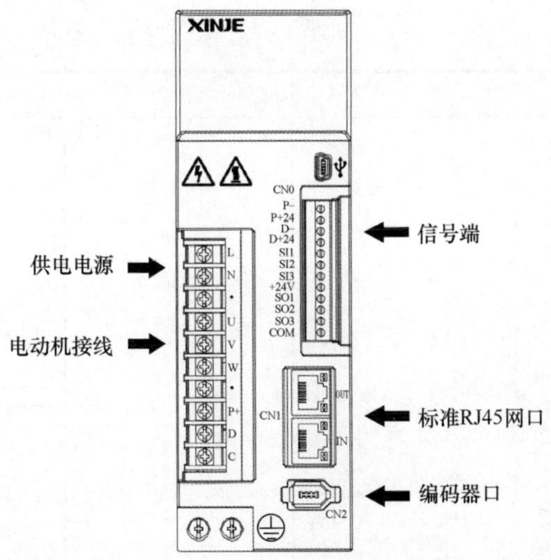

图 2-26 伺服驱动器端子排布图

2）主电路端子。主电路有 10 个端子，包括 L、N 端子，“•”空引脚，U、V、W 电动机连接端子，P+、D、C 端子。主电路端子功能见表 2-9。伺服驱动器端子接线说明见表 2-10。

表 2-9 伺服驱动器主电路端子功能表

端子	功能	说明
L、N	主电路电源输入端子	单相交流 200 ～ 240V，50/60Hz
•	空引脚	–
U、V、W	电动机连接端子	与电动机相连接 注：地线在散热片上，请上电前检查
P+、D、C	使用内置再生电阻	短接 P+ 和 D 端子、P+ 和 C 断开；设置 P0–24=0
	使用外置再生电阻	将再生电阻接至 P+ 和 C 端子、P+ 和 D 短接线拆掉；设置 P0–24=1，P0–25= 功率值，P0–26= 电阻值

表 2-10 伺服驱动器端子接线说明表

信号	40、60、80 系列电动机
PE	4– 黄绿
U	1– 棕色
V	3– 黑色
W	2– 蓝色

3）控制电路端子分为 CN0、CN1 和 CN2 端子。连接器的编号均为面向焊片看时的顺序。CN0 和 CN1 的端子排布见表 2-11。

表 2-11 伺服驱动器端子 CN0 和 CN1 的端子排布表

CN0	CN1
P– P+24V D– D+24V SI1 SI2 SI3 +24V SO1 SO2 SO3 COM	16 15 14 13 12 11 10 9 8 7 6 5 4 3 2 1

① 信号端子 CN0。信号端子 CN0 共有 12 个端子。伺服驱动器信号端子 CN0 名称及说明见表 2-12。

表 2-12　伺服驱动器信号端子 CN0 名称及说明表

编号	名称	说明	编号	名称	说明
1	P−	脉冲输入 PUL−	7	SI3	输入端子 3
2	P+24V	集电极开路接入	8	+24V	输入 24V
3	D−	方向输入 DIR−	9	SO1	输出端子 1
4	D+24V	集电极开路接入	10	SO2	输出端子 2
5	SI1	输入端子 1	11	SO3	输出端子 3
6	SI2	输入端子 2	12	COM	输出端子地

② 通信端子 CN1。通信端子 CN1 共有 8 个端口：TAX A+、TAX A−、RX A+、RX A−；TAX B+、TAX B−、RX B+、RX B−。伺服驱动器通信端子 CN1 名称见表 2-13。

③ 连接器端子 CN2。CN2 端子排列（面向焊片看）见表 2-14。

表 2-13　伺服驱动器通信端子 CN1 名称表

编号	名称	编号	名称
1	TAX A+	9	TAX B+
2	TAX A−	10	TAX B−
3	RX A+	11	RX B+
4	—	12	—
5	—	13	—
6	RX A−	14	RX B−
7	—	15	—
8	—	16	—

表 2-14　伺服驱动器连接器端子 CN2 端子排列表

序号	定义
1	5V
2	GND
5	A
6	B

（2）伺服驱动器与 PLC 的接线　伺服驱动器与 PLC 的接线如图 2-27 所示。

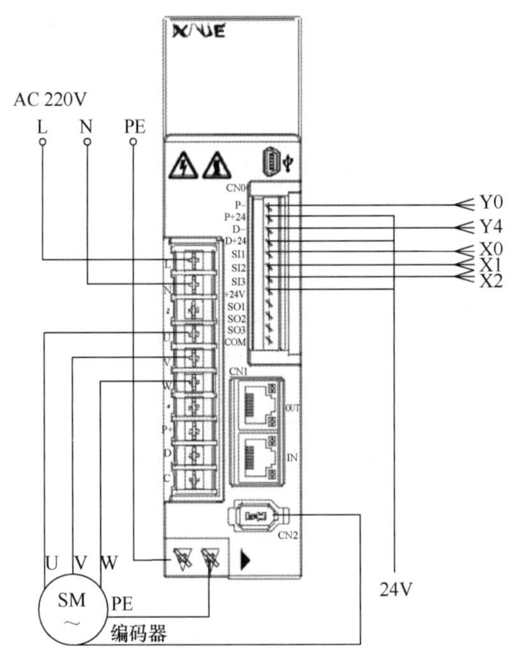

图 2-27 伺服驱动器与 PLC 的接线图

四、变频系统控制线路连接

1. 信捷 VH5-20P7-B 变频器的接线

（1）主回路简单配线 如图 2-28 所示，制动电阻部分的连接因不同型号而异。

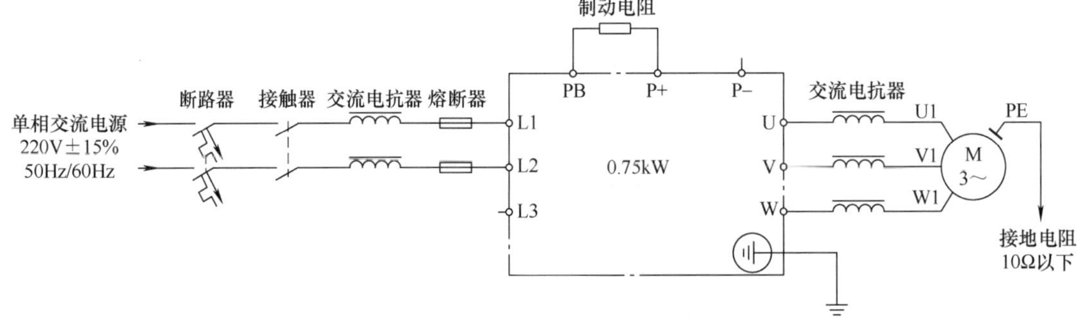

图 2-28 VH5-20P7-B 变频器主回路简单配线图

（2）主回路端子排列及说明 VH5-20P7-B 变频器主回路端子排列如图 2-29 所示。

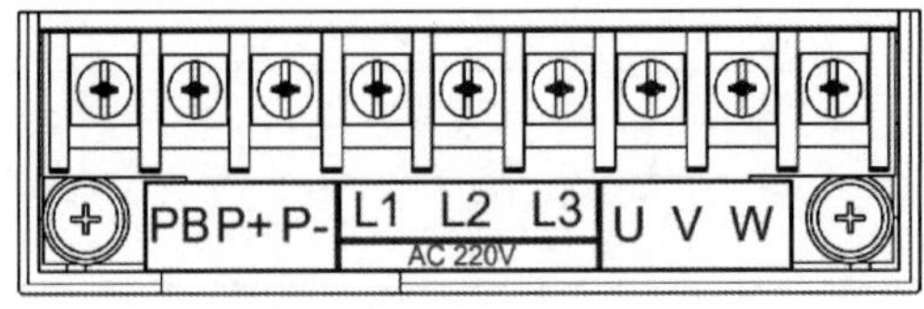

图 2-29 VH5-20P7-B 变频器主回路端子排列图

L1、L2、L3 为变频器的输入端子，VH5-20P7-B 变频器的电源是 AC220V，则将 L 接到 L2，N 接 L3 端子即可。输出侧 U、V、W 为变频器的输出端子，用于连接电动机。

接地端子 PE，用于保护接地。需要注意的是：端子必须可靠接地，接地线阻必须小于 10Ω，否则会导致设备工作异常甚至损坏；不可将接地端子 PE 和电源零线 N 端子共用；保护接地导体的阻抗必须要满足在出现故障时能承受可能出现的大短路电流的要求；保护接地必须采用黄绿线缆。P+、PB 为制动电阻连接端子，用于连接制动电阻。

P+、P- 是直流母线的正、负端子，用作连接共直流母线的输入点。需要注意的是：P+、P- 间有残余电压，操作键盘的所有 LED 指示灯熄灭，并等待 15min 以上，然后才可以进行配线操作；不可将制动电阻直接接在母线上，否则会导致变频器损坏甚至引发火灾。

（3）控制回路端子排列及端子功能　VH5-20P7-B 变频器控制回路端子排列如图 2-30 所示，每个端子的功能见表 2-15。

<table>
<tr><td rowspan="2">TA TB TC</td><td>X1</td><td>X3</td><td>COM</td><td>24V</td><td>AI</td><td>GND</td><td>10V</td><td></td></tr>
<tr><td>X2</td><td>X4</td><td>Y1</td><td>0V</td><td>AO</td><td>485-</td><td>485+</td><td></td></tr>
</table>

图 2-30　VH5-20P7-B 变频器控制回路端子排列图

在控制回路接线时，需要注意的是变频器投入使用前，应正确进行端子配线和设置控制板上的所有跳线开关。拨码开关说明：S1：AI OFF=0-10V，ON=0-20mA，默认 OFF；S2：AO OFF=0-10V，ON=0-20mA，默认 OFF。

表 2-15　VH5-20P7-B 变频器控制回路端子功能表

类别	端子	名称	端子功能说明
通信	A（485+）、B（485-）	RS485 通信接口	标准 RS485 通信接口，使用双绞线或屏蔽线
电源	10V-GND	10V 电源	对外提供 10V 电源，最大输出电流：20mA；一般用于外接电位器调速使用
	24V-0V	DC24V 电源	给端子提供 24V 电源，最大输出电流：100mA 一般用作数字输入 / 输出端子工作电源；不可外接负载
公共端	COM	输入 X 公共端	COM 与 24V 短接形成 NPN 型输入 COM 与 0V 短接形成 PNP 型输入 当利用外部信号驱动 X1 ～ X4 时，COM 需与外部电源连接，且与变频器本体 24V 电源断开
模拟量输入	AI-GND	模拟量输入 AI	由拨码开关选择电压 / 电流输入 输入电压范围：0 ～ 10V（输入阻抗：22kΩ） 输入电流范围：0 ～ 20mA（输入阻抗：500Ω）
模拟量输出	AO-GND	模拟量输出 AO	由拨码开关选择电压 / 电流输出 电压输出范围：0 ～ 10V；外部负载 2kΩ ～ 1MΩ 电流输出范围：0 ～ 20mA；外部负载小于 500Ω

（续）

类别	端子	名称	端子功能说明
数字输入端子	X1	数字输入端子 1	光耦隔离输入 输入阻抗：R=2kΩ 输入电压范围：9 ～ 30V，兼容双极性输入 注：VHS 全系列不支持高速脉冲输入
	X2	数字输入端子 2	
	X3	数字输入端子 3	
	X4	数字输入端子 4	
数字输出端子	Y1	数字输出端子 1	集电极开路输出 输出电压范围：0 ～ 24V 输出电流范围：0 ～ 50mA
继电器输出端子	Ta Tb Tc	输出继电器	多种电器输出端子 Ta-Tb：常开；Ta-Tc：常闭 触点容量：AC250V/2A（cosϕ=1） AC250V/1A（cosϕ=0.4） DC30V/1A

（4）变频器的控制电路接线图　VH5-20P7-B 变频器控制电路的接线如图 2-31 所示。

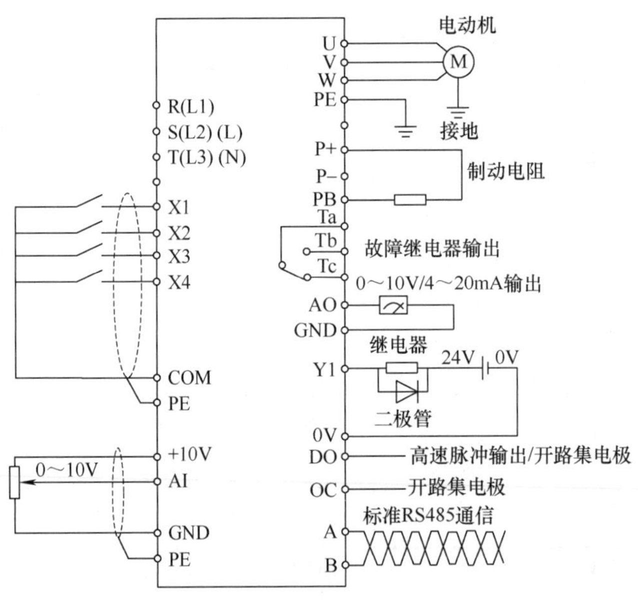

图 2-31　VH5-20P7-B 变频器控制电路接线图

2. 信捷 VB5N-20P7 变频器的接线

（1）主回路端子的配线图　VB5N-20P7 变频器的主电路简单配线如图 2-32 所示。图中的制动电阻部分的连接因不同型号而略有不同。

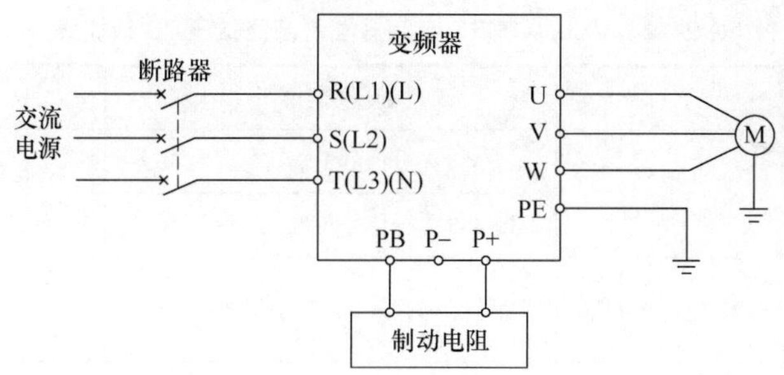

图 2-32　VB5N−20P7 变频器的主电路简单配线图

（2）主电路端子排列　VB5N−20P7 变频器主电路端子有 6 个，其中，L、N 是单相交流 220V 输入端子；U、V、W 是三相交流输出端子；PE 是接地端。

（3）控制板端子与跳线器的相对位置及功能介绍　VB5N−20P7 变频器的控制板端子跳线位置如图 2-33 所示。

变频器投入使用前，应正确进行端子配线和设置控制板上的所有跳线开关，建议使用 1mm² 以上的导线作为端子连接线。J1 为操作面板与 CPU 主板串口连接口，J2 为操作面板与 CPU 主板 RJ−45 网线连接口，RJ−45 网线长度建议不超过 3m。

JP1 为 CI 电压 / 电流输入方式选择，其中，1−2 连接：V 侧，0 ～ 10V 电压信号；2−3 连接：I 侧，4 ～ 20mA 电流信号。

（4）控制回路配置及配线　控制回路端子 J3 排列如图 2-34 所示。控制回路端子功能见表 2-16。

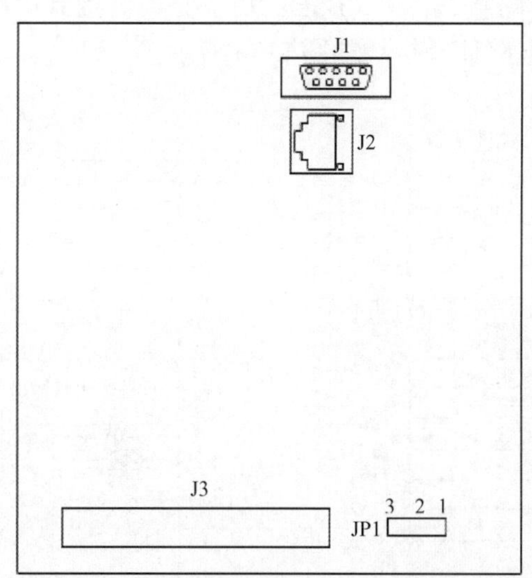

图 2-33　VB5N−20P7 变频器的控制板端子跳线位置示意图

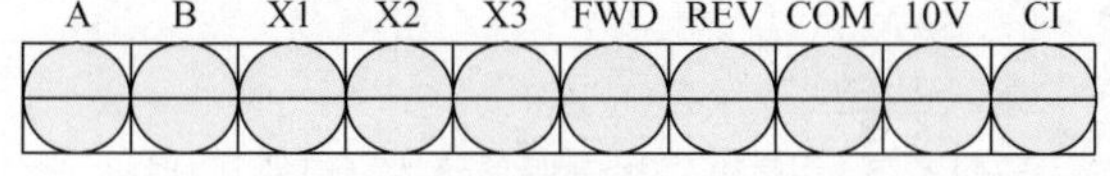

图 2-34　VB5N−20P7 变频器的控制回路端子 J3 排列图

表 2-16　VB5N-20P7 变频器控制回路端子 J3 功能表

<table>
<tr><th>类别</th><th>端子</th><th>名称</th><th>端子功能说明</th><th>规格</th></tr>
<tr><td rowspan="2">通信</td><td rowspan="2">A（485+）
B（485-）</td><td rowspan="2">RS485
通信接口</td><td>RS485 差分信号正端</td><td rowspan="2">标准 RS485 通信接口，使用双绞线或屏蔽线</td></tr>
<tr><td>RS485 差分信号负端</td></tr>
<tr><td rowspan="2">电源</td><td>COM</td><td>24V 电源公共端</td><td>数字信号输入，输出公共端</td><td>COM 和 GND 两者之间相互内部隔离</td></tr>
<tr><td>10V</td><td>10V 电源</td><td>对外提供 +10V 电源
（负极端：GND）</td><td>最大输出电流：50mA</td></tr>
<tr><td>模拟量
输入</td><td>CI</td><td>模拟量
输入 CI</td><td>接收模拟电流 / 电压量输入，电压、电流由跳线 JP3 选择，出厂默认为输入电流（参考地：GND）</td><td>输入电压范围：0 ～ 10V
（输入阻抗：47kΩ）
输入电流范围：4 ～ 20mA
（输入阻抗：500Ω）
分辨率：1/1000</td></tr>
<tr><td rowspan="2">运行控制
端子</td><td>FWD</td><td>正转运行命令</td><td rowspan="2">正反转开关量命令</td><td rowspan="5">光耦隔离输入
输入阻抗：R=2kΩ
最高输入频率：200Hz
输入电压范围 9 ～ 30V</td></tr>
<tr><td>REV</td><td>反转运行命令</td></tr>
<tr><td rowspan="3">数字输入
端子</td><td>X1</td><td>数字输入端子 1</td><td rowspan="3">多种功能的开关量输入端子</td></tr>
<tr><td>X2</td><td>数字输入端子 2</td></tr>
<tr><td>X3</td><td>数字输入端子 3</td></tr>
</table>

（5）变频器的控制电路接线图　VB5N-20P7 变频器控制电路接线图如图 2-35 所示，VB5N-20P7 变频器控制电路简易接线如图 2-36 所示。

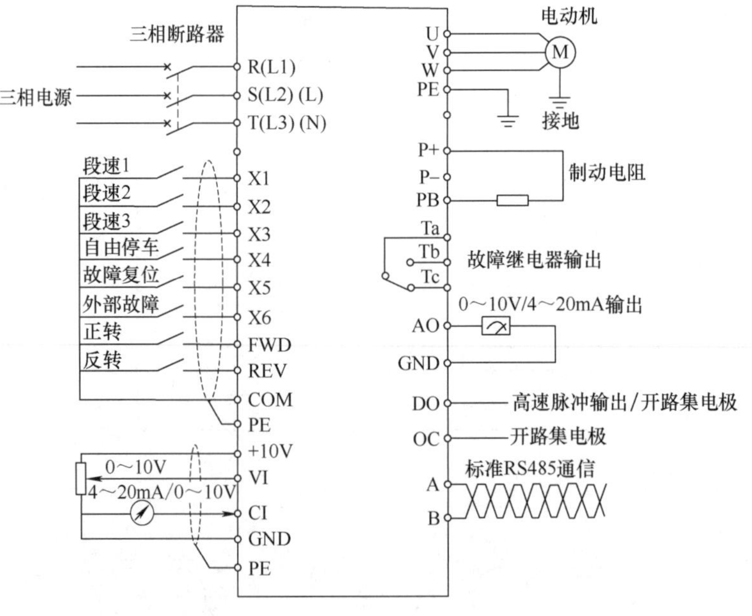

图 2-35　VB5N-20P7 变频器控制电路接线图

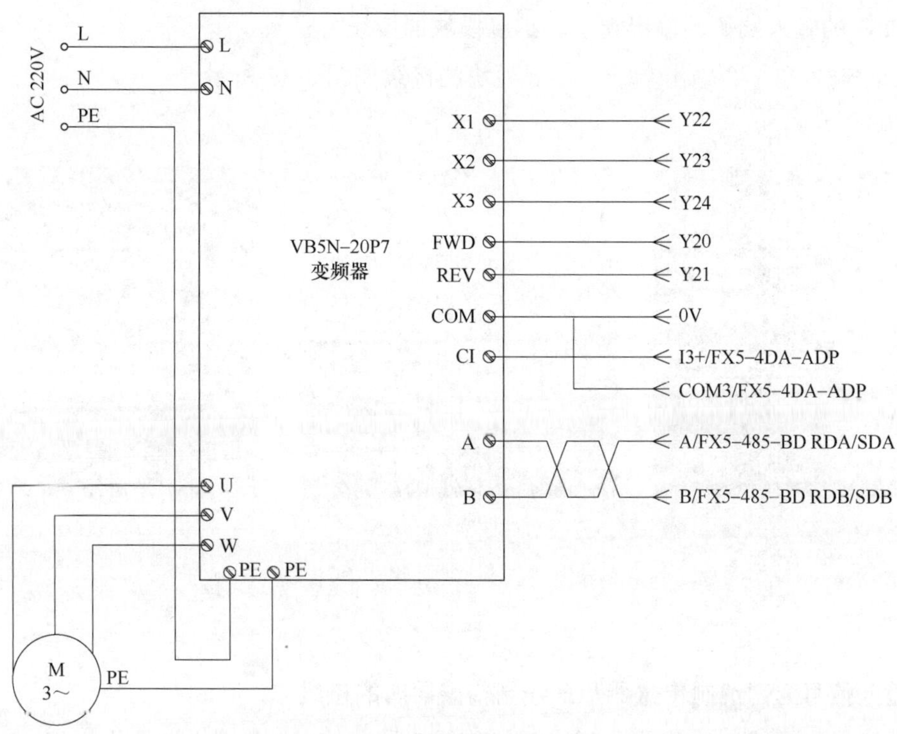

图 2-36　VB5N–20P7 变频器控制电路简易接线图

五、综合接线

本项目采用图 2-47 所示电气原理图进行接线。其中，输入器件有普通按钮 SB1 和 SB2、转换开关 SA1、急停按钮 SBes、两线制传感器 SP、三线制传感器 SC1。输出器件有指示灯 HL1、指示灯 HL2、指示灯 HL3、中间继电器 KA1。具体输入 / 输出地址分配见表 2-17。

表 2-17　输入 / 输出地址分配表

输入		输出	
输入器件	输入地址	输出器件	输出地址
普通按钮 SB1	X0	指示灯 HL1	Y4
普通按钮 SB2	X1	中间继电器 KA1	Y5
转换开关 SA1	X2	指示灯 HL2	Y7
急停按钮 SBes	X4	指示灯 HL3	Y6
两线制传感器 SP	X5		
三线制传感器 SC1	X6		

1. PLC 的输入端子、输出端子、扩展模块的接线

PLC 的输入端子、输出端子、扩展模块的接线如图 2-37 所示。

a) PLC输入端子接线

b) PLC输出端子接线

c) PLC扩展模块接线

图 2-37　PLC 的输入端子、输出端子、扩展模块的实物接线图

2. 输入信号为两线制传感器和三线制传感器时的接线

输入信号为两线制传感器和三线制传感器（导通状态如图 2-38a 和图 2-38b 所示）时的接线如图 2-38c 所示。

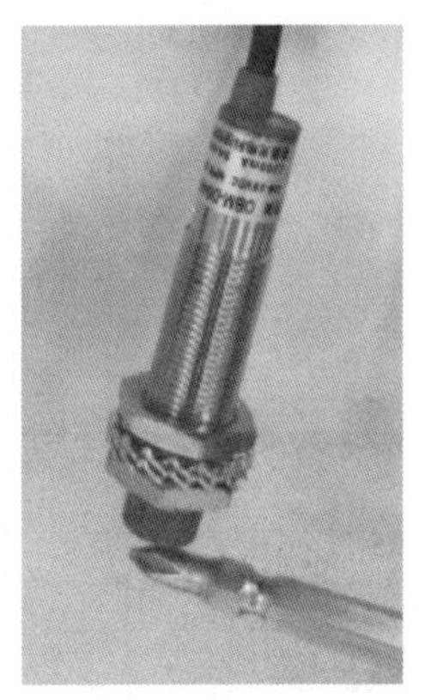

a) 磁性开关(两线制传感器)触发导通时的状态

b) 电感传感器(三线制)触发导通时的状态

c) 两种传感器的接线

图 2-38　输入信号为两线制传感器和三线制传感器时的实物接线图

3. 输入信号为按钮、转换开关、急停按钮的接线

输入信号为按钮、转换开关、急停按钮的接线如图 2-39 所示。

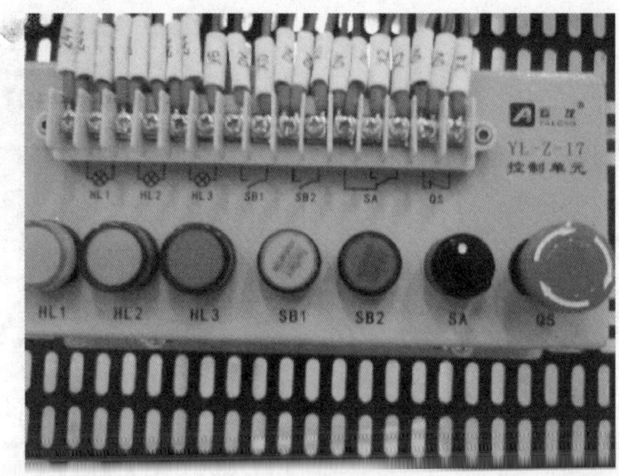

图 2-39　输入信号为按钮、转换开关、急停按钮的实物接线图

4. 输出信号为中间继电器时的接线

输出信号为中间继电器时的接线及程序现象展示如图 2-40 所示。

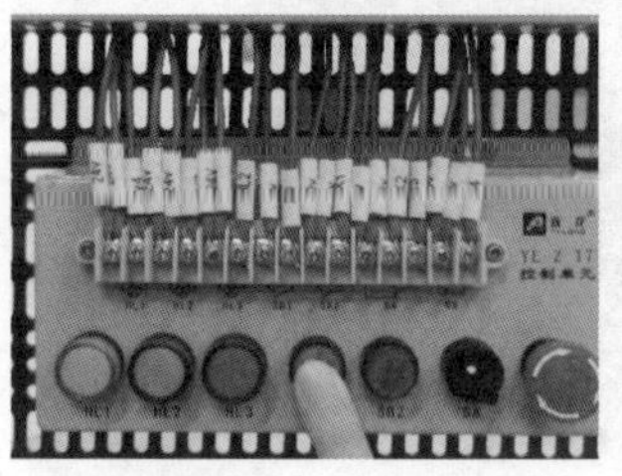

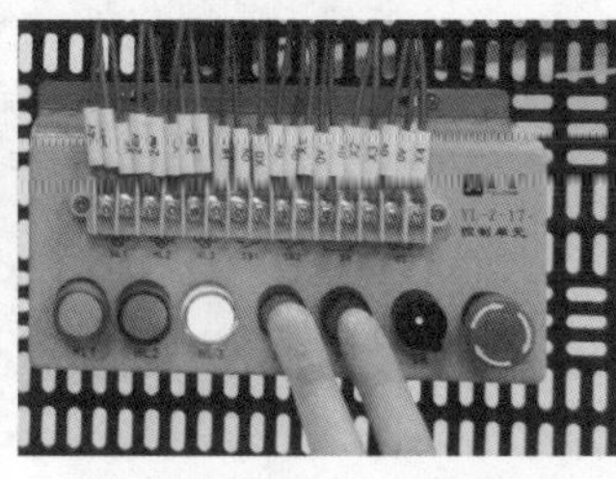

a) 按下按钮SB1　　b) 按下SB1后的现象　　c) 接着按下SB2后的现象

图 2-40　输出信号为中间继电器时的实物接线图

按下按钮 SB1, 程序中 X0 的常开触点闭合，Y5 线圈得电，PLC 的 Y5 端子有输出，中间继电器 KA1 线圈得电。此时，指示灯 HL1 ～ HL3 未得电，没有指示灯亮。

保持 X0 接通的状态，接着按下按钮 SB2，程序中 X1 的常开触点闭合，Y6 线圈也得电，PLC 的 Y6 端子有输出。由于中间继电器线圈 KA1 得电后，中间继电器 KA1 的常开触点由断开变为闭合状态，接通指示灯 HL3，指示灯 HL3 亮。输出信号为中间继电器时的配套程序如图 2-41 所示。

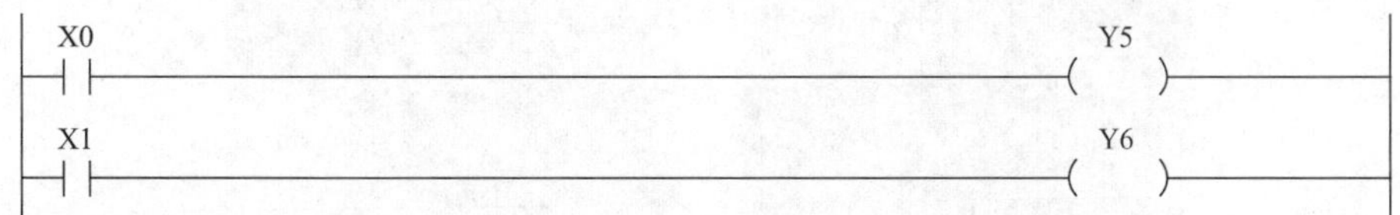

图 2-41　输出信号为中间继电器时的配套程序

5. 其他模块的接线

（1）开关电源的接线　开关电源的接线如图 2-42 所示。

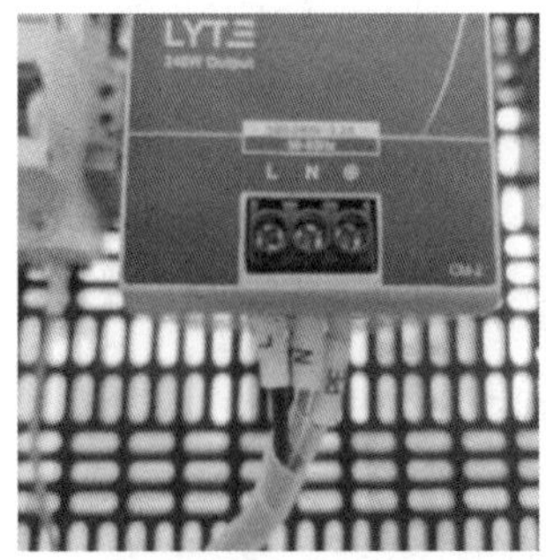

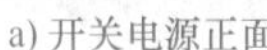
a) 开关电源正面

b) 开关电源侧面

图 2-42　开关电源的实物接线图

（2）信捷步进驱动器 DP3L–565 的接线　信捷步进驱动器 DP3L–565 的接线如图 2-43 所示。

a) 步进驱动器正面

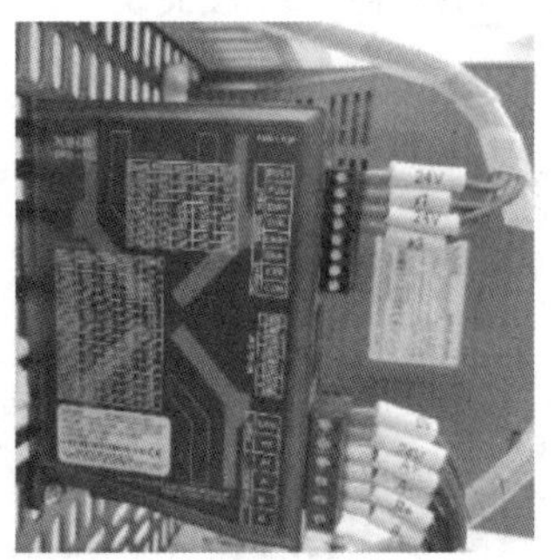
b) 步进驱动器侧面

图 2-43　信捷步进驱动器 DP3L–565 的实物接线图

（3）信捷伺服驱动器 DS5C–20P1–PTA　信捷伺服驱动器 DS5C–20P1–PTA 的接线如图 2-44 所示。

a) 伺服驱动器正面

b) 伺服驱动器背面

图 2-44　信捷伺服驱动器 DS5C–20P1–PTA 的实物接线图

（4）信捷变频器 VH5–20P7–B　信捷变频器 VH5–20P7–B 的接线图如图 2-45 所示。

a) 变频器正面

b) 变频器侧面

图 2-45 信捷变频器 VH5 20P7-B 的实物接线图

6. 总体布局

设备总体布局如图 2-46 所示。

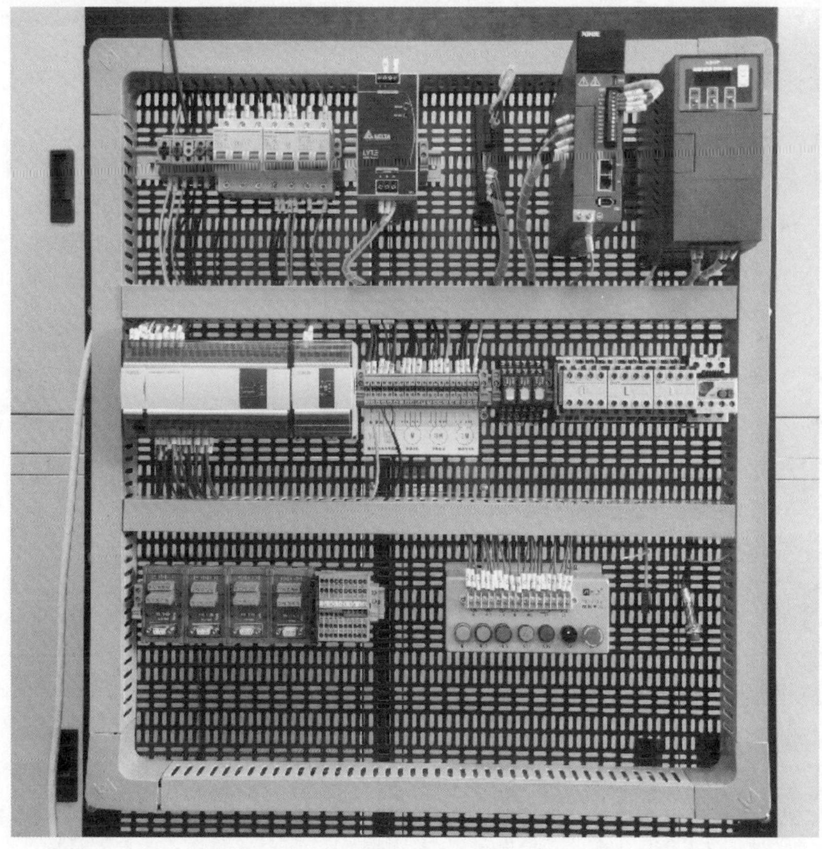

图 2-46 设备总体布局图

7. 电气图样

电气原理图如图 2-47 所示，设备供电图如图 2-48 所示。

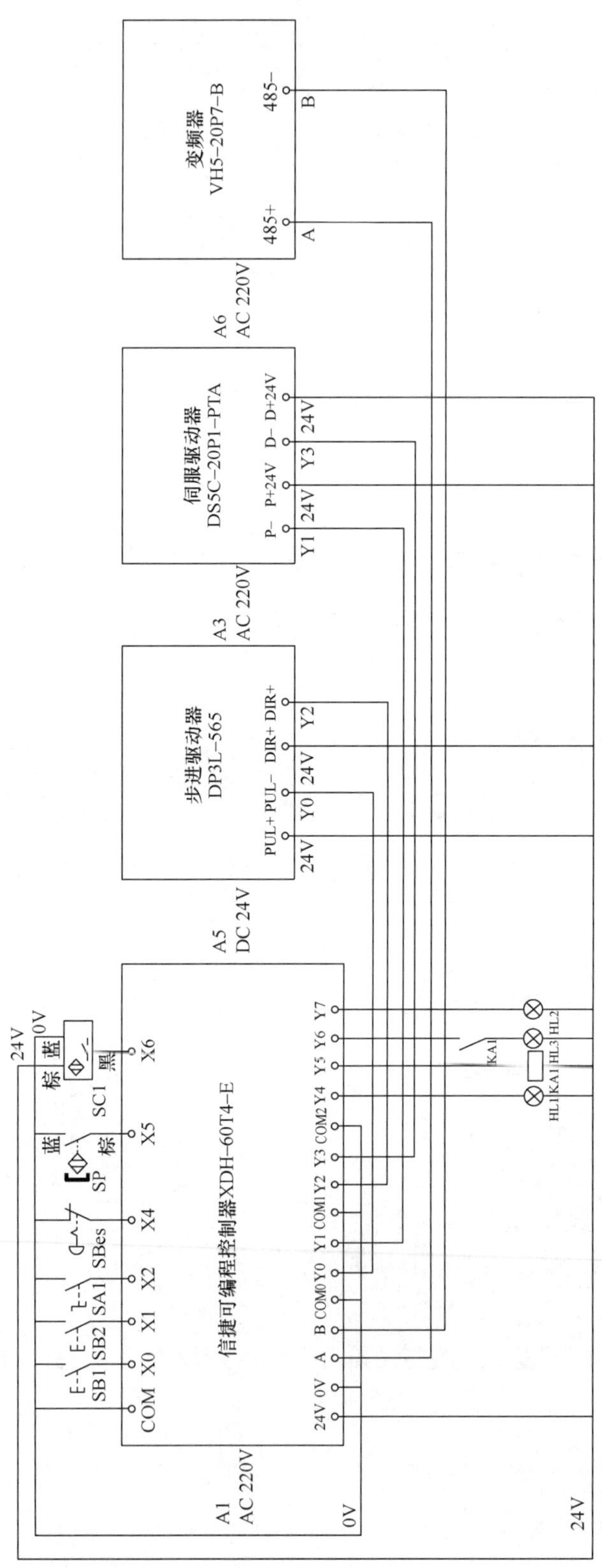
变频器
VH5-20P7-B
485+
485-
A
B
A6
AC 220V
伺服驱动器
DS5C-20P1-PTA
P-
P+24V
D-
D+24V
Y1
24V
Y3
24V
A3
AC 220V
步进驱动器
DP3L-565
PUL+
PUL-
DIR+
DIR+
24V
Y0
24V
Y2
A5
DC 24V
信捷可编程控制器XDH-60T4-E
COM
X0
X1
X2
X4
X5
X6
SB1
SB2
SA1
SBes
SP
SC1
棕
蓝
黑
24V
0V
24V
0V
A
B
COM0
Y0
Y1
COM1
Y2
Y3
COM2
Y4
Y5
Y6
Y7
KA1
HL1
HL2
HL3
A1
AC 220V
0V
24V

图 2-47 电气原理图

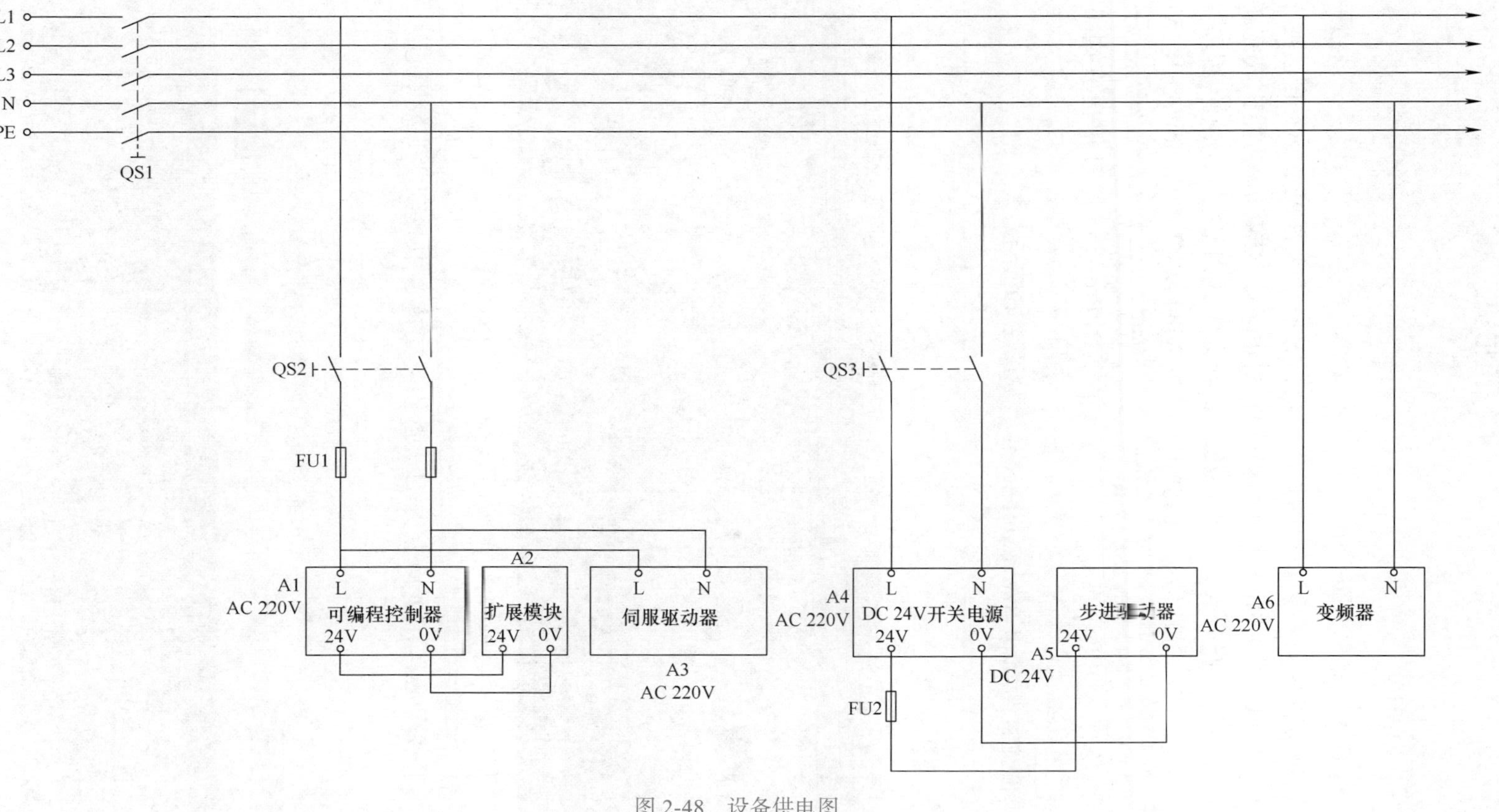
L1
L2
L3
N
PE
QS1
QS2
QS3
FU1
FU2
A1
AC 220V
可编程控制器
L
N
24V
0V
A2
扩展模块
24V
0V
A3
AC 220V
伺服驱动器
L
N
A4
AC 220V
DC 24V开关电源
L
N
24V
0V
A5
DC 24V
24V
0V
A6
AC 220V
变频器
L
N

图 2-48 设备供电图

2.2 软件配置

一、软件介绍

1. 信捷 PLC 编程软件 XDPPro

编程软件是编制 PLC 控制程序的操作平台，每种品牌的 PLC 都有自己独立的编程软件。信捷 XD/XL/XG 系列 PLC 使用编程软件 XDPPro，XDPPro 功能比较完善，使用简体中文，支持梯形图、指令表多种程序语言，可实现对 PLC 写入或上传程序、实时监控 PLC 的运行、配置 PLC 等功能。XDPPro 可以在 Windows 7、Windows 10、Windows XP 等平台运行。

（1）编程软件 XDPPro 的下载　编程软件 XDPPro 可以通过信捷官网下载。步骤如下：

1）登录信捷官网 http://www.xinje.com/，如图 2-49 所示。

图 2-49　信捷官网图

2）进入下载中心，在页面上方的“服务与支持”中找到“下载中心”，如图 2-50 所示。

图 2-50　信捷官网下载中心图

3）下载安装包，找到 XDPPro V3.7.4a 软件安装包并下载，如图 2-51 所示。

图 2-51　下载软件安装包图

（2）编程软件 XDPPro 的安装　软件的安装分为两个部分，软件本体的安装及相关驱动的安装。

若操作系统未安装过 Framework 4.0 库，请先前往微软官网下载安装 Framework 4.0，如图 2-52 所示。

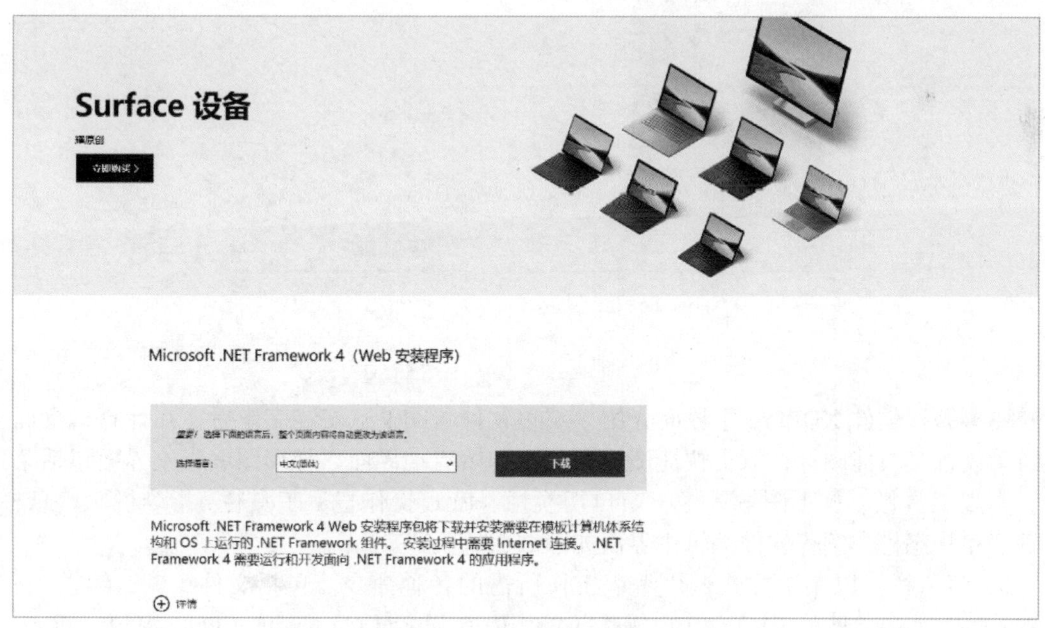

图 2-52　微软官网下载 Framework 4.0 图

编程软件 XDPPro 安装步骤如下：

1）找到 XDPPro 的下载目录，打开安装程序执行文件，软件安装包如图 2-53 所示。

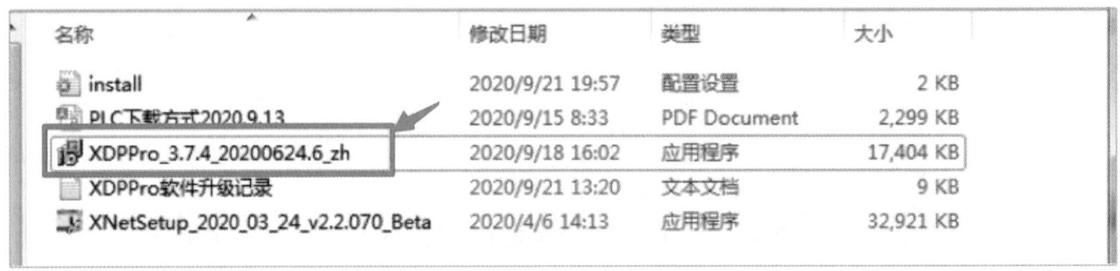

图 2-53　下载好的软件安装包图

2）根据软件安装向导完成软件安装，安装时请注意安装路径不要出现中文，不要与之前的安装路径相同，防止原软件卸载有残留导致新软件无法运行，编程软件安装完成如图 2-54 所示。

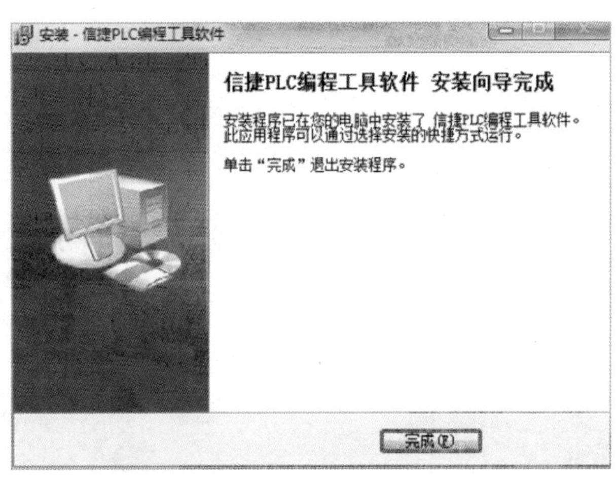

图 2-54　编程软件安装完成图

（3）编程软件 XDPPro 主界面介绍　编程软件 XDPPro 安装完毕后，在计算机桌面上会自动放置其快捷图标，双击快捷图标，弹出初始启动界面。梯形图编辑主界面包括菜单栏、常规工具栏、梯形图输入栏、窗口切换栏、PLC 操作栏、工具栏 / 指令栏、信息栏、编辑区和状态栏。编程软件编辑主界面如图 2-55 所示。

1）菜单栏：以菜单方式调用编程工作所需的各种命令。包括文件（F）、编辑（E）、查找 / 替换（S）、显示（V）、PLC 操作（P）、PLC 设置（C）、选项（O）、窗口（W）、帮助（H）共 9 个菜单，文件和编辑菜单功能介绍分别如图 2-56、图 2-57 所示。

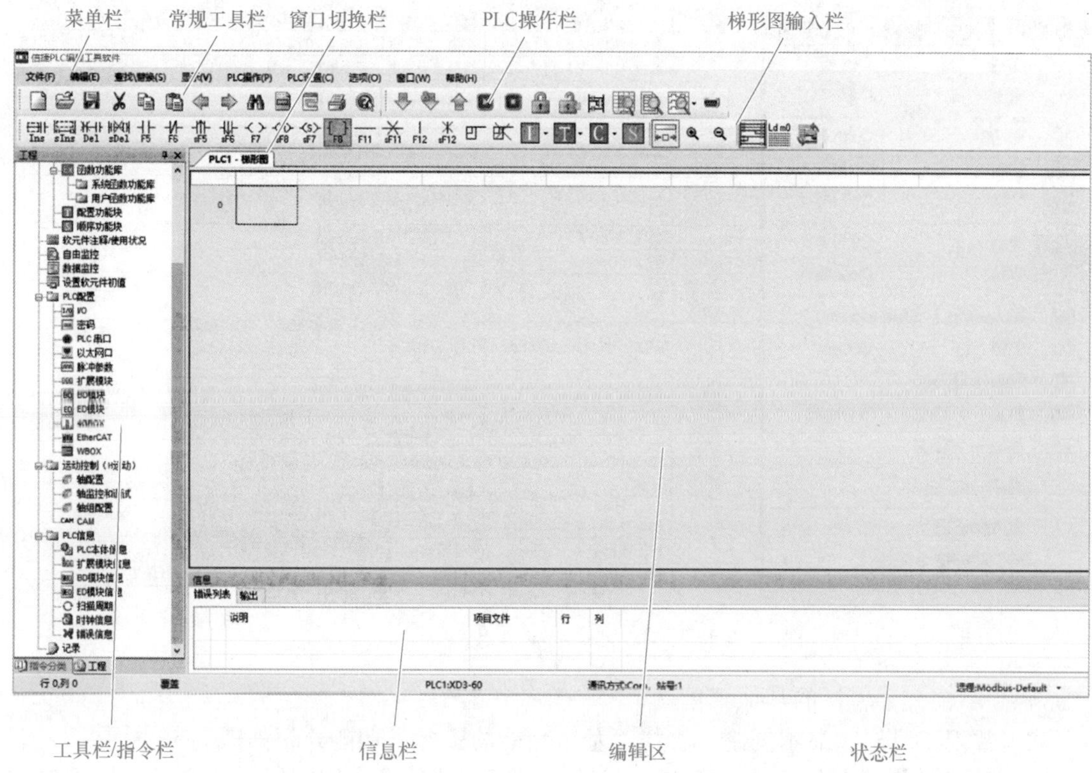

图 2-55　编程软件编辑主界面图

文件(F)　编辑(E)　查找\替换(S)　显示(V)　PLC操作(P)　PLC设置(C)　选项(O)　窗口(W)　帮助(H)

图标	操作	说明
	创建新工程（Ctrl+N）	创建一个新的工程
	打开工程	打开一个已创建的工程
-	关闭工程	关闭当前所在工程
	保存工程　（Ctrl+S）	保存当前所在工程
-	工程另存为	将当前工程以新的文件名进行存储
	高级保存	可选择是否保存注释，同时默认不显示 C 语言
-	添加 PLC	添加一个新的 PLC 编程对象
-	搜索 485 网络添加 PLC	搜索 485 网络中的 PLC（暂不支持该功能）
-	删除 PLC	删除选中的 PLC 编程对象
-	更改 PLC 机型	对当前选中的 PLC 类型进行更改
-	导入 PLC 机型	导入专机的配置文件
-	导入下载文件	导入/出为下载文件（无源文件），用于程序保密情况下的生产
-	导出下载文件	
-	打印设置　（Ctrl+P）	对打印选项进行设置
	打印	开始打印程序
-	最近打开工程	打开最近编辑的工程
-	退出	退出

图 2-56　文件菜单功能介绍图

图标	操作	说明
-	撤销（Ctrl+Z）	撤销上一个操作（重复 20 次）
-	重做（Ctrl+Y）	恢复被撤销的上一个操作（重复 20 次）
	剪切（Ctrl+X）	对语句或梯形图进行剪切
	复制（Ctrl+C）	对语句或梯形图进行复制
	粘贴（Ctrl+V）	将剪切或复制的语句或梯形图粘贴在指定位置
-	全选（Ctrl+A）	将当前梯形图或语句全部选中
-	删除（Delete）	删除选中的梯形图或语句
sIns	插入一行（Shift+Insert）	在指定位置插入一行
sDel	删除一行（Shift+Delete）	删除当前所在行
sF12	删除垂直连线	删除当前所在的垂直连线
Ins	插入一个节点（Insert）	在指定位置插入一个节点
Del	删除一个节点	删除当前所在的节点
-	编辑节点注释	对节点进行注释
-	梯形图标记	梯形图图示，用法见“梯形图输入栏”
-	特殊功能指令配置	对 PID、脉冲、高速计数、G-BOX、C 函数进行配置

图 2-57　编辑菜单功能介绍图

限于篇幅，菜单栏的其他菜单就不一一介绍了。

2）常规工具栏：显示复制、查找等基本功能的图标，功能介绍如图 2-58 所示。

3）PLC 操作栏：包括 PLC 上传、下载、运行、监控等常用图标，功能介绍如图 2-59 所示。

图标	名称	功能
	新建	新建一个工程
	打开	打开已存在的梯形图程序、注释等文件
	储存	对编辑过的梯形图程序、注释等文件进行另存为的操作
	剪切	在指定的范围之内进行剪切操作
	复制	在指定的范围之内进行复制操作
	粘贴	将剪切和复制的内容粘贴到指定的位置上
	后退	返回上一个光标所在区域
	向前	跳转到后一个光标所在区域（相对于后退操作）
	查找	在指定范围查找元件等
	注释	显示软元件注释
	指令提示	是否开启指令提示功能
	打印	将程序按梯形图或指令表形式打印出来
	帮助	查看帮助文档

图 2-58　常规工具栏功能介绍图

图标	名称	功能
	下载	将编程软件里的程序或数据下载到 PLC 里
	保密下载	将编程软件里的程序或数据以保密方式下载到 PLC 里，程序下载后无法上传，上传会提示“程序不存在”
	上传	将 PLC 里的程序或数据读取到编程软件里
	运行	运行 PLC 里的程序
	停止	停止 PLC 里的程序运行
	加锁	对程序进行加锁
	解锁	对程序进行解锁
	梯形图监控	对梯形图程序运行过程进行监控
	数据监控	对 PLC 所有软元件的状态或数值进行监控、设置
	自由监控	对指定的 PLC 软元件的状态和数值进行监控、设置
	示波器监控	配合 EtherCAT 总线时监控用
	软件串口设置	对软件的串口进行设置

图 2-59　PLC 操作栏功能介绍图

4）梯形图输入栏：提供常用命令的快捷图标按钮，便于快速调用，功能介绍如图 2-60 所示。

5）窗口切换栏：切换梯形图、软元件注释、已使用软元件等窗口。

6）工程栏 / 指令栏：显示工程目录和指令列表，方便用户操作。

7）信息栏：显示错误列表和输出。

8）编辑区：梯形图输入及程序编写区域。

9）状态栏：显示 PLC 型号、通信方式和运行状态等信息。

图标	功能	图标	功能
Ins	插入一节点	F12	竖线
sIns	插入一行	sF12	删除竖线
Del	删除一节点		鼠标划线
sDel	删除一行		鼠标删线
F5	常开节点	I	指令配置
F6	常闭节点	T	配置功能块
sF5	上升沿	C	C 功能块库
sF6	下降沿	S	顺序功能块
F7	输出线圈		自动适应列宽
sF8	复位线圈		放大
sF7	置位线圈		缩小
F8	指令框		梯形图显示
F11	横线	Ld m0	命令语显示
sF11	删除横线		语法检查

图 2-60　梯形图输入栏功能介绍图

（4）编程软件 XDPPro 简单功能的实现

1）新建工程。打开编程软件，在编辑主界面中，选择“文件”→“创建新工程”或单击图标“ ”弹出“机型选择”窗口。在“机型选择”窗口中，请按照实际连接机型选择工程机型，以选中 XDH-60T4 型号为例，单击“确定”按钮，则完成一个新工程的建立，如图 2-61 所示。

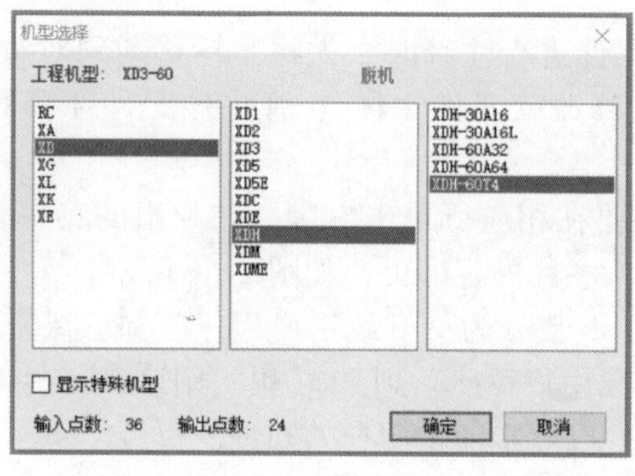

图 2-61　选择 PLC 机型（XDH-60T4）图

2）指令输入。用户在梯形图模式下写指令时，可以通过单击图标“ ”打开指令提示功能，手动输入时，系统自动列出联想指令供用户选择，同时对操作数进行选用提示，帮助用户正确快速地完成指令的输入，如图 2-62 所示。

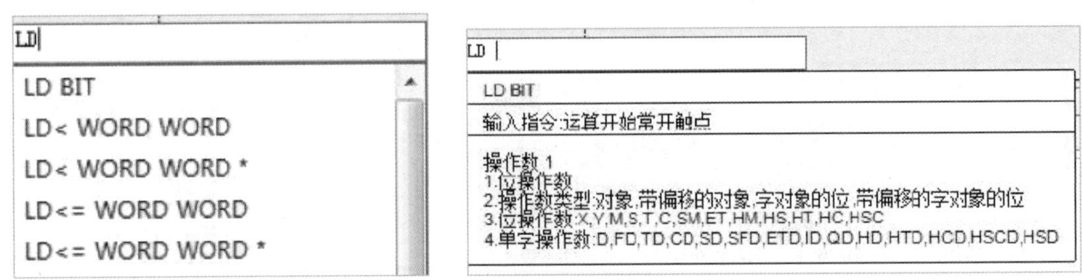

图 2-62 指令提示功能图

例：在梯形图编辑区，单击选中梯形图上的某个接点，虚线框显示的区域就表示当前选中的接点；先单击图标“┤├F5”（或按 <F5> 键），图形显示一个对话框（LD），然后在对话框中对指令和软元件进行编辑，编辑完成之后按 <Enter> 键，如图 2-63 所示。

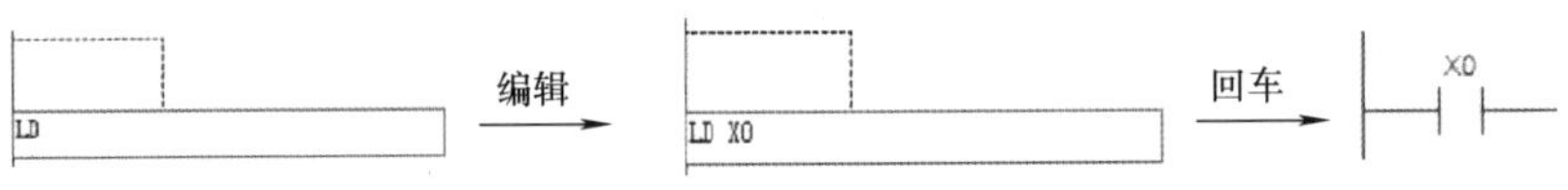

图 2-63 触点输入方法图

单击图标“-( )-F7”（或按 <F7> 键），出现指令对话框（OUT），在光标处输入 Y0，如图 2-64 所示。

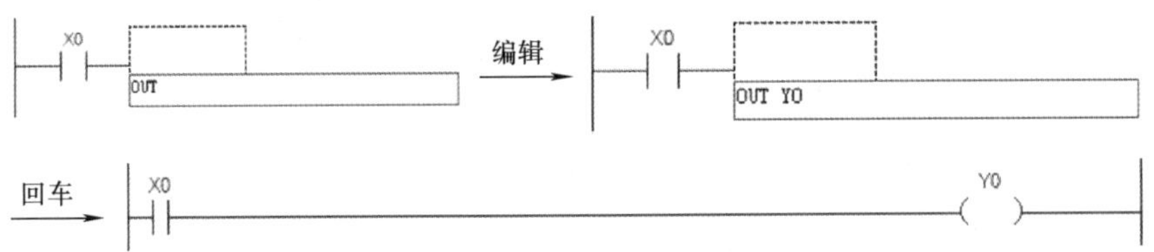

图 2-64 线圈输入方法图

3）添加注释。对软元件进行注释时，先将光标移动到对应的软元件上，然后右击，将会弹出菜单栏。单击“修改软元件注释”，弹出该元件注释对话框，输入注释内容即可，如图 2-65 所示。

对行进行注释时，只要在相应行单击右键，在弹出的菜单栏中单击“添加行注释”，在弹出的注释对话框中输入注释内容即可，如图 2-66 所示。

4）程序下载与上传。下载分为“下载用户程序”和“保密下载用户程序”。两者的区别是一旦使用“保密下载用户程序”到 PLC 里，则该 PLC 中的程序和数据将永远无法上传，程序的保密性极佳，以此来保护用户的知识产权。

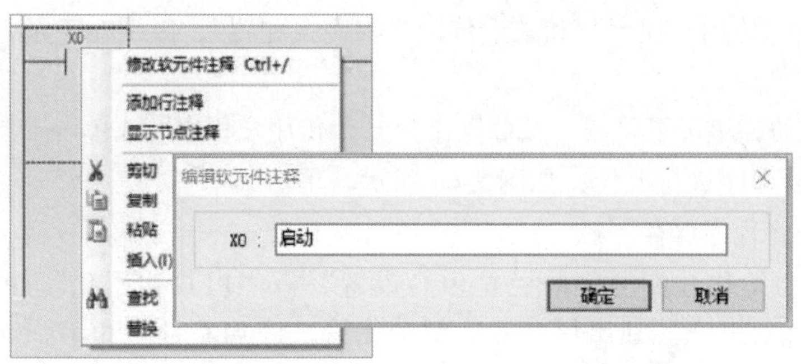

图 2-65　软元件注释图

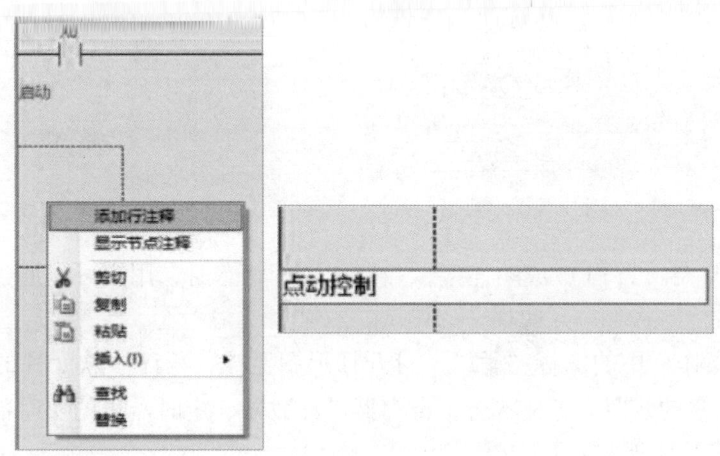

图 2-66　行注释图

联机成功之后（联机方法参照本项目“通信配置”里的内容），单击菜单栏“PLC 操作”→“下载用户程序”或单击工具栏“ ”图标，可以将程序下载至 PLC 中。若 PLC 正在运行，则弹出如图 2-67 所示提示窗口，选择“停止 PLC，继续下载”。

程序下载结束时，将弹出“下载用户数据”窗口，用户可根据需要勾选要下载的数据类型，默认为全选，如图 2-68 所示。

图 2-67　下载提示窗口图

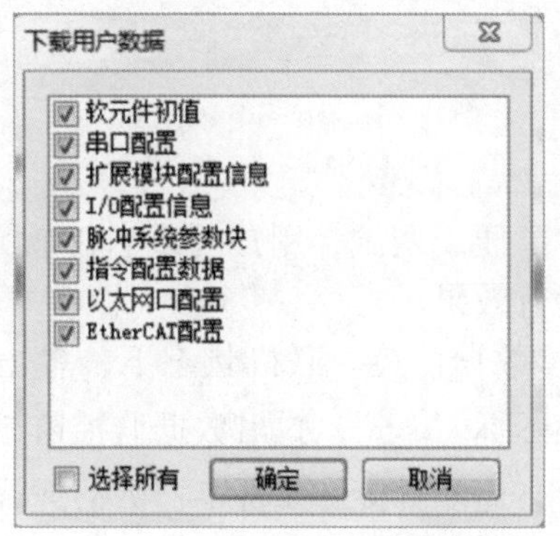

图 2-68　下载用户数据窗口图

上传分为“上传用户程序”和“上传用户程序及配置”，区别在于是否将 PLC 中的数据上传到编程软件中。

联机成功之后，单击菜单栏“PLC 操作”→“上传用户程序”或单击工具栏图标“”，可以将 PLC 中的程序进行上传，如图 2-69 所示。单击菜单栏“工程”→“保存工程”或图标“”，可将程序保存。

5）PLC 的初始化。单击菜单栏“PLC 设置”→“PLC 初始化”，PLC 所有的寄存器和配置信息将会被恢复到出厂设置。初始化后，将 PLC 断电重启后生效，如图 2-70 所示。

图 2-69　PLC 程序上传图

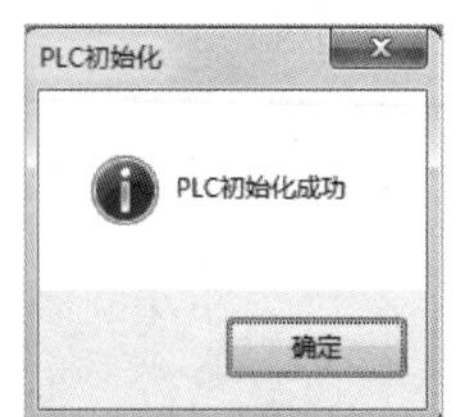

图 2-70　PLC 初始化图

6）梯形图监控。当 PLC 成功连接，并处于运行状态时，用户可以通过对梯形图的监控，掌握程序运行的状态，方便程序的调试。

单击 PLC 操作栏中的图标“”，打开梯形图监控，程序中软元件的状态将全部显示出来，绿底白字的线圈为 ON 状态，寄存器、计数器、定时器里的实时数据也会显示在梯形图上，如图 2-71 所示。

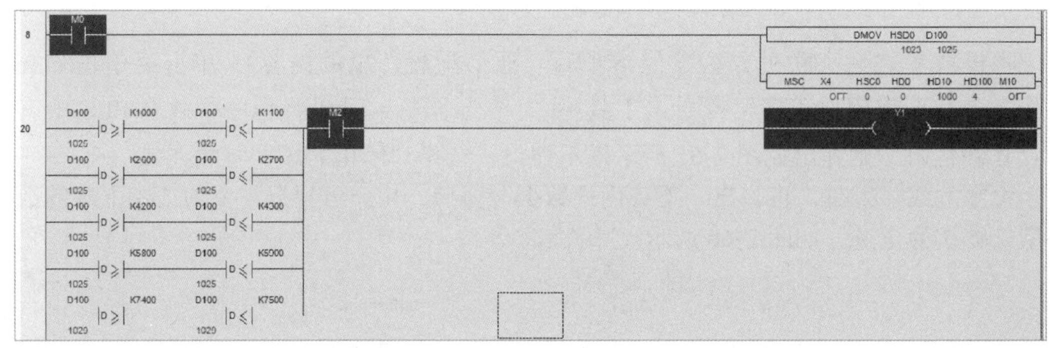

图 2-71　梯形图监控画面图

为了便于调试，用户可以右击软元件，改变其当前状态，如图 2-72 所示，查看修改后的运行效果。

7）数据监控。联机状态下，单击“PLC 操作”中的“数据监控”或单击 PLC 操作栏中的图标“”，弹出数据监控窗口。数据监控以列表的形式监视线圈状态、数据寄存器的值，还能直接修改寄存器数值或线圈状态。双击线圈，则状态取反；双击寄存器，则激活数值修改，按 <Enter> 键确认输入。在搜索栏输入相应的软元件编号，按 <Enter> 键后，监控表会自动跳到相应的位置，如图 2-73 所示。

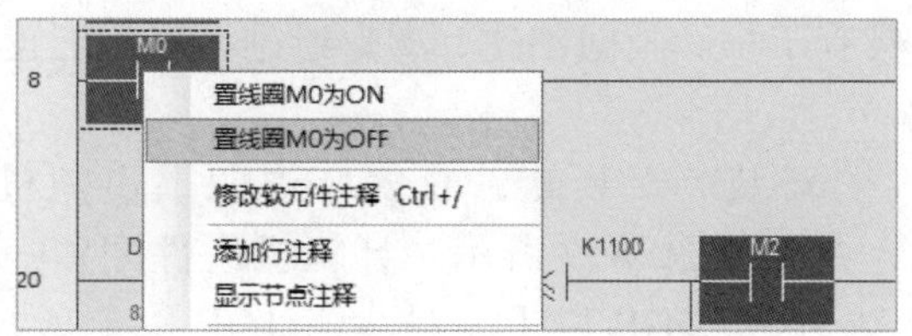

图 2-72 改变软元件状态图

PLC1-数据监控

监控 | 搜索: M1 | X | Y | M | S | SM | T | ET | C | HM | HS | HT | HC | HSC | D | SD | ID | QD | HD | HSD | FD | SFD | FS | SEM

	+0	+1	+2	+3	+4	+5	+6	+7
M0	OFF	ON	OFF	OFF	OFF	OFF	OFF	OFF
M10	[illegible]	[illegible]	OFF	OFF	OFF	OFF	OFF	OFF
M20	OFF	OFF	OFF	OFF	OFF	OFF	OFF	OFF
M30	OFF	OFF	OFF	OFF	OFF	OFF	OFF	OFF
M40	OFF	OFF	OFF	OFF	OFF	OFF	OFF	OFF

图 2-73 数据监控画面图

8）自由监控。联机状态下，单击“PLC 操作”中的“自由监控”或者单击 PLC 操作栏中的图标“ ”，弹出自由监控窗口，如图 2-74 所示。

PLC1-自由监控

监控 | 添加 | 修改 | 删除 | 删除全部 | 上移 | 下移 | 置顶 | 置底

寄存器	监控值	字长	进制	注释

图 2-74 自由监控窗口图

单击“添加”，弹出“监控节点输入”对话框：在“监控节点”栏输入要监控的软元件首地址，在“批量监控个数”栏设置要连续监控的软元件的个数，在“监控模式”栏选择监控软元件的方式，在“显示模式”栏选择软元件的显示模式，如图 2-75 所示。

添加完成之后，在监控窗口中列出了寄存器、监控值、字长、进制和注释，双击相应的位置可以编辑其属性，如图 2-76 所示。

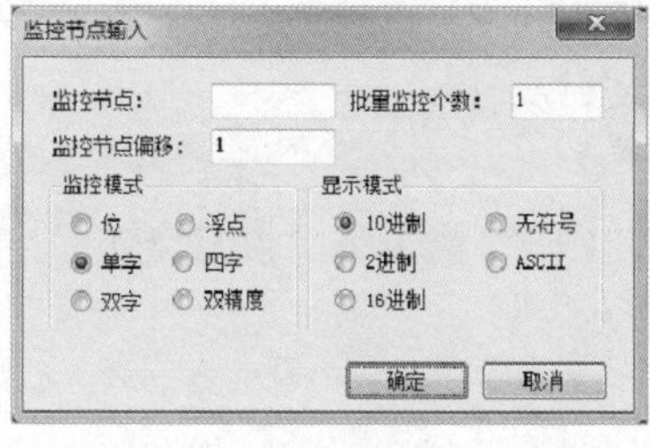

图 2-75 监控节点输入对话框图

PLC1-自由监控

监控 | 添加 | 修改 | 删除 | 删除全部 | 上移 | 下移 | 置顶 | 置底

寄存器	监控值	字长	进制	注释
HSD0	3606	单字	10进制	Y0 累计脉冲量低16位(脉冲个数为...
M10	OFF	位	-	
M11	OFF	位	-	
M12	OFF	位	-	

图 2-76 监控数据显示图

2. 触摸屏编辑软件 TouchWin

触摸屏编辑软件 TouchWin 是信捷 TP/TH/TG/TE/TN/XMH/XME/ZG 系列触摸屏适用

的画面创建软件。软件具有工程和画面创建、图形绘制、对象配置、公共设置以及数据传输等功能。

（1）TouchWin 软件的安装　安装软件及安装说明书由随机光盘或信捷官方网站（www.xinje.com）获取，方法如图 2-77 所示。计算机硬件配置：INTEL Pentium II 以上等级 CPU；64MB 以上内存；2.5GB 以上，最少有 1GB 以上磁盘空间的硬盘；分辨率 800×600 以上的 32 位真彩色显示器；操作系统 Windows XP/Windows VISTA/Windows 7/Windows 8 及以上均可。

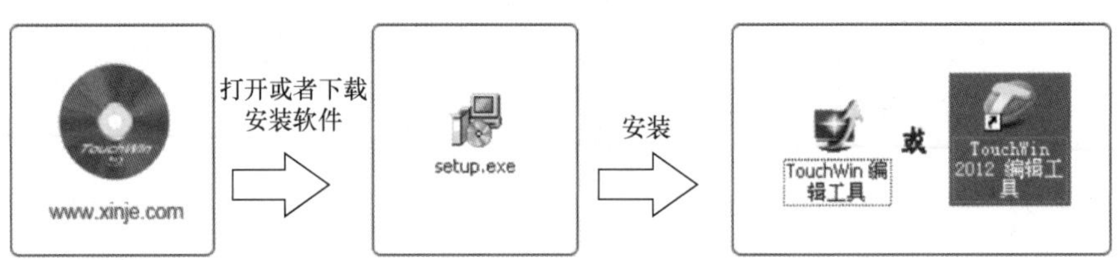

图 2-77　TouchWin 软件安装方法图

在安装文件包中找到“setup.exe”并双击，根据安装向导完成软件安装，如图 2-78 所示。

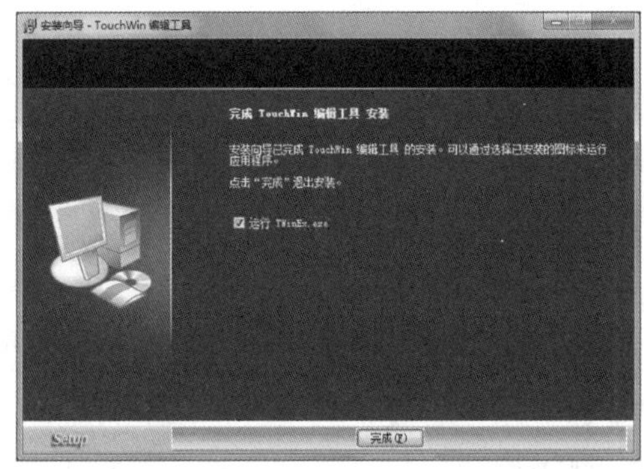

图 2-78　TouchWin 软件安装完成图

安装注意事项：

1）安装时关掉杀毒软件、安全管家等。

2）一般不建议安装到 C 盘，最好安装到 D 盘新建的文件夹里。

（2）TouchWin 软件创建工程

1）打开编辑软件，单击 Stand 栏“ ”图标或文件“(F)”菜单下“新建（N)”，如图 2-79 所示。

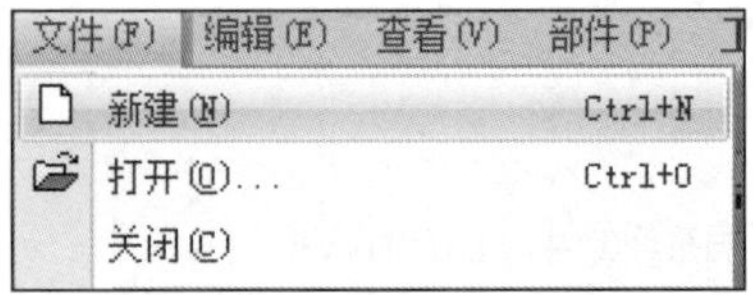

图 2-79　创建工程图

2）选择正确的显示器型号，以 TG60 系列中的 TGM765（S/L）–MT/UT/ET/XT/NT 为例，单击“下一页”，如图 2-80 所示。

3）在设备列表中选择“以太网设备”，选中“本机使用 IP”。此处设置的为触摸屏 IP 地址，设置时需注意触摸屏 IP 地址应与 PLC 在同一网段并且不能和 PLC 的 IP 地址重复，如图 2-81 所示。

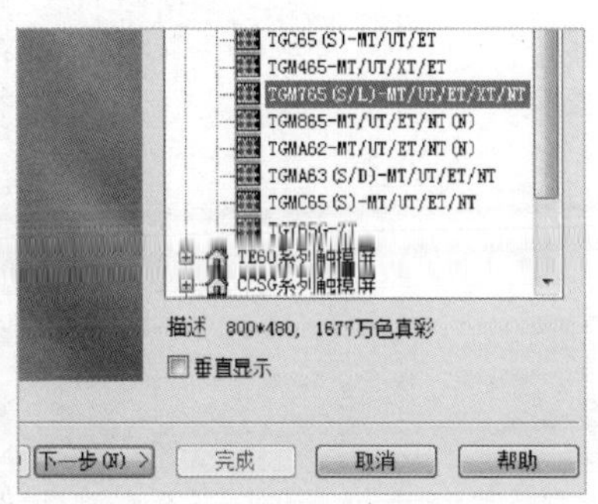

图 2-80　选择显示器型号图

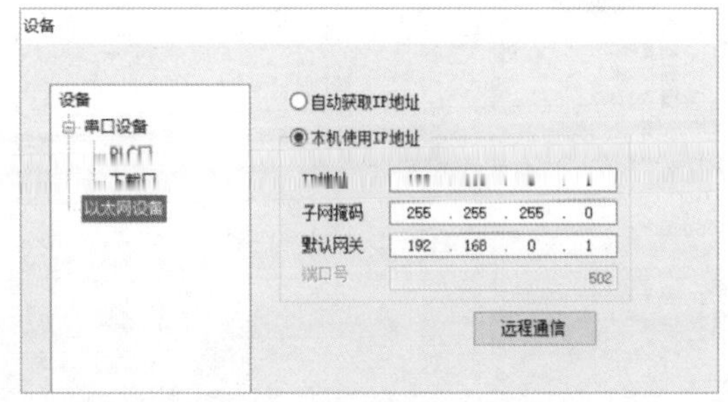

图 2-81　触摸屏 IP 地址设置图

4）设置完成后，单击“下一步”按钮，根据需要填写名称、作者、备注内容，最后单击“完成”按钮，工程创建完毕，进入画面编辑界面，如图 2-82 所示。

图 2-82　触摸屏画面编辑界面图

（3）TouchWin 软件主界面介绍　TouchWin 软件的主界面分为五部分，如图 2-83 所示。

1）工程区。主要对画面、窗口、报警、打印、函数功能块做插入、剪切、复制、粘贴、删除操作。

2）菜单栏。菜单栏包括文件、编辑、查看、部件、工具、视图、帮助共 7 组菜单。文件操作、系统设置、调试功能、画面制作工具等都可以在菜单栏中获得，如图 2-84 所示。

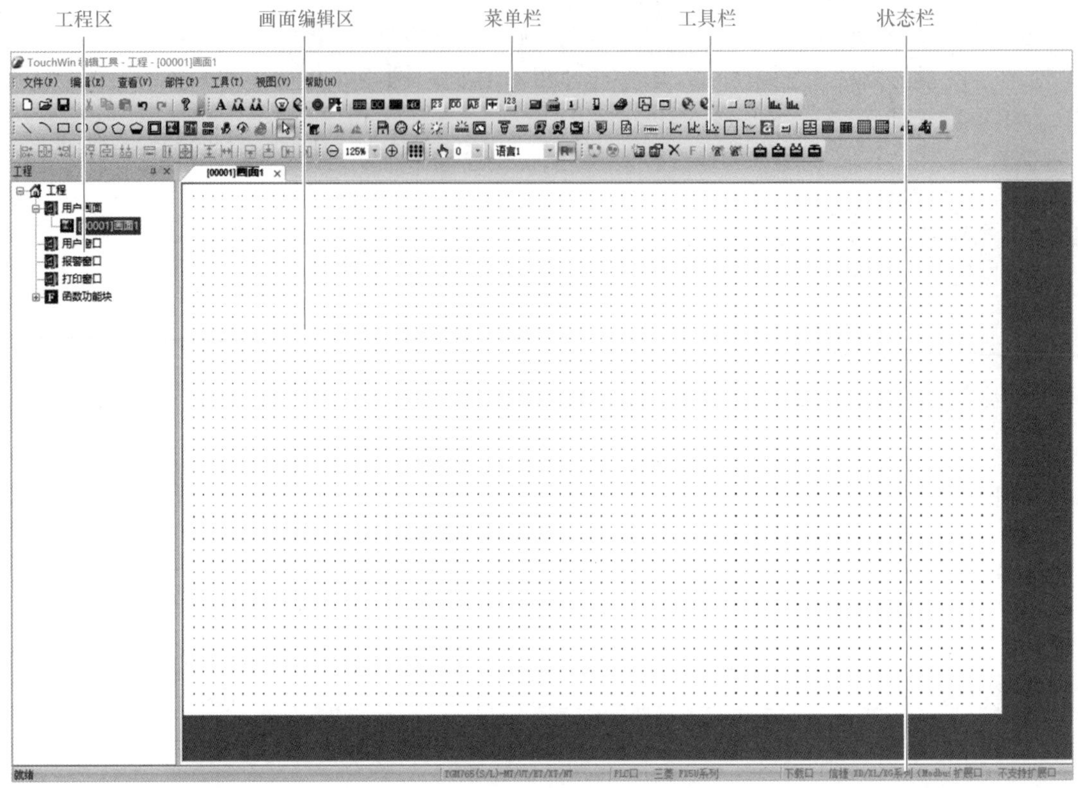

图 2-83　TouchWin 软件主界面图

图 2-84　部分菜单截图

3）画面编辑区。画面编辑区就是工程画面编辑平台，用户可以对选中的部件右击，实现各种功能操作，如图 2-85 所示。

图 2-85　画面编辑区操作图

4）工具栏。工具栏涉及关于元件和画面的全部操作，操作时当鼠标移至相关部件上时，会出现相关文字提示，工具栏如图 2-86 所示。

图 2-86　TouchWin 软件工具栏图

5）状态栏。显示当前人机界面型号、PLC 口通信设备、下载口通信设备、当前鼠标处于编辑画面中的坐标位置等。

（4）TouchWin 软件工程下载　TGM 系列触摸屏与个人计算机的连接下载支持四种不同方式：RS232 串口下载、普通 USB 下载、局域网下载以及远程下载。下载方式的选择在 TouchWin 软件中设置。

1）单击“上下载协议栈设置”图标“ ”，如图 2-87 所示。在弹出的对话框中选择所需下载方式，如图 2-88 所示。

图 2-87　上下载协议栈设置图

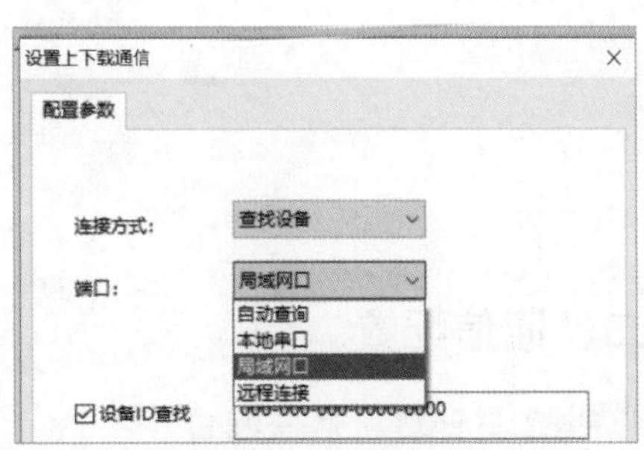

图 2-88　上下载通信设置对话框图

2）如果触摸屏和计算机是通过 USB 线连接的，则为 USB 下载方式，此时触摸屏“连接方式”选择“查找设备”，“端口”选择“自动查询”，如图 2-89 所示。

3）如果触摸屏与计算机是通过网线进行连接，则选择端口“局域网口”，如图 2-90

所示。当一台计算机同时连接多个触摸屏时需勾选“设备 ID 查找”，通过 ID 号区分所连接的触摸屏，如果只连接了一个触摸屏，则可不勾选此项。可通过铭牌标签获取触摸屏的 ID 信息，也可以将屏背后 3 号拨码拨至 ON，重启触摸屏，单击“ IP 设置”查看触摸屏 ID 信息。

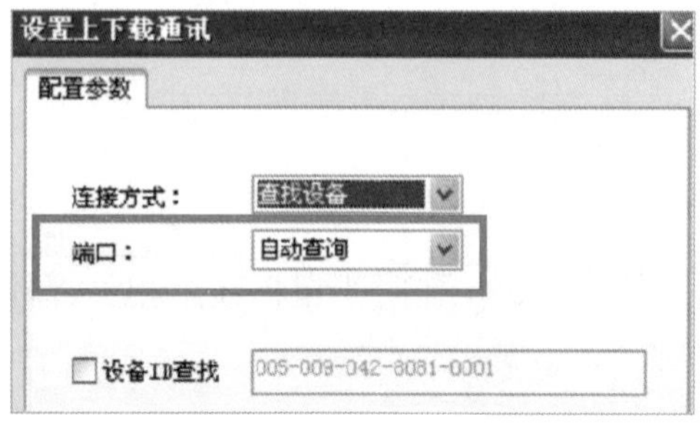

图 2-89　USB 方式上下载设置图

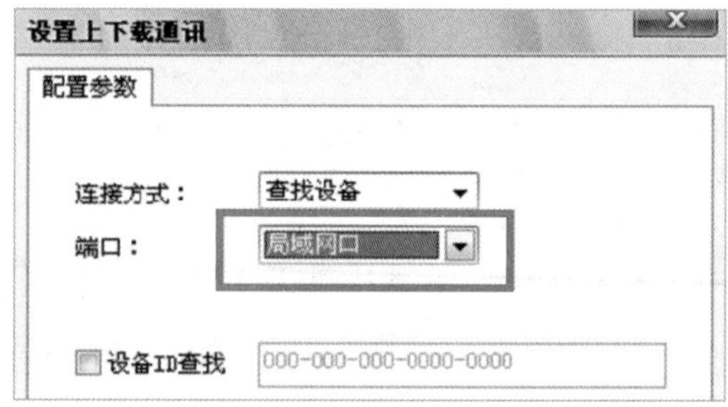

图 2-90　局域网方式上下载设置图

4）根据设备连接方式设置好上下载通信协议后，单击“确定”按钮将程序下载入触摸屏，如图 2-91 所示。

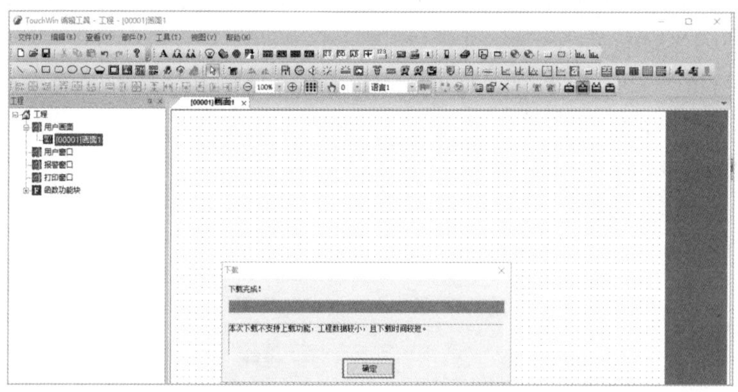

图 2-91　触摸屏程序下载图

二、通信配置

1. PLC 与计算机通信配置

（1）PLC 与计算机通过 USB 口连接　信捷 XD/XL/XG 系列 PLC 可使用 USB 口与计算机联机，联机使用打印机线。以下为联机步骤。

1）打开 PLC 编程软件，单击菜单栏“选项”→“软件串口设置”，或单击图标“ ”如图 2-92 所示。

2）弹出如图 2-93 所示的“通信配置”窗口，单击“新建”。

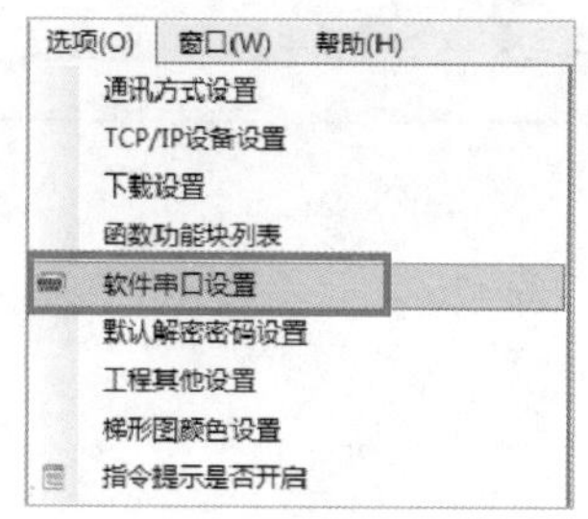

图 2-92　PLC 编程软件串口设置图

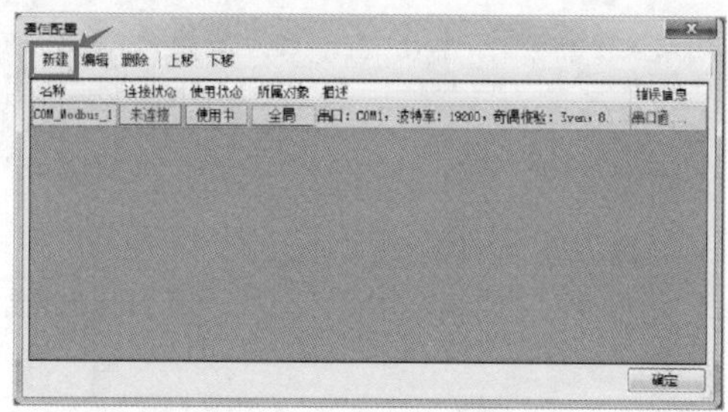

图 2-93　串口通信配置界面图

3）通信接口选“USB”，通信协议选“Xnet”，查找方式选“设备类型”，单击“配置服务”→“重启服务”，单击“确定”按钮，如图 2-94 所示。

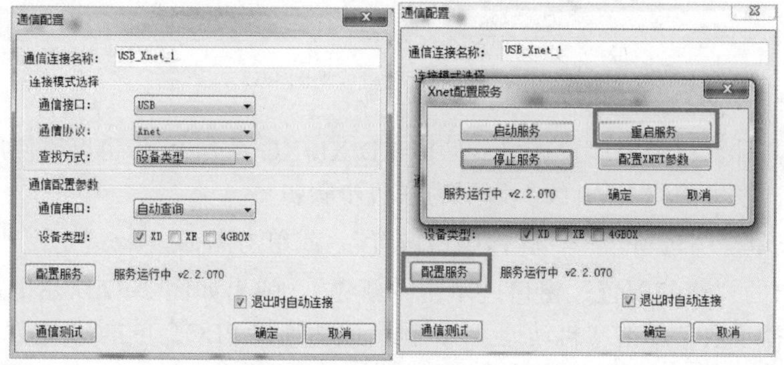

图 2-94　USB 通信接口设置图

4）使用状态改为“使用中”，单击“确定”按钮，如图 2-95 所示。

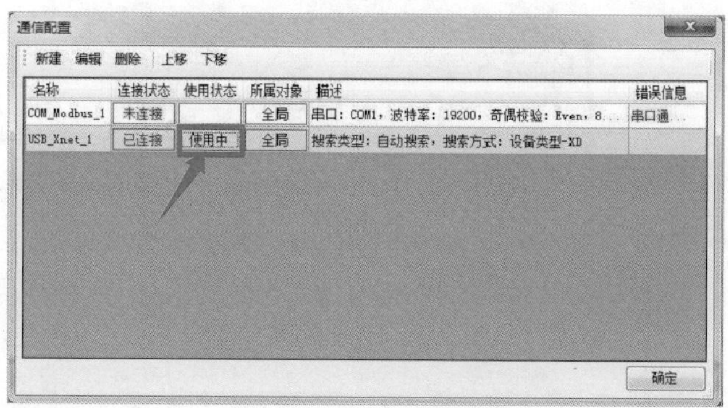

图 2-95　USB 通信接口使用状态显示图

5）提示“成功连接到本地 PLC”，表示连接成功，如图 2-96 所示。

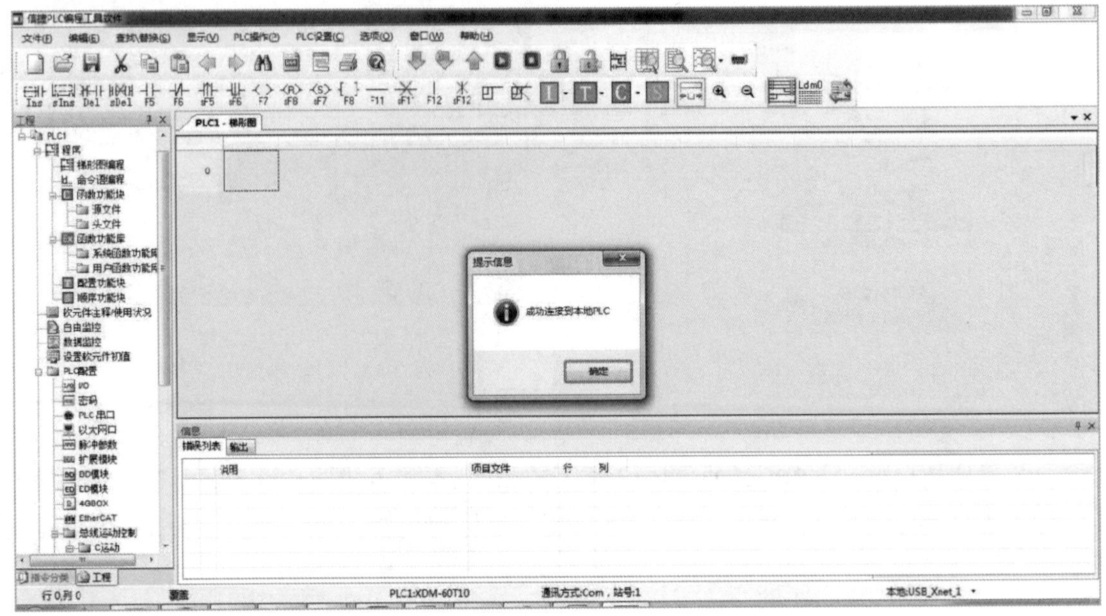

图 2-96 联机成功图

（2）PLC 与计算机通过串口连接 信捷 XD/XL/XG 系列 PLC 也可以使用 RS232 串口与计算机联机，联机使用 XVP 线。以下为联机步骤：

1）单击菜单栏“选项”→“软件串口设置”，或单击图标“ ”。

2）在弹出的“通信配置”窗口，单击“新建”，弹出如图 2-97 所示的串口通信配置窗口，按图选择参数，单击“自动搜索”，显示成功连接 PLC，单击“确定”按钮。

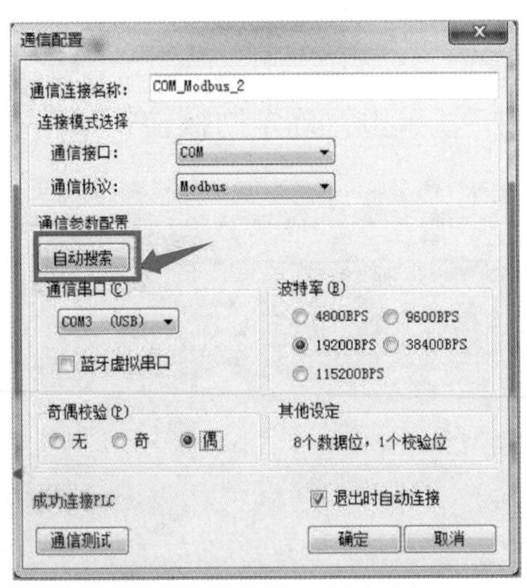

图 2-97 PLC 串口设置图

3）使用状态改为“使用中”，单击“确定”按钮，如图 2-98 所示。梯形图编辑区将显示“成功连接到本地 PLC”。

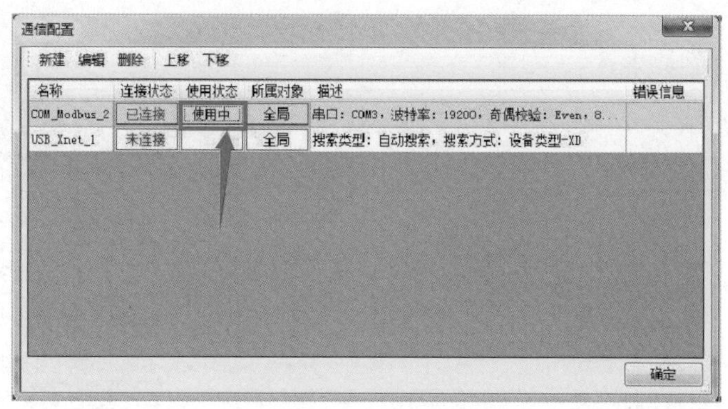

图 2-98　串口连接使用状态图

（3）PLC 与计算机通过以太网口连接　通过以太网口连接 PLC 与计算机是现在普遍采用的一种连接方式。通过网口连接 PLC 主要有三种方式：指定地址、局域网口、远程连接。这里主要介绍前两种方式。

1）“指定地址”方式。打开 PLC 编程软件，选择“软件串口设置”，或者单击图标“ ”选择任意一个通信口，进入配置界面；通信接口选“Ethernet”；通信协议选择“Xnet”协议；初次使用的 PLC 设备，默认 IP 地址为“192.168.6.6”，再单击“配置服务”→“重启服务”，参数填写完成后单击“确定”按钮即可完成连接，如图 2-99 所示。此时一定要注意计算机的 IP 地址一定要和 PLC 处于同一个网段，否则无法连接成功。

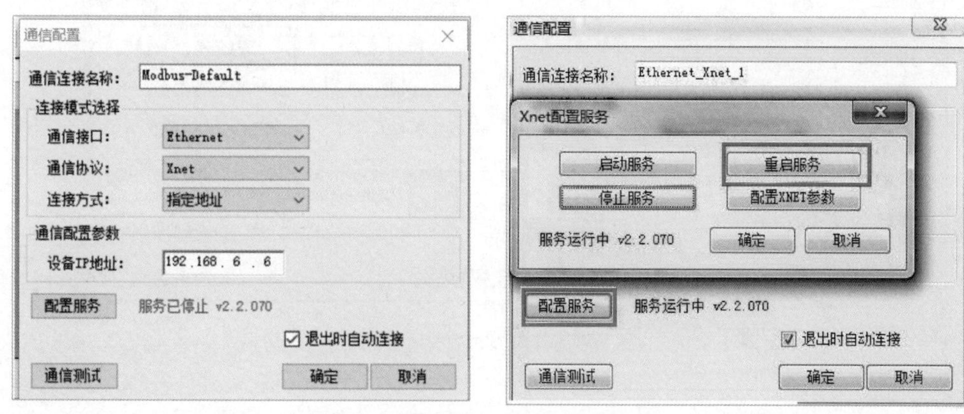

图 2-99　以太网通信接口设置图（“指定地址”方式）

联机成功后，可以修改 PLC 的 IP 地址。方法为：打开编程软件，在软件左侧工程一栏中找到“PLC 配置”→“以太网口”，修改 PLC 的 IP 地址后，单击“写入 PLC”按钮，然后单击“确定”按钮，如图 2-100 所示。注意新的 IP 地址需要断电重启 PLC 才能生效。同时应注意，计算机的 IP 地址要再次确保和 PLC 的 IP 地址在同一网段，如图 2-101 所示。

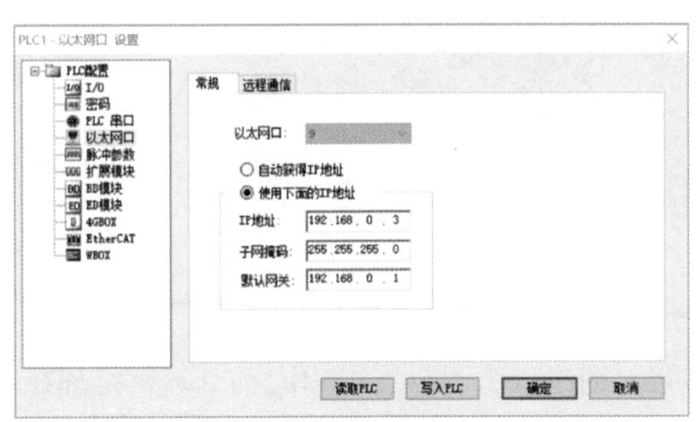

图 2-100　PLC 的 IP 地址设定图

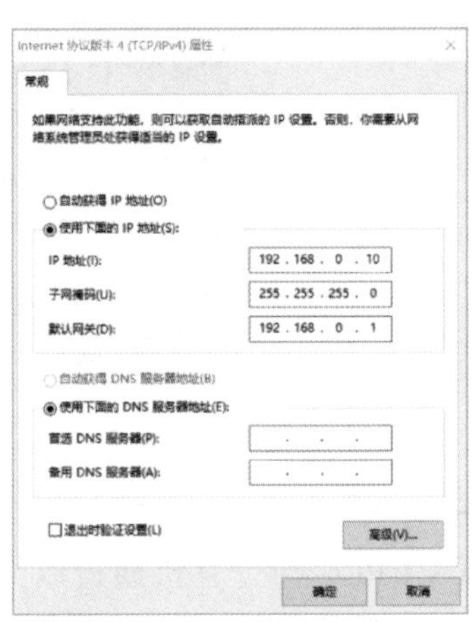

图 2-101　计算机 IP 地址设定图

2）“局域网口”方式。进入通信配置界面后，通信接口选“Ethernet”；通信协议选择“Xnet”协议；连接方式选“局域网口”，再单击“配置服务”→“重启服务”，参数填写完成后单击“确定”按钮即可完成连接，如图 2-102 所示。

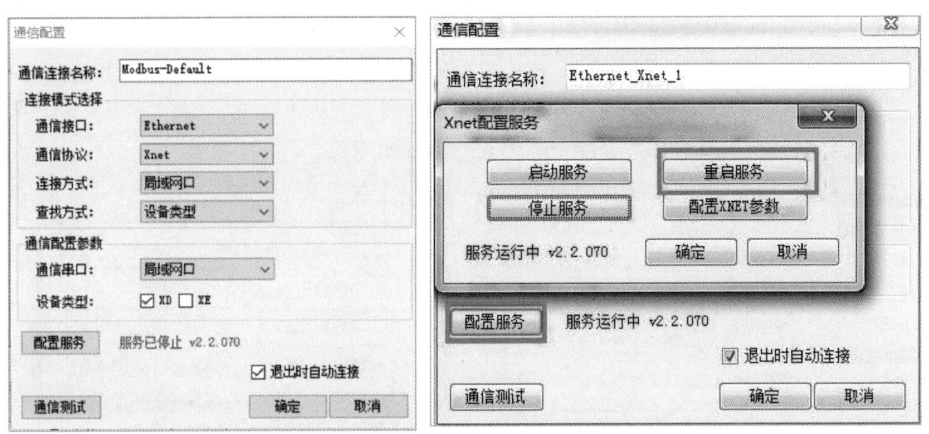

图 2-102　以太网通信接口设置图（“局域网口”方式）

此时如果发现无法连接，有可能是 PLC 的 IP 地址与计算机 IP 地址不在一个网段，可以通过下面方法查找 PLC 的 IP 地址。在通信配置界面，通信接口选“Ethernet”；通信协议选择“Modbus”，单击“扫描 IP”，如图 2-103 所示，会弹出“以太网连接信息框”，信息框中有已经和计算机连接的 PLC 的 IP 地址、设备 ID、机型等信息，单击“确定”按钮完成连接，如图 2-104 所示。连接完成后，可根据前面介绍过的方法根据需要修改 PLC 的 IP 地址。

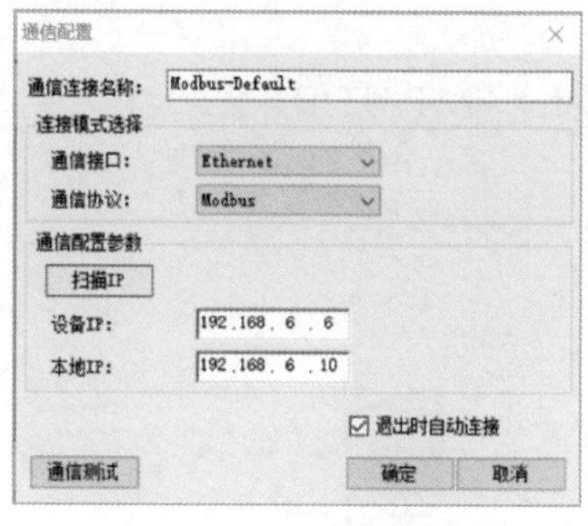

图 2-103　通信配置界面图

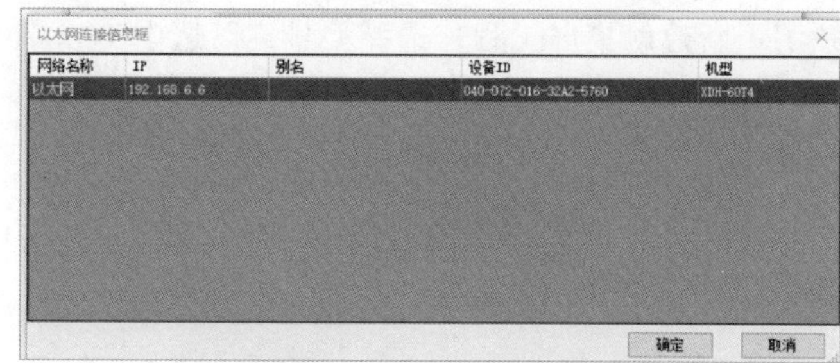

图 2-104　以太网连接信息框图

2. 触摸屏与信捷 XD/XG 系列 PLC 以太网通信配置

触摸屏与 PLC 之间进行以太网通信，需要设置好 PLC 以太网端口参数和触摸屏 IP 地址才能实现。

（1）信捷 XD/XG 系列 PLC 以太网参数设置　PLC 以太网参数通过 PLC 编程软件直接配置。方法为：将 PLC 连上计算机，打开 PLC 编程软件，完成计算机和 PLC 联机后，打开软件左侧工程栏中 PLC 配置，双击下面的“以太网口”，在弹出的配置窗口中手动设置 PLC 的以太网参数，设置完成后单击“写入 PLC”。参数写入后需要断电重启 PLC 才能生效，如图 2-105 所示。

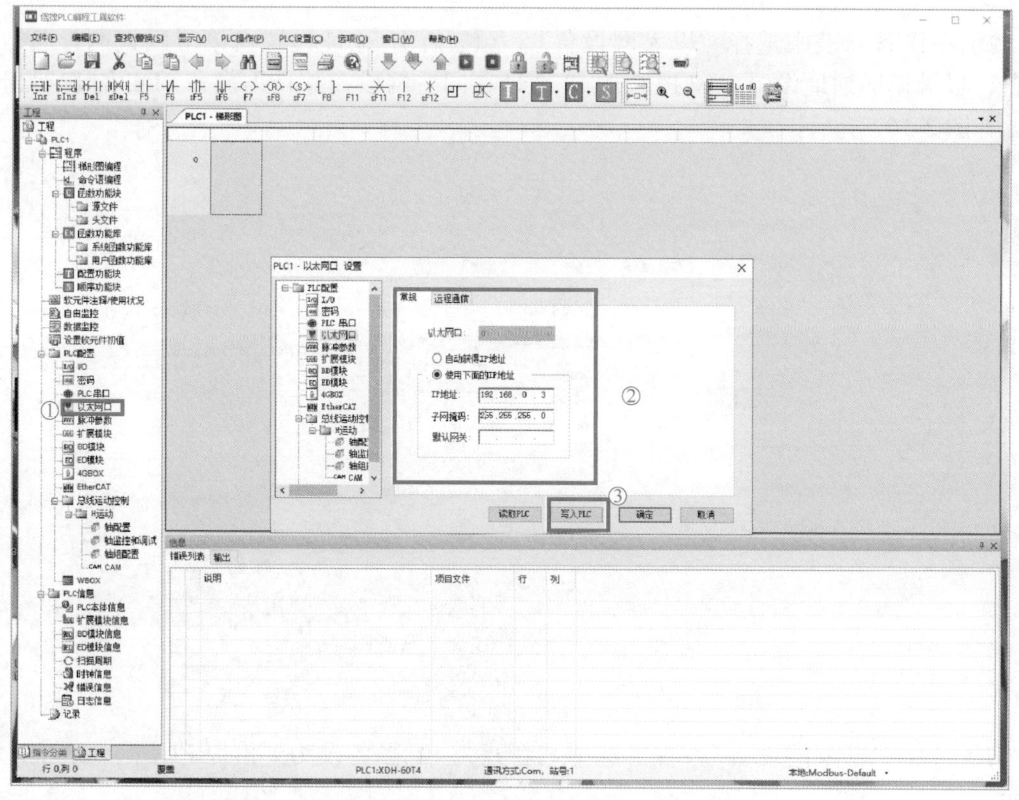

图 2-105　信捷 PLC 以太网参数设置图

（2）触摸屏 IP 地址设置

1）新建触摸屏工程，选择型号，以选中 TGM765（S/L）–MT/UT/ET/XT/NT 为例，单击进入“下一步”，如图 2-106 所示。

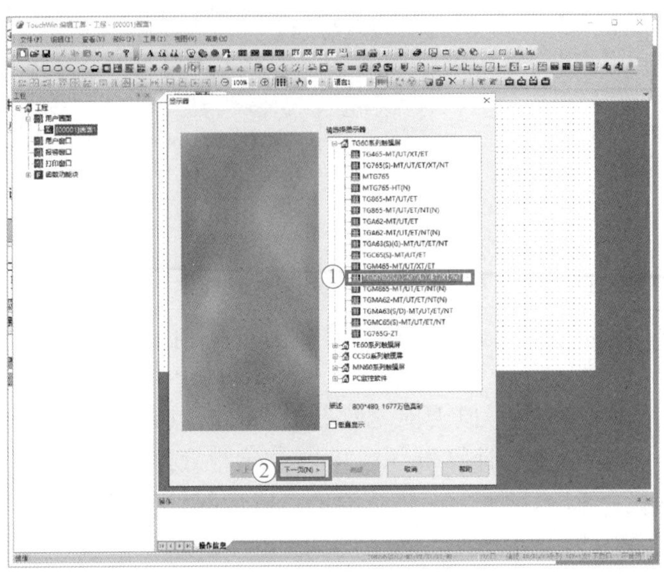

图 2-106 触摸屏型号选择图

2）在设备列表中选择“以太网设备”。触摸屏 IP 地址设置：单击以太网设备自身设备，将触摸屏地址设置为和 PLC 的 IP 地址在同一网段，并且不能和 PLC 的 IP 地址重复，如图 2-107 所示。

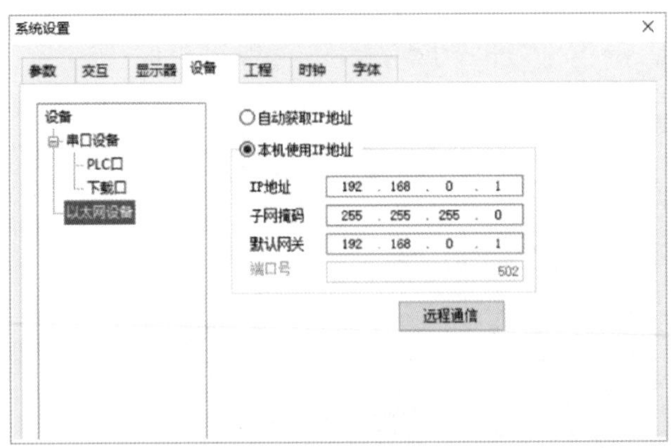

图 2-107 触摸屏 IP 地址设置图

3）选中“以太网设备”，右击选择“新建”，工程名设为“信捷 PLC”，如图 2-108 所示。

图 2-108 触摸屏新建以太网设备图

4）设备列表中选择“信捷 XD/XL/XG 系列（Modbus TCP）”，“IP 地址”为信捷 PLC 的 IP 地址，端口号为默认 502。连接触摸屏的 PLC 设备参数设置如图 2-109 所示，“通信参数”默认即可，勾选“通信状态寄存器”。PSW 设为 256，PSW256 ～ PSW259 分别为通信成功次数、通信失败次数、通信超时次数、通信出错次数，这个输出通信状态地址客户可以自行设置。

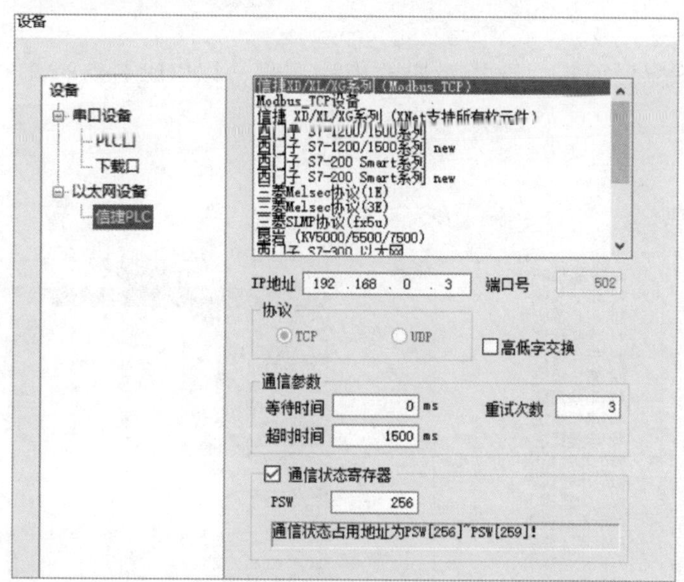

图 2-109 连接触摸屏的 PLC 设备参数设置图

5）设置完成后，单击“确定”按钮，结束设置，进入画面编辑界面。

三、模块参数配置

扩展模块在使用时，首先需要在 PLC 的上位机编程软件中进行相应的配置，方可正常使用模块。

1. I/O 扩展模块配置

用户可以根据需求选择信捷 XD 系列 PLC 输入 / 输出扩展模块适合的型号。下面以模块 XD−E8X8Y 为例，说明如何在编程软件中进行配置，步骤如下：

1）将编程软件打开，单击菜单栏的“PLC 设置”，选择“扩展模块设置”，如图 2-110 所示；或者直接单击工程栏里的“扩展模块”，如图 2-111 所示。

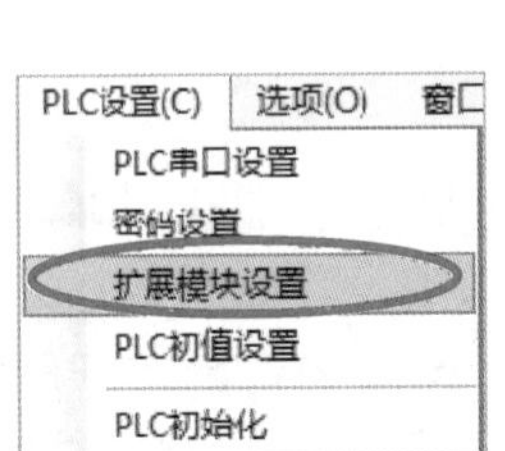

图 2-110　菜单栏中打开扩展模块设置图

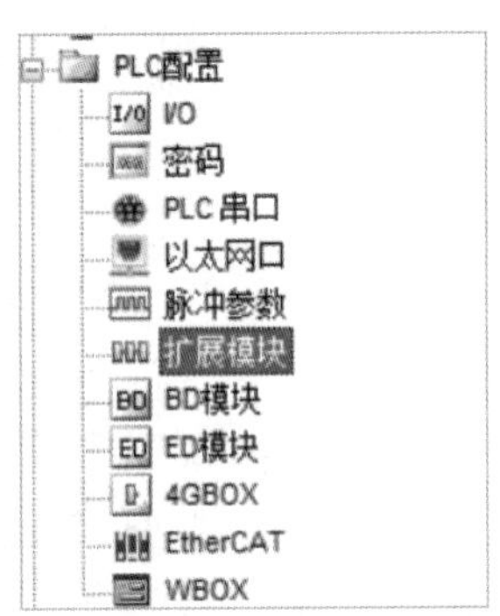

图 2-111　工程栏中打开扩展模块设置图

2）出现以下配置面板，选择对应的模块型号，以 XD−E8X8Y/E8X/E8Y 为例，如图 2-112 所示。

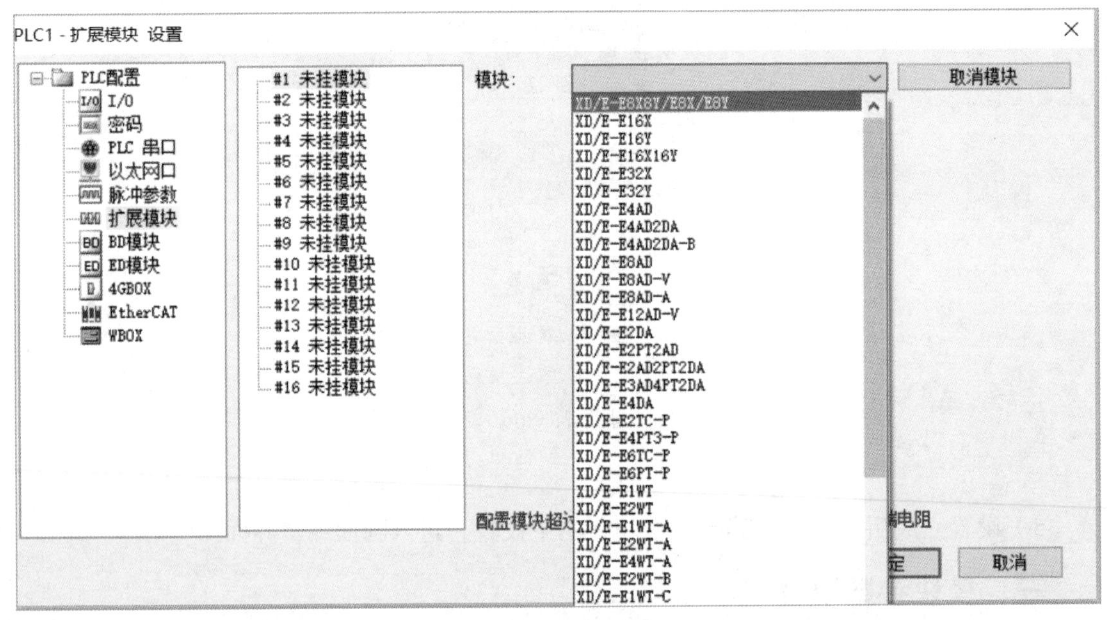

图 2-112　扩展模块选型图

3）进行模块参数设置，根据需要选择滤波时间；输入 / 输出逻辑都选择正逻辑。配置完成后单击“写入 PLC”，然后给 PLC 断电后重新上电，此配置才可生效，如图 2-113 所示。

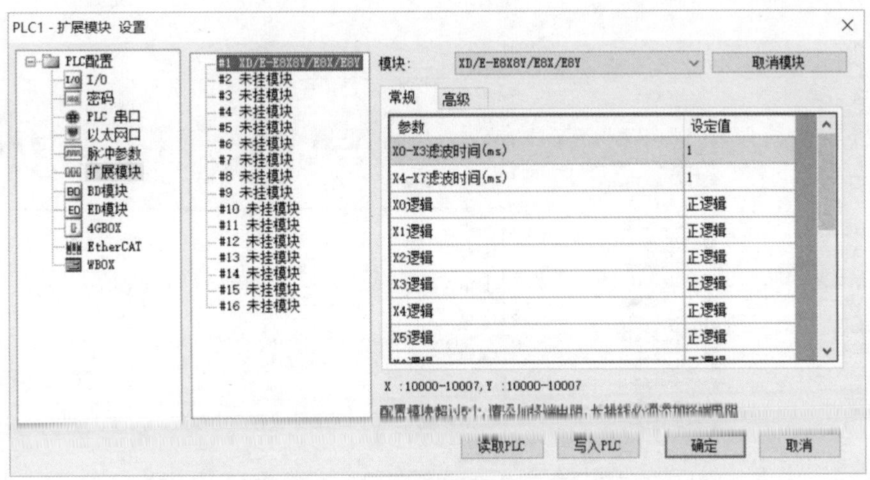

图 2-113　扩展模块参数配置图

2. 模拟量扩展模块配置

模拟量扩展模块选型如图 2-114 所示。根据实际需要选择相应型号的模拟量模块，以 XD/E−E4AD2DA 为例，此模块有 4 路模拟量输入和 2 路模拟量输出。

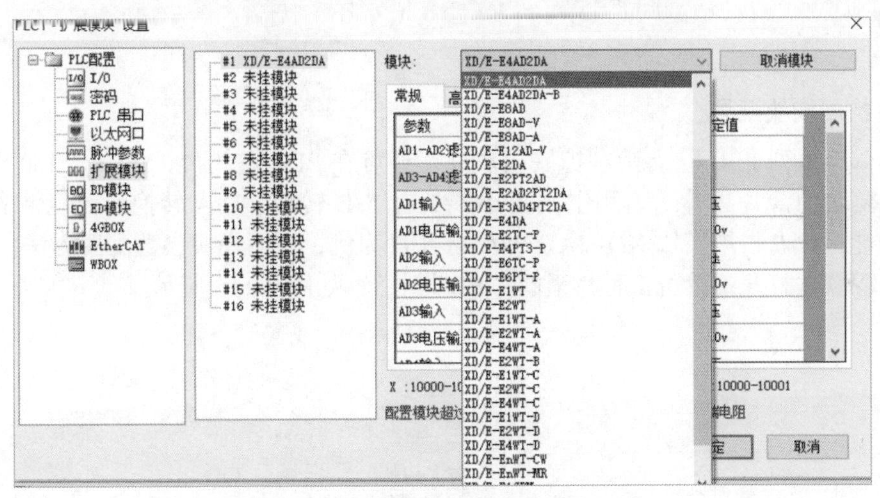

图 2-114　模拟量扩展模块选型图

模拟量扩展模块需要设置的参数有模拟量输入通道的滤波系数和 AD、DA 通道对应的电压或电流模式及电压或电流等级，如图 2-115 所示。

滤波系数由用户设置为 0 ～ 254，数值越小数据越稳定，但可能导致数据滞后；设置为 1 时滤波效果最强，254 时滤波效果最弱，默认为 0（不滤波）。

扩展模块输入 / 输出通道有电压、电流两种模式可选，电流有 0 ～ 20mA、4 ～ 20mA、−20 ～ 20mA 可选，电压有 0 ～ 5V、0 ～ 10V、−5 ～ 5V、−10 ～ 10V 可选，参数可以在配置面板设定值下拉菜单中选取。

配置完成后单击“写入 PLC”，然后给 PLC 断电后重新上电，此配置才可生效。

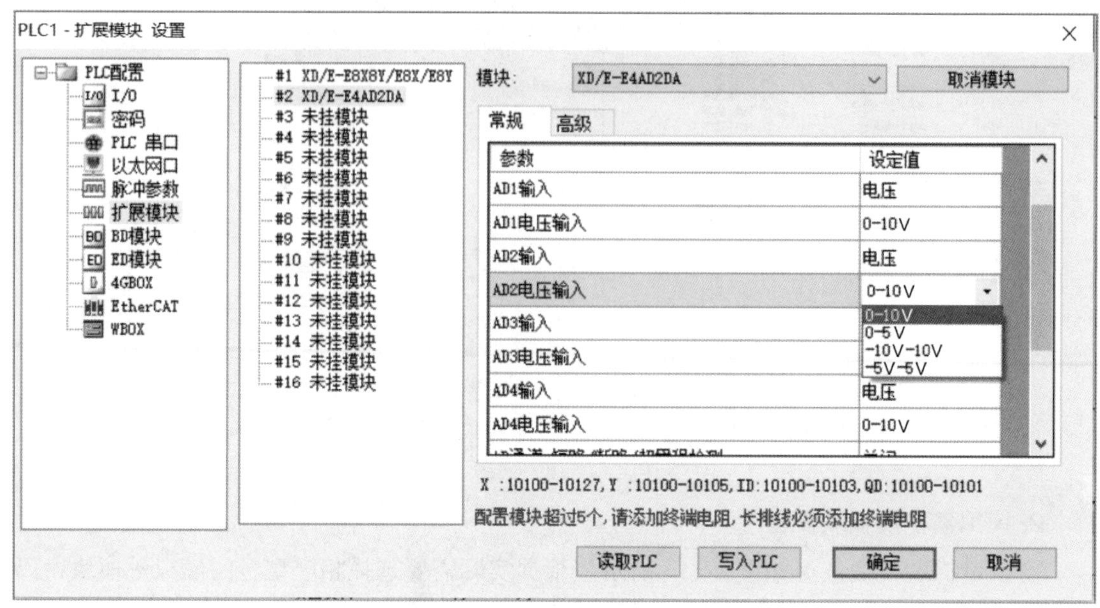

图 2-115　模拟量扩展模块参数设置图

3. 左扩展模块配置

信捷 XD 系列 PLC 除支持右扩展模块外，还可在 PLC 左侧再扩展一个 ED 模块，左扩展 ED 模块为薄片设计，占用空间更小，具有 A/D 转换、D/A 转换、温度测量、远程通信等功能。以左扩展模块 XD-2AD2DA-A-ED 为例，说明模块参数配置方法。

将编程软件打开，单击工程栏里的“ED 模块”，如图 2-116 所示。

图 2-116　左扩展模块配置面板图

在 ED 模块配置面板中选择模块型号和参数即可，如图 2-117 所示。配置完成后单击“写入 PLC”，然后给 PLC 断电后重新上电，此配置才可生效。

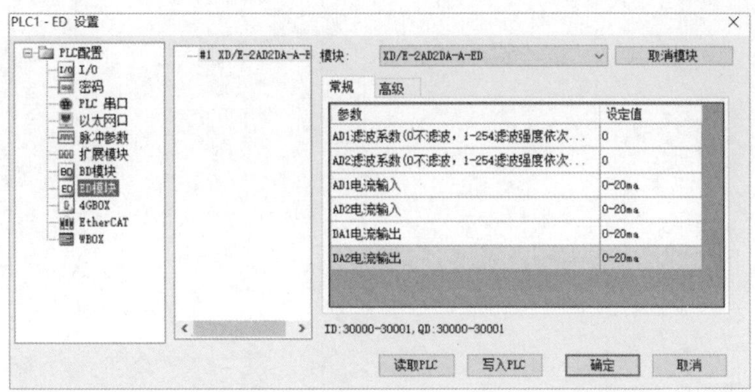

图 2-117 左扩展 ED 模块型号和参数设置图

2.3 6S 整理

在所有的任务都完成后，按照 6S 职业标准打扫实训场地，6S 整理现场如图 2-118 所示。

图 2-118 6S 整理现场标准图示

项目 3
可编程控制器系统基础应用

证书技能要求

可编程控制器系统应用编程职业技能等级证书技能要求（初级）	
序号	职业技能要求
3.1.1	能够正确创建新的 PLC 程序
3.1.2	能够使用常开 / 常闭指令完成程序编写
3.1.3	能够使用上升沿 / 下降沿指令完成程序编写
3.1.4	能够使用输出 / 置位 / 复位指令完成程序编写
3.1.5	能够使用定时 / 计数指令完成程序编写
3.2.1	能够使用触点比较指令完成程序编写
3.2.2	能够使用数据传送指令完成程序编写
3.2.3	能够使用数据运算指令完成程序编写
3.2.4	能够使用数据比较指令完成程序编写
3.3.1	能够根据要求规划元件
3.3.2	能够根据要求调用编辑控件
3.3.3	能够将各个控件正确链接到 PLC 的变量
3.3.4	能够根据要求完成 HMI 程序的编写

项目导入

PLC 作为系统中的控制器，接收信号并执行内部的程序，以达到用户的现场要求。本项目将介绍 XD/XL 系列 PLC 所支持的两种编程语言，及其编程要点、原则、表达方式等，同时也会学习人机界面编程软件 TouchWin 的基础使用。通过本项目的学习，学生可以使用编程软件编写基本的 PLC 程序和触摸屏程序。

本项目包含了两方面内容：第一部分是学习了 PLC 的内部软元件资源，以及可编程控制器中的基本顺控、程序流程、触点比较、数据传送、数据运算等指令；第二部分是学习人机界面的基础编程，包括画面编辑、元件制作及简单工程的制作等。

学习目标

知识目标	了解 PLC 内部的软元件 掌握 PLC 软件的使用 掌握 PLC 基础指令的应用 掌握人机界面的基础编程
技能目标	能够熟练使用 PLC 软件编写简易的 PLC 程序 能够熟练使用 TouchWin 软件制作简单工程
素养目标	通过规范化管理，培养学生规范的职业素养和良好的职业习惯 通过信息的收集和整理，培养学生良好的信息素养 通过自主学习解决生产实际问题，使学生具有克服困难的信心和决心

实施条件

分类	名称	实物 / 版本	数量
硬件准备	信捷 XD 系列 PLC		1 台
	信捷 TGM 系列人机界面		1 台
软件准备	信捷 PLC 编程软件	XDPPro V3.7.4a	1 套
	信捷 TouchWin 编辑工具	TWin v2.e5a	1 套

3.1　可编程控制器基础指令

一、内部软元件

可编程控制器内部有许多具有一定功能的器件，这些器件一般是由不同的电子电路构成的，它们具有继电器的功能，习惯上也称为继电器，但它们是无实际触点的继电器，称为“软元件”。可将各个软元件理解为具有不同功能的内存单元，对这些单元的操作，就相当于对内存单元进行读写。这些软元件都有无数的常开触点和常闭触点。PLC 的指令一般都是针对其内部的某一个软元件状态而言的，这些软元件的功能是相互独立的，按每种软元件的功能给出一个名称并用一个字母来表示。

1. 状态继电器

常用的状态继电器有输入继电器、输出继电器、辅助继电器、状态继电器、定时器及计数器。软元件只能通过程序加以控制，状态继电器只有“ ON”和“ OFF”两种状态，可用“0”和“1”表示。

（1）输入继电器（X）

1）功能。输入继电器是用于接收外部开关信号的接口，以符号 X 表示，其状态仅取决于输入端元件的状态。外部信号从输入端子接入，PLC 在执行程序前，首先将输入端子的 ON/OFF 状态读取到输入映像区，当接在输入端子的元件闭合时，输入继电器线圈得电，对应的常开触点闭合，常闭触点断开，反之亦然。程序执行的过程，也是不断进行扫描的过程，在本次扫描未结束前，即使输入端子状态发生变化，映像区中的内容也保持不变，直到下一个扫描周期来临，变化才被写入。

2）地址分配原则。XD 系列 PLC 的输入继电器全部以八进制来进行编址，例如，XDH-60T4 的基本单元中，按 X0 ～ X7、X10 ～ X17、X20 ～ X27、X30 ～ X37、X40 ～ X43 八进制数的方式分配地址号，共 36 个点。

① 扩展模块的地址号，按第 1 路扩展从 X10000 按照八进制开始，第 2 路扩展从 X10100 按照八进制开始……XD1/XD2/XL1 不支持扩展模块，XD3/XL3 可以接 10 个扩展模块，XD5/XDM/XDC/XD5E/XDME/XDH/XL5/XL5E/XLME 可以接 16 个扩展模块。

② 扩展 BD 板的地址号，从 X20000 按照八进制开始，24 ～ 32 点 PLC 可以接 1 个扩展 BD 板，48 ～ 60 点 PLC 可以接 2 个扩展 BD 板。注：16 点 PLC 不支持扩展 BD 板，XDH/XL 系列不支持扩展 BD 板。

③ 左扩展 ED 模块的地址号，从 X30000 按照八进制开始，XD/XL 系列 PLC 支持 1 个左扩展输入 / 输出 ED 模块（XDH 暂不支持扩展 ED）。

3）注意事项。

① 输入继电器的输入滤波器中采用了数字滤波器，用户可以通过设置（特殊寄存器 SFD0，默认值为 10ms，修改范围为 0 ～ 1000ms）改变滤波参数。

② 可编程控制器的内部配备了足量的输入继电器，其多于输入点数的输入继电器与辅助继电器一样，作为普通的触点 / 线圈进行编程。

（2）输出继电器（Y）

1）功能。输出继电器是用于驱动可编程控制器外部负载的接口，以符号 Y 表示。当所有指令执行完毕后，输出继电器 Y 的映像区中的 ON/OFF 状态将被传送到输出锁存存储区，即是 PLC 的实际输出状态。当输出继电器的线圈得电时，对应的常开触点闭合，输出端子回路接通，负载电路开始工作，与此同时，对应的常闭触点断开，相应的负载电路断开。PLC 内的外部输出用触点按照输出软元件的响应滞后时间动作，并且外部信号无法直接驱动输出继电器，其只能在程序内部驱动。可编程控制器输入 / 输出模块与外部的连接如图 3-1 所示。

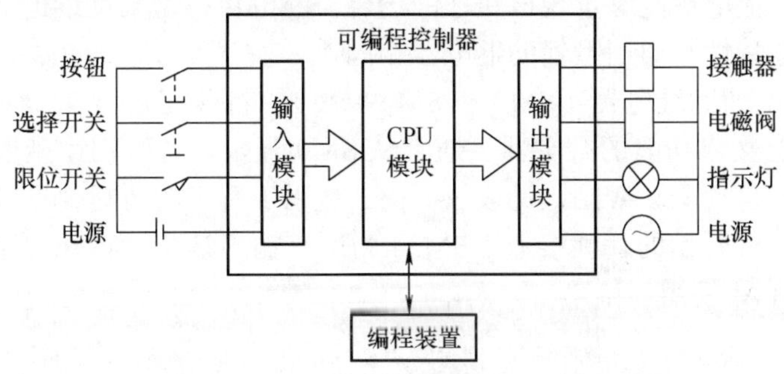

图 3-1 可编程控制器输入 / 输出模块与外部的连接图

2）地址分配原则。XD 系列 PLC 的输出继电器全部以八进制进行编址，例如，XDH-60T4 的基本单元中，按 Y0 ～ Y7、Y10 ～ Y17、Y20 ～ Y27 八进制数的方式分配地址号，共 24 个点。

① 扩展模块的地址号，按第 1 路扩展从 Y10000 按照八进制开始，第 2 路扩展从 Y10100 按照八进制开始……XD1/XD2/XL1 不支持扩展模块，XD3/XL3 可以接 10 个扩展模块，XD5/XDM/XDC/XD5E/XDME/XDH/XL5/XL5E/XLME 可以接 16 个扩展模块。

② 扩展 BD 板的地址号，从 X20000 按照八进制开始，24 ～ 32 点 PLC 可以接 1 个扩展 BD 板，48 ～ 60 点 PLC 可以接 2 个扩展 BD 板。

注意：16 点 PLC 不支持扩展 BD 板，XDH/XL 系列不支持扩展 BD 板。

③ 左扩展 ED 模块的地址号，从 Y30000 按照八进制开始，XD/XL 系列 PLC 支持 1 个左扩展输入 / 输出 ED 模块（XDH 暂不支持扩展 ED）。

3）注意事项。在可编程控制器的内部配备了足量的输出继电器，其多于输出点数的输出继电器与辅助继电器一样，作为普通的触点 / 线圈进行编程。

（3）辅助继电器（M、HM）

1）功能。辅助继电器是可编程控制器内部所具有的继电器，以符号 M、HM 表示。该类继电器的线圈与输出继电器一样，由 PLC 内的各种软元件的触点驱动，它也可驱动其他软元件。辅助继电器 M、HM 有无数的常开、常闭触点，在 PLC 内部可随意使用，但该类触点不能直接驱动外部负载，外部负载必须由输出继电器来驱动。

2）地址分配原则。XD 系列 PLC 的辅助继电器全部以十进制来进行编址，按用途共分为三类：通用型辅助继电器、断电保持型辅助继电器和特殊用途型辅助继电器，以 XDH-60T4 为例，通用型辅助继电器（M0 ～ M199999）共 200000 个，断电保持型辅助继电器（HM0 ～ HM19999）共 20000 个，特殊用途型辅助继电器（SM0 ～ SM49999）共 50000 个，具体介绍如下：

① 通用型辅助继电器（M0 ～ M199999）：此类辅助继电器只能作为普通的辅助继电

器使用，即当 PLC 停止运行或在运行过程中停电时，继电器将断开。

② 断电保持型辅助继电器（HM0 ～ HM19999）：断电保持型辅助继电器，即使 PLC 断电后，也仍然保持断电前的 ON/OFF 状态。断电保持型辅助继电器，通常用于需要记忆停电前的状态，上电后能够重现该状态的场合。断电保持型辅助继电器的区域范围固定不可以修改。其他特性与通用型辅助继电器相同。

③ 特殊用途型辅助继电器（SM0 ～ SM49999）：特殊用途型辅助继电器是指已经被系统赋予了特殊意义或功能的继电器，通常从 SM0 开始。特殊用途型辅助继电器的用途有两种：一是用于自动驱动线圈，见表 3-1；二是用于特定的运行，见表 3-2。如 SM2 为初始脉冲，仅在运行开始的瞬间接通；SM34 为所有输出禁止。特殊用途型辅助继电器不可作为普通继电器 M 使用。

表 3-1　XD 系列 PLC 部分常用特殊用途型辅助继电器功能表

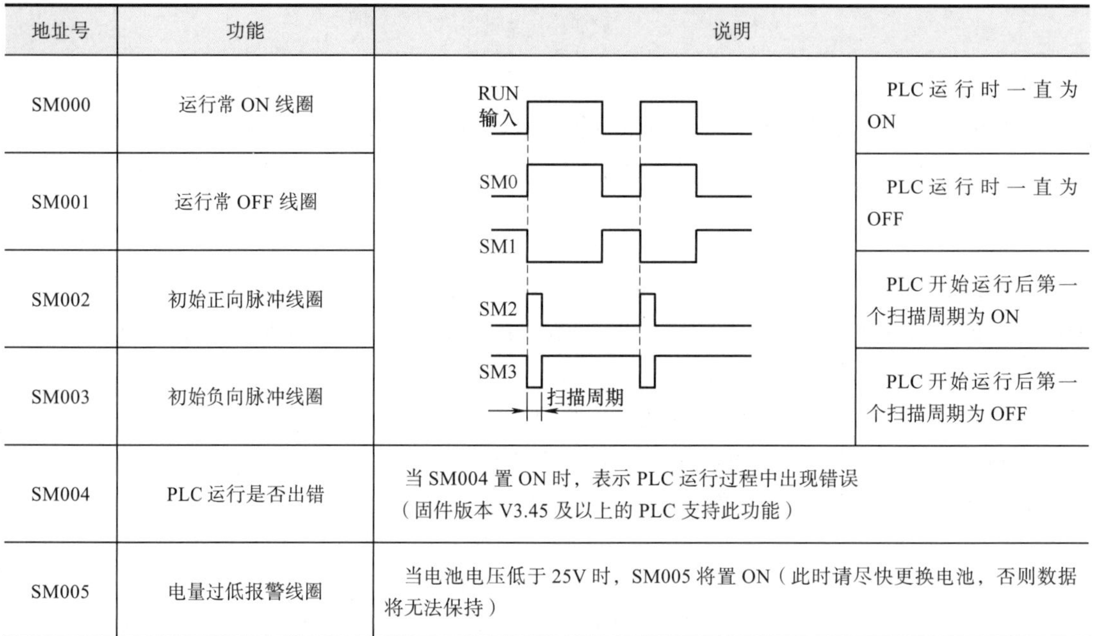

地址号	功能	说明
SM000	运行常 ON 线圈	PLC 运行时一直为 ON
SM001	运行常 OFF 线圈	PLC 运行时一直为 OFF
SM002	初始正向脉冲线圈	PLC 开始运行后第一个扫描周期为 ON
SM003	初始负向脉冲线圈	PLC 开始运行后第一个扫描周期为 OFF
SM004	PLC 运行是否出错	当 SM004 置 ON 时，表示 PLC 运行过程中出现错误（固件版本 V3.45 及以上的 PLC 支持此功能）
SM005	电量过低报警线圈	当电池电压低于 25V 时，SM005 将置 ON（此时请尽快更换电池，否则数据将无法保持）

表 3-2　XD 系列 PLC 常用时钟脉冲功能表

地址号	功能	说明
SM011	以 10ms 的频率周期振荡	5ms 5ms
SM012	以 100ms 的频率周期振荡	50ms 50ms

（续）

地址号	功能	说明
SM013	以 1s 的频率周期振荡	0.5s 0.5s
SM014	以 1min 的频率周期振荡	30s 30s

（4）状态继电器（S、HS）

1）功能。状态继电器是步进梯形图编程时所使用的继电器，以符号 S、HS 表示，是对梯形图顺序控制编程非常重要的软元件，通常与指令 STL 配合使用，以流程的方式，可以使程序变得结构清晰易懂，并且易于修改。各状态继电器的常开、常闭触点在 PLC 内可自由使用，次数不限，当不用于步进顺序控制指令时，状态继电器可作为辅助继电器 M 在程序中使用，另外，也可作为信号报警器，用于外部故障诊断。

2）地址分配原则。XD 系列 PLC 的状态继电器全部以十进制来进行编址，按用途可分为两种，通用型和断电保持型。以 XDH-60T4 为例，通用型状态继电器（S0 ～ S19999）共 20000 个，断电保持型状态继电器（HS0 ～ HS19999）共 20000 个，介绍如下：

① 通用型状态继电器（S0 ～ S19999）：通用型状态继电器 S 在 PLC 运行断电后，都将变为 OFF 状态。

② 断电保持型状态继电器（HS0 ～ HS19999）：断电保持型状态继电器 S，即使 PLC 断电后，还可记忆停电前的 ON/OFF 状态。

③ 状态继电器 S 也有着相对应的常开、常闭触点，因此，可在程序中随意使用。

（5）定时器（T、HT）

1）功能。PLC 中的定时器等于继电器控制电路中的时间继电器，以符号 T、HT 表示。当输入条件满足时，定时器开始对可编程控制器内 1ms、10ms、100ms 等时间脉冲进行加法计算，到达规定的设定值时，即定时时间到，输出触点动作。定时器的常开、常闭触点在编程时可不限次数，任意使用。

2）地址分配原则。XD 系列 PLC 的定时器全部以十进制来进行编址，但又根据时钟是否掉电记忆、累计与否，将定时器划分为通用型定时器和断电保持型定时器，以 XDH-60T4 为例介绍如下：

① 通用型定时器（T0 ～ T19999）：定时器的时钟脉冲有 1ms、10ms、100ms 三种规格，若选用 10ms 的定时器，则将对 10ms 的时间脉冲进行加法计算，当定时器的当前值与设定值一致时，定时器的常开触点导通，在计时过程中，若定时器的输入信号断开，则当前计时值复位，再次得电后，当前值从 0 开始计时。

② 断电保持型定时器（HT0 ～ HT1999）：断电保持型定时器表示即使定时器线圈

的驱动输入断开，仍保持当前值，等下一次驱动输入导通时，根据定时器的指令，继续动作，若为累计指令，则继续计数，若为不累计指令，当驱动输入断开时，计数自动清零。

信捷 PLC 中的定时器有累计、不累计、1ms、10ms、100ms 之分，是通过指令形式来做区分；也就是说，同一个定时器既可以作为累计型的使用，也可以作为通用型的使用，它的时基单位也由指令来指定是 1ms、10ms 还是 100ms。

（6）计数器（C、HC）

1）功能。计数器用于累计计数输入端接收到的由断开到接通的脉冲个数，其计数值由指令设置。计数器的当前值是 16 位或 32 位有符号整数，用于存储累计的脉冲个数，当计数器的当前值等于设定值时，计数器的触点动作。每个计数器提供的常开触点和常闭触点有无限个，可多次使用。当 PLC 断电时，通用型计数器当前值自动清零，而断电保持型计数器则存储当前数值，当再次通电时，计数器按上一次的数值继续累积计数。

2）地址分配原则。XD 系列 PLC 的计数器 C 全部以十进制来进行编址，以 XDH-60T4 为例，通用型计数器的编号范围为 C0 ～ C19999，共 20000 个，断电保持型计数器的编号范围为 HC0 ～ HC19999，共 20000 个。该系列计数器（高速计数器除外）无 16 位、32 位寄存器之分，均通过指令来区分使用计数器的位数和增 / 减计数模式。

按不同的用途和目的，计数器可分为以下两类：

① 内部计数用（通用型 / 断电保持型）计数器。

16 位计数器：增计数用，计数范围为 1 ～ 32 767；

32 位计数器：增计数用，计数范围为 1 ～ 2 147 483 647。

这些计数器供可编程控制器的内部信号使用，其响应速度为一个扫描周期或以上。

② 高速计数用（停电保持用）计数器。

32 位计数器：计数范围为 –2 147 483 648 ～ 2 147 483 647（单相递增计数，AB 相计数），分配给特定的输入点。高速计数的单相递增计数与 AB 相计数分别可以进行频率 80kHz 与 50kHz 以下的计数，而与可编程控制器的扫描周期无关。

16 位计数器与 32 位计数器的特点见表 3-3。

表 3-3　16 位计数器与 32 位计数器的特点表

项目	16 位计数器	32 位计数器
计数方向	增 / 减计数	增 / 减计数
设定值	–32 768 ～ 32 767	–2 147 483 648 ～ 2 147 483 647
指定的设定值	常数 K 或数据寄存器	同左，但是数据寄存器要一对
当前值的变化	增 / 减计数后变化（计到最大或最小值时，将保持）	增 / 减计数后变化（计到最大或最小值时，将保持）

（续）

项目	16 位计数器	32 位计数器
输出接点	计数到后置 ON，且将保持动作	计数到后置 ON，且将保持动作
复位动作	执行 RST 命令时，计数器的当前值为零，输出接点恢复	
当前值寄存器	16 位	32 位

2. 数据寄存器和数制

（1）数据寄存器（D、HD）

1）作用。数据寄存器是 PLC 中必不可少的元件，在进行数据处理、模拟量控制、位置控制时，需要用其存储各种数据，以符号 D、HD 表示。XD 系列 PLC 的数据寄存器都是 16 位的（最高位为符号位），将两个地址相邻寄存器组合可以进行 32 位（最高位为符号位）的数据处理。

数据寄存器数值的读写一般采用应用指令，另外也可通过其他设备，如人机界面向 PLC 写入或读取数值。数据寄存器 D 可以处理各种数据，通过数据寄存器可实现多种控制，如数据存储、数据传送、读取定时器或计数器、作为定时器或计数器的设定值等。

2）地址分配原则。XD 系列 PLC 的数据寄存器 D 全部以十进制来进行编址，以 XDH-60T4 为例，按不同的用途和目的，数据寄存器可分为通用型、断电保持型、特殊型和特殊断电保持型。

① 通用型数据寄存器（D0 ～ D499999）：当向数据寄存器中成功写入数据后，只要不再重新写入，那么该寄存器中的数据将保持不变，即具有存储数据功能。当 PLC 由 RUN 转为 STOP 或由 STOP 转为 RUN 时，所有数据将被清零。

② 断电保持型数据寄存器（HD0 ～ HD49999）：该数据寄存器在 PLC 由 RUN 转为 STOP 或停电后，仍然保持其中的数据不变，该区域的范围由寄存器模式决定，用户无法自己修改。

③ 特殊型数据寄存器（SD0 ～ SD49999）：该数据寄存器用于写入特定目的的数据，或已由系统写入特定内容的数据。部分特殊型数据寄存器中的数据，在 PLC 上电时会被初始化。

④ 特殊断电保持型数据寄存器（HSD0 ～ HSD49999）：特殊断电保持型数据寄存器不能通过参数设定改变其特性，是一类专用的数据寄存器，在 PLC 由 RUN 转为 STOP 或停电后，仍然保持其中的数据不变。

数据寄存器 D 可用作软元件的偏移量，使得软元件的使用更加简单和便于控制。

格式：Dn[Dm]、Xn[Dm]、Yn[Dm]、Mn[Dm] 等。

带偏移的位组成的字寄存器 DXn[Dm] 表示 DX[n+Dm]。

带偏移的软元件偏移量只可用软元件 D 表示。

例：D100[D10]，表示为 D[100+D10]，如果 D10 的数据为 5，则 D100[D10] 表示为寄存器 D105。如果 D10 的数据为 50，则 D100[D10] 表示为寄存器 D150。

（2）数制（B）（K）（H） XDH 系列可编程控制器根据不同的用途和目的，使用 3 种类型的数制。B 表示二进制数值，K 表示十进制整数值，H 表示十六进制数值。它们被用作定时器与计数器的设定值和当前值，或应用指令的操作数。PLC 的程序进行数值处理时，必须使用常数 K、H。PLC 的输入、输出继电器使用八进制编址。

1）十进制 K。K 是表示十进制整数的符号，如 K10，表示十进制数 10。其主要用于指定定时器、计数器的设定值，以及应用指令中的操作数等。

2）十六进制 H。H 是表示十六进制数的符号，如 HA，表示十六进制数 10。主要用于指定应用指令的操作数。

注意：作为指令操作数时，地址首位如果是字母，需要在前面加 0，如 HA 要写作 H0A。

3）二进制 B。B 是表示二进制数的符号，如 B10，表示二进制数 10（即十进制数 2）。二进制数主要用于指定应用指令的操作数。

二、基本顺控指令

本项目主要介绍 XD/XL 系列可编程控制器共用的基本顺控指令的种类及其功能。

1. 逻辑取及输出线圈（LD、LDI、OUT）指令

1）逻辑取及输出线圈（LD、LDI、OUT）指令的助记符、名称、功能、操作软元件见表 3-4。

表 3-4 LD、LDI、OUT 指令功能表

助记符	名称	功能	回路表示和可用软元件
LD	取正	运算开始常开触点	M0 操作软元件：X、Y、M、HM、SM、S、HS、T、HT、C、HC、DnM 等
LDI	取反	运算开始常闭触点	M0 操作软元件：X、Y、M、HM、SM、S、HS、T、HT、C、HC、DnM 等
OUT	输出	线圈驱动	Y0 操作软元件：X、Y、M、HM、SM、S、HS、T、HT、C、HC、DnM 等

2）指令说明如下：

① LD、LDI 指令用于将触点连接到母线上。与后续的 ANB 指令可组合在一起使用，在分支起点处也可使用。

② OUT 指令是对输出继电器、辅助继电器、状态继电器、定时器、计数器的线圈驱动指令，对输入继电器不能使用。

3）LD、LDI、OUT 指令的使用示例如图 3-2 所示。

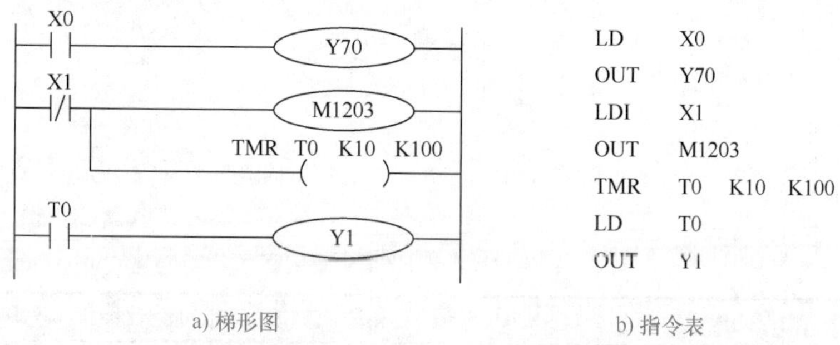

图 3-2　LD、LDI、OUT 指令的使用示例图

2. 触点串联（AND、ANI）指令

1）触点串联（AND、ANI）指令的助记符、名称、功能、操作软元件见表 3-5。

表 3-5　AND、ANI 指令功能表

助记符	名称	功能	回路表示和可用软元件
AND	与	串联常开触点	M0 操作软元件：X、Y、M、HM、SM、S、HS、T、HT、C、HC、DnM 等
ANI	与反转	串联常闭触点	M0 操作软元件：X、Y、M、HM、SM、S、HS、T、HT、C、HC、DnM 等

2）指令说明如下：

① 用 AND、ANI 指令可串联连接一个触点。串联触点数量不受限制，该指令可多次使用。

② OUT 指令后，通过触点对其他线圈使用 OUT 指令，称之为纵接输出（图 3-3 的 OUT M2 与 OUT Y3）。这样的纵接输出如果顺序不错，可重复多次。串联触点数量和纵接输出次数不受限制。

3）AND、ANI 指令的使用示例如图 3-3 所示。

3. 触点并联（OR、ORI）指令

1）触点并联（OR、ORI）指令的助记符、名称、功能、操作软元件见表 3-6。

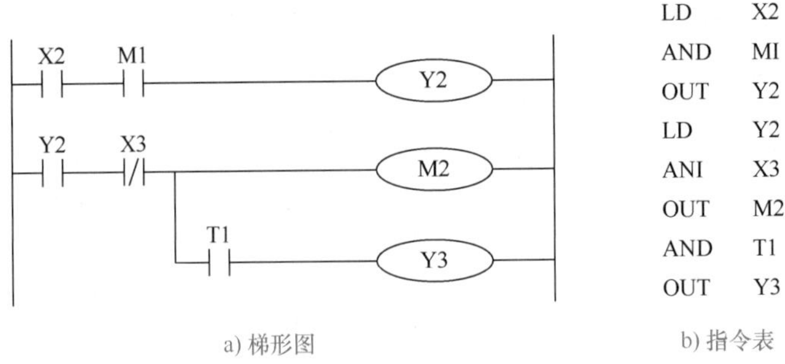

a) 梯形图　　b) 指令表

图 3-3　AND、ANI 指令的使用示例图

表 3-6　OR、ORI 指令功能表

助记符	名称	功能	回路表示和可用软元件
OR	或	并联常开触点	M0 操作软元件：X、Y、M、HM、SM、S、HS、T、HT、C、HC、DnM 等
ORI	或反转	并联常闭触点	M0 操作软元件：X、Y、M、HM、SM、S、HS、T、HT、C、HC、DnM 等

2）指令说明如下：

① OR、ORI 被用作一个触点的并联连接指令。如果有两个以上的触点串联连接，并将这种串联回路块与其他回路并联连接时，采用后述的 ORB 指令。

② OR、ORI 是指从该指令的步开始，与前述的 LD、LDI 指令步，进行并联连接。并联连接的次数不受限制。

3）OR、ORI 指令的使用示例如图 3-4 所示。

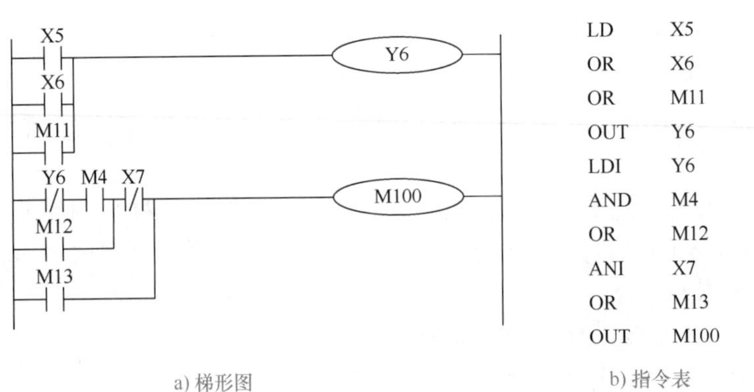

a) 梯形图　　b) 指令表

图 3-4　OR、ORI 指令的使用示例图

4. 脉冲式触点（LDP、LDF、ANDP、ANDF、ORP、ORF）指令

1）脉冲式触点（LDP、LDF、ANDP、ANDF、ORP、ORF）指令的助记符、名称、功能、操作软元件见表 3-7。

表 3-7　LDP、LDF、ANDP、ANDF、ORP、ORF 指令功能表

助记符	名称	功能	回路表示和可用软元件
LDP	取脉冲上升沿	上升沿检出运算开始	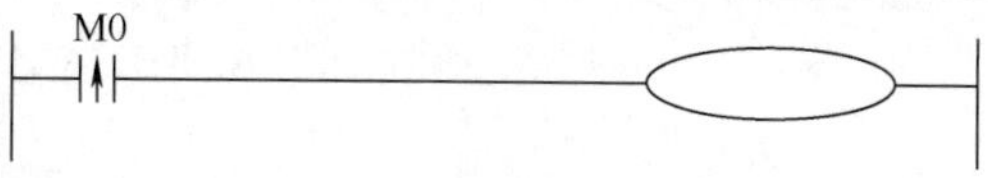 M0 操作软元件：X、Y、M、HM、SM、S、HS、T、HT、C、HC、DnM 等
LDF	取脉冲下降沿	下降沿检出运算开始	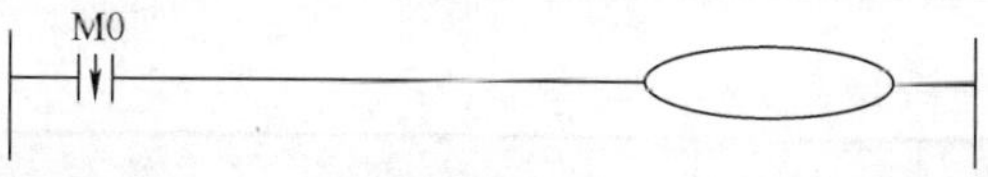 M0 操作软元件：X、Y、M、HM、SM、S、HS、T、HT、C、HC、DnM 等
ANDP	与脉冲上升沿	上升沿检出串联连接	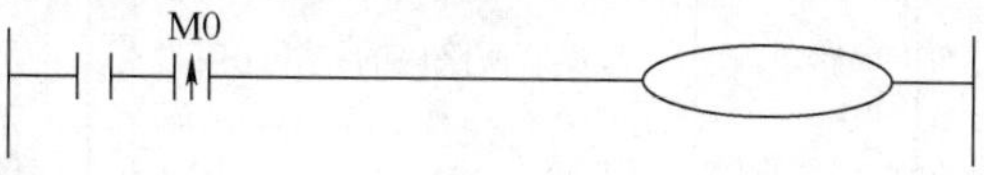 M0 操作软元件：X、Y、M、HM、SM、S、HS、T、HT、C、HC、DnM 等
ANDF	与脉冲下降沿	下降沿检出串联连接	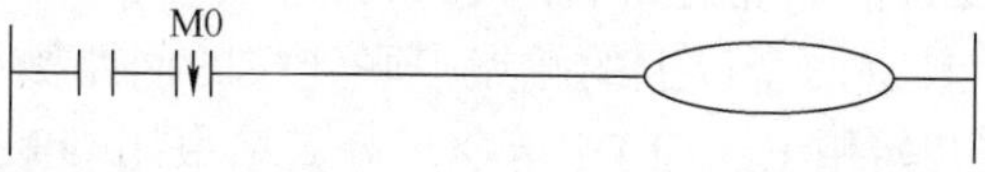 M0 操作软元件：X、Y、M、HM、SM、S、HS、T、HT、C、HC、DnM 等
ORP	或脉冲上升沿	脉冲上升沿检出并联连接	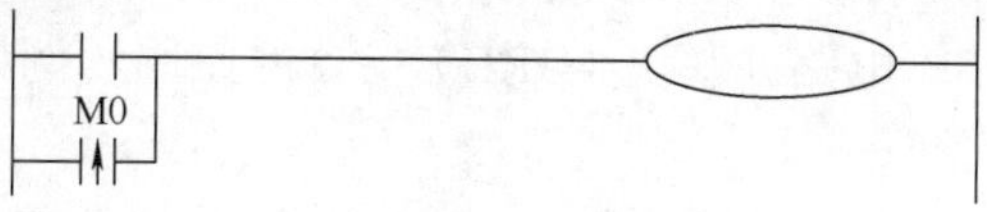 M0 操作软元件：X、Y、M、HM、SM、S、HS、T、HT、C、HC、DnM 等
ORF	或脉冲下降沿	脉冲下降沿检出并联连接	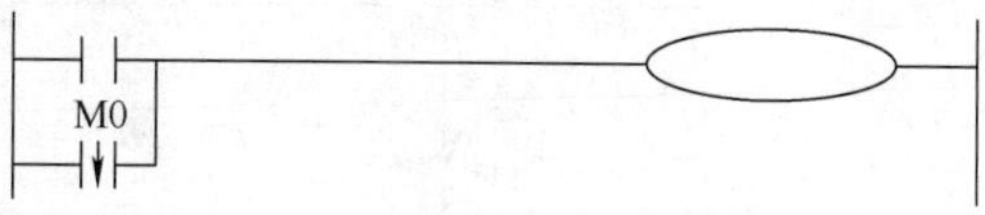 M0 操作软元件：X、Y、M、HM、SM、S、HS、T、HT、C、HC、DnM 等

2）指令说明如下：

① LDP、ANDP、ORP 指令是进行上升沿检出的触点指令，仅在指定位软元件的上升沿时（OFF → ON 变化时）接通一个扫描周期。

② LDF、ANDF、ORF 指令是进行下降沿检出的触点指令，仅在指定位软元件的下降沿时（ON → OFF 变化时）接通一个扫描周期。

3）脉冲式触点（LDP、LDF、ANDP、ANDF、ORP、ORF）指令的使用示例如图 3-5 所示。

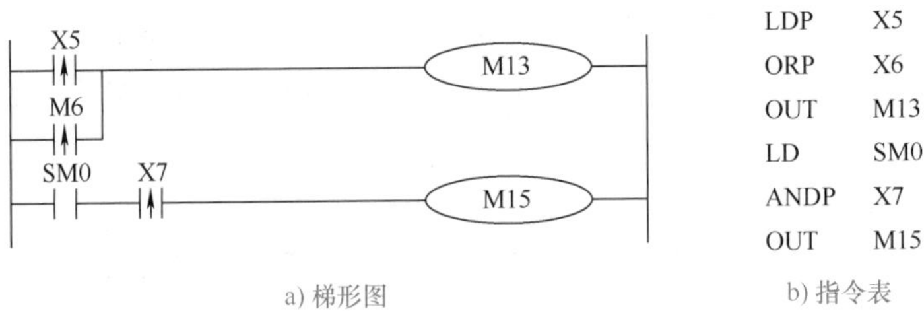

a) 梯形图　　b) 指令表

图 3-5　LDP、LDF、ANDP、ANDF、ORP、ORF 指令的使用示例图

5. 电路并联块（ORB）指令

1）电路并联块（ORB）指令的助记符、名称、功能、操作软元件见表 3-8。

表 3-8　ORB 指令功能表

助记符	名称	功能	回路表示和可用软元件
ORB	回路块或	串联回路块的并联连接	操作软元件：无

2）指令说明如下：

① 有两个以上的触点串联连接的回路被称为串联回路块。将串联回路块并联连接时，分支开始用 LD、LDI 指令，分支结束用 ORB 指令。

② 如后述的 ANB 指令一样，ORB 指令是不带软元件编号的独立指令。

③ 有多个并联回路时，如对每个回路块使用 ORB 指令，则并联回路没有限制。

3）电路并联块（ORB）指令的使用示例如图 3-6 所示。

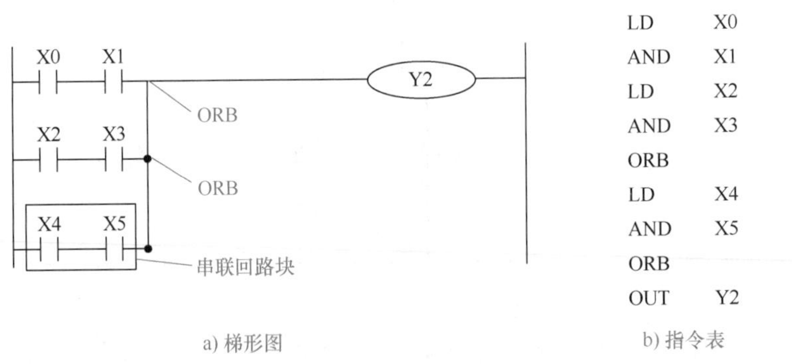

a) 梯形图　　b) 指令表

图 3-6　ORB 指令的使用示例图

6. 电路串联块（ANB）指令

1）电路串联块（ANB）指令的助记符、名称、功能、操作软元件见表 3-9。

表 3-9　ANB 指令功能表

助记符	名称	功能	回路表示和可用软元件
ANB	回路块与	并联回路块的串联连接	操作软元件：无

2）指令说明如下：

① 当分支回路（并联回路块）与前面的回路串联连接时，使用 ANB 指令。分支的起点用 LD、LDI 指令，并联回路块结束后，使用 ANB 指令与前面的回路串联连接。

② 若多个并联回路块按顺序和前面的回路串联时，ANB 指令的使用次数没有限制。

3）电路串联块（ANB）指令的使用示例如图 3-7 所示。

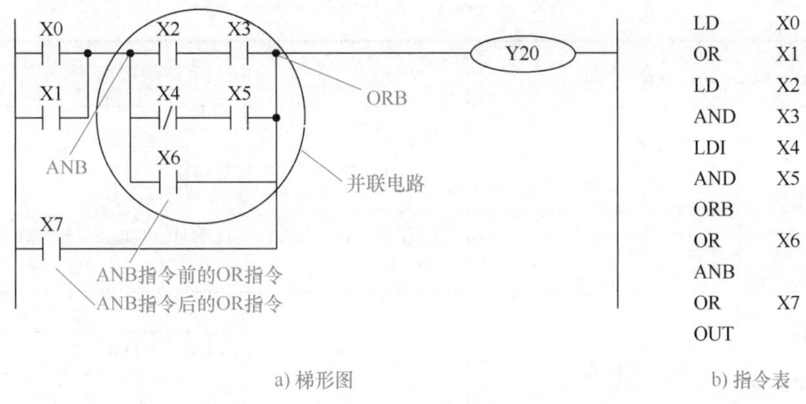

a) 梯形图　　b) 指令表

图 3-7　ANB 指令的使用示例图

7. 取反（ALT）指令

1）取反（ALT）指令的助记符、名称、功能、操作软元件见表 3-10。

表 3-10　ALT 指令功能表

助记符	名称	功能	回路表示和可用软元件
ALT	取反	线圈取反	ALT　M0 操作软元件：Y、M、HM、SM、S、HS、T、HT、C、HC、DnM 等

2）指令说明：执行 ALT 后可以将线圈的状态取反。由原来的 ON 状态变成 OFF 状态，或由原来的 OFF 状态变成 ON 状态。

3）取反（ALT）指令的使用示例如图 3-8 所示。

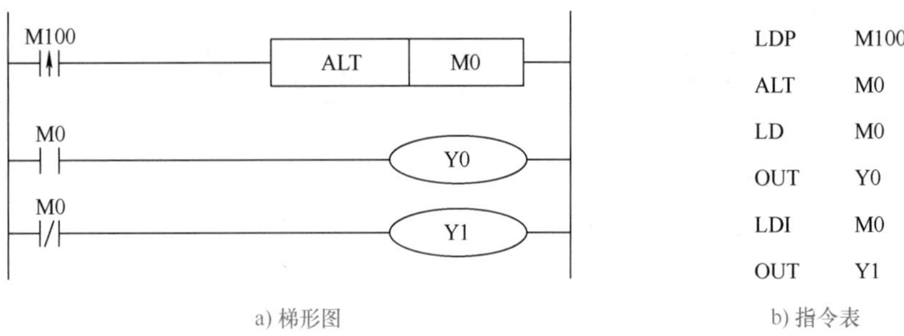

a) 梯形图　　b) 指令表

图 3-8　ALT 指令的使用示例图

8. 脉冲输出（PLS、PLF）指令

1）脉冲输出（PLS、PLF）指令的助记符、名称、功能、操作软元件见表 3-11。

表 3-11　PLS、PLF 指令功能表

助记符	名称	功能	回路表示和可用软元件
PLS	上升沿脉冲	上升沿时接通一个扫描周期指令	PLS Y0 操作软元件：X、Y、M、HM、SM、S、HS、T、HT、C、HC、DnM 等
PLF	下降沿脉冲	下降沿时接通一个扫描周期指令	PLF Y0 操作软元件：X、Y、M、HM、SM、S、HS、T、HT、C、HC、DnM 等

2）指令说明如下：

① 使用 PLS 指令时，仅在驱动输入为 ON 后的一个扫描周期内，软元件 Y、M 动作。

② 使用 PLF 指令时，仅在驱动输入为 OFF 后的一个扫描周期内，软元件 Y、M 动作。

3）脉冲输出（PLS、PLF）指令的使用示例如图 3-9 所示。

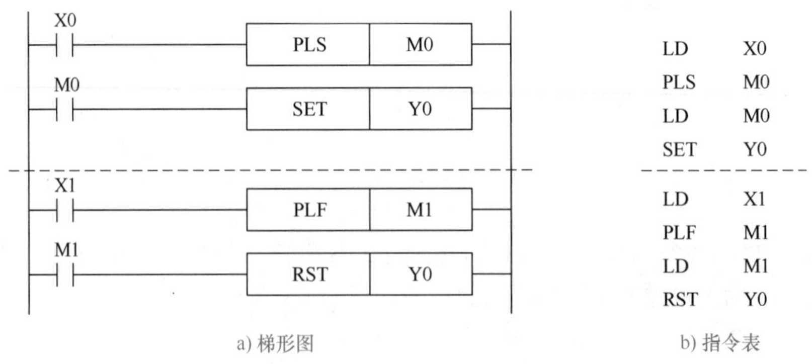

a) 梯形图　　b) 指令表

图 3-9　PLS、PLF 指令的使用示例图

9. 置位、复位（SET、RST）指令

1）置位、复位（SET、RST）指令的助记符、名称、功能、操作软元件见表 3-12。

表 3-12　SET、RST 指令功能表

助记符	名称	功能	回路表示和可用软元件
SET	置位	线圈接通保持指令	SET Y0 操作软元件：X、Y、M、HM、SM、S、HS、T、HT、C、HC、DnM 等
RST	复位	线圈接通清除指令	RST Y0 操作软元件：X、Y、M、HM、SM、S、S、T、HT、C、HC、DnM 等

2）指令说明如下：

① 在图 3-10 所示程序示例中，X10 一旦接通后，即使它再断开，Y0 仍继续动作。X11 一旦接通时，即使它再断开，Y0 仍保持不被驱动。对于 M、S 也是一样的。

② 对于同一软元件，SET、RST 可多次使用，顺序也可随意，但最后执行者有效。

③ 此外，定时器、计数器当前值的复位以及触点复位也可使用 RST 指令。

④ 使用 SET、RST 指令时，避免与 OUT 指令使用同一个软元件地址。

3）置位、复位（SET、RST）指令的使用示例如图 3-10 所示。

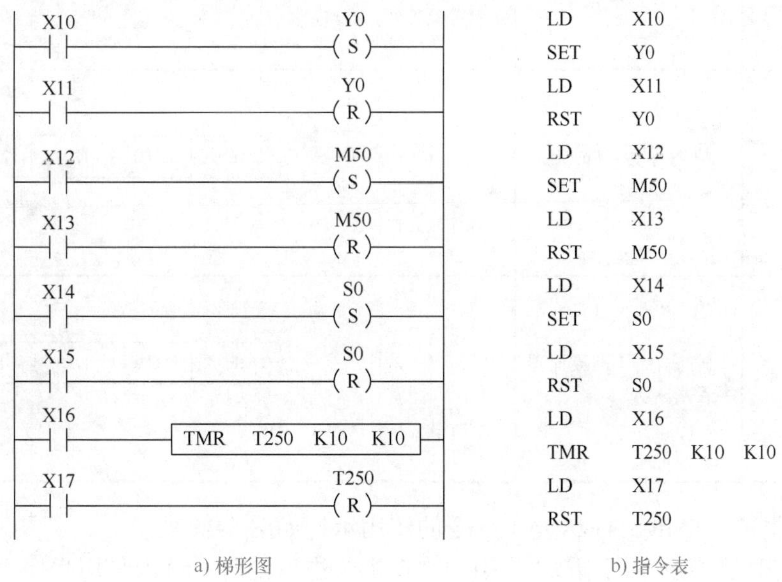

图 3-10　SET、RST 指令的使用示例图

10. 定时器的（TMR、TMR_A）指令

1）定时器的（TMR、TMR_A）指令的助记符、名称、功能、操作数见表 3-13。

表 3-13 TMR、TMR_A 指令功能表

助记符	名称	功能	回路表示和可用软元件
TMR	输出	非掉电保持 100ms 定时器线圈的驱动	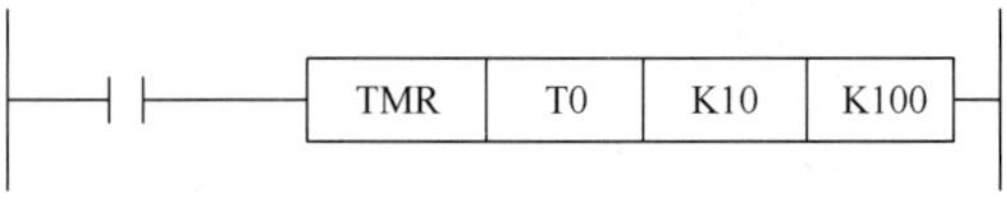 TMR T0 K10 K100 操作软元件：K、D
TMR	输出	非掉电保持 10ms 定时器线圈的驱动	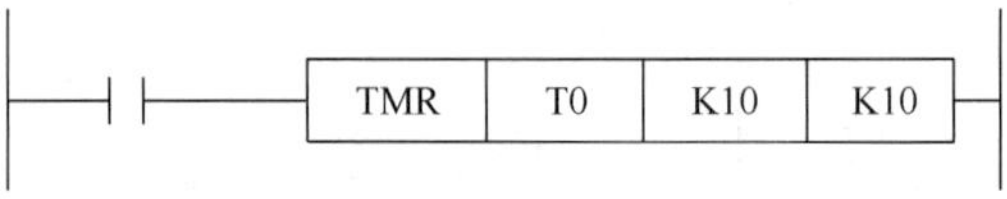 TMR T0 K10 K10 操作软元件：K、D
TMR	输出	非掉电保持 1ms 定时器线圈的驱动	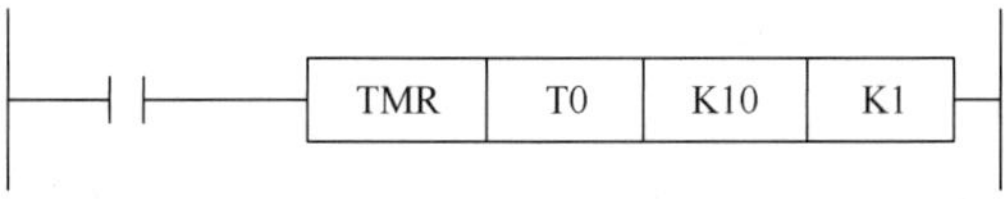 TMR T0 K10 K1 操作软元件：K、D
TMR_A	输出	掉电保持 100ms 定时器线圈的驱动	 TMR_A HT0 K10 K100 操作软元件：K、D
TMR_A	输出	掉电保持 10ms 定时器线圈的驱动	 TMR_A HT0 K10 K10 操作软元件：K、D
TMR_A	输出	掉电保持 1ms 定时器线圈的驱动	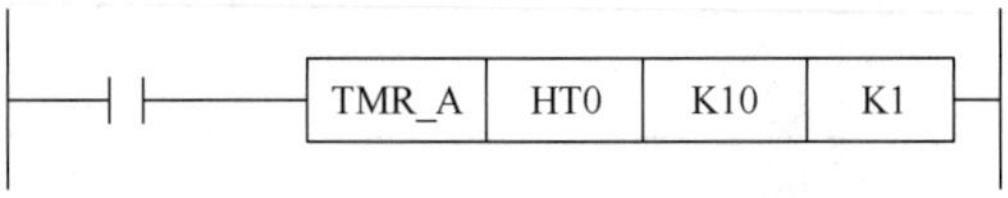 TMR_A HT0 K10 K1 操作软元件：C、HC、HSC

2）定时器的（TMR、TMR_A）指令的使用示例如图 3-11 所示。

一般型定时器不设专用指令，使用 TMR 指令进行定时；可以采用程序存储器内的常数（K）作为设定值，也可用数据寄存器（D）的内容进行间接指定。

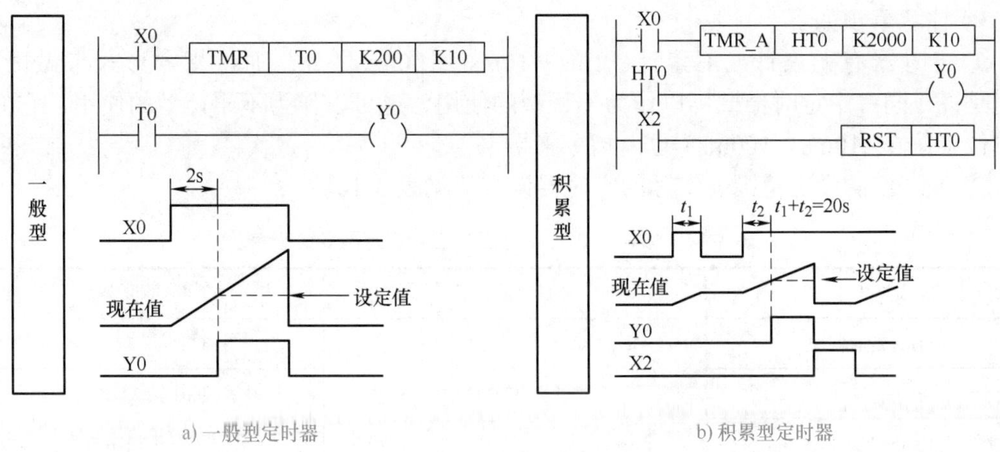

a) 一般型定时器　　b) 积累型定时器

图 3-11　定时器指令的使用示例图

如果定时器线圈 T0 的驱动输入 X0 为 ON，T0 用当前值计数器累计 10ms 的时钟脉冲。当该值等于设定值 K200 时，定时器的输出触点动作，也就是说输出触点在线圈驱动 2s 后动作，驱动输入 X0 断开或停电，定时器复位，输出触点复位，如图 3-11a 所示。

如果定时器线圈 HT0 的驱动输入 X0 为 ON，则 HT0 用当前值计数将累计 10ms 的时钟脉冲。当该值达到设定值 K2000 时，定时器的输出触点动作。在计算过程中，即使输入 X0 断开或停电，当再重新启动 X0 时，仍继续计算，其累计计数动作时间为 20s。如果复位输入 X2 为 ON 时，定时器复位，输出触点也复位，如图 3-11b 所示。

① 输出延时关断定时器：当 X0 为 ON 时，输出 Y0；当 X0 由 ON→OFF 时，将延时 2s 输出 Y0 才断开，如图 3-12 所示。

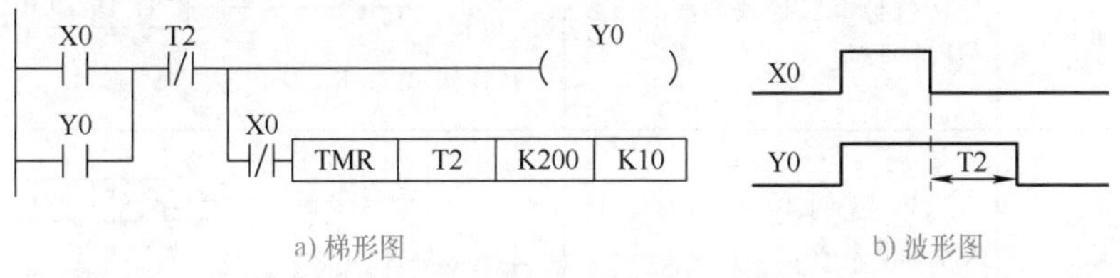

a) 梯形图　　b) 波形图

图 3-12　输出延时关断定时器示例图

② 闪烁定时器：当 X0 闭合后，Y0 开始闪烁输出。T1 控制 Y0 的断开时间，T2 控制 Y0 的闭合时间，如图 3-13 所示。

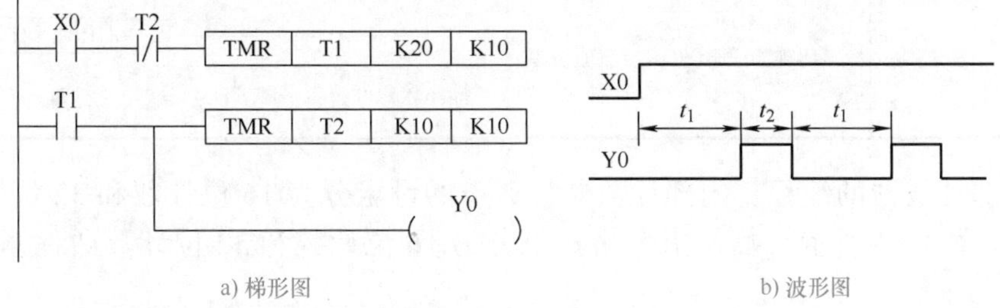

a) 梯形图　　b) 波形图

图 3-13　闪烁定时器示例图

3）注意事项如下：

① 定时器有无累计、不累计、1ms、10ms、100ms 之分，通过指令形式来做区分；也就是说，同一个定时器既可以作为累积型的使用，也可以作为不累计型的使用，它的时基单位（1ms、10ms、100ms）也由指令来指定。

② 常数 K 的设定范围、实际的定时器设定值见表 3-14。

表 3-14　常数 K 的设定范围和实际定时器设定值表

定时器	K 的设定范围	实际的设定值
1ms 定时器	1 ～ 32 767	0.001 ～ 32.767s
10ms 定时器		0.01 ～ 327.67s
100ms 定时器		0.1 ～ 3276.7s

11. 计数器的（CNT、CNT_D、DCNT、DCNT_D、RST）指令

1）计数器的（CNT、CNT_D、DCNT、DCNT_D、RST）指令的助记符、名称、功能、操作软元件见表 3-15。

表 3-15　CNT、CNT_D、DCNT、DCNT_D、RST 指令功能表

助记符	名称	功能	回路表示和可用软元件
CNT	输出	16 位非掉电保持增计数，计数线圈的驱动	CNT C0 K8 操作软元件：K、D
CNT_D	输出	16 位掉电保持减计数，计数线圈的驱动	CNT_D HC0 K8 操作软元件：K、D
DCNT	输出	32 位非掉电保持增计数，计数线圈的驱动	DCNT C0 K8 操作软元件：K、D
DCNT_D	输出	32 位掉电保持减计数，计数线圈的驱动	DCNT_D HC0 K8 操作软元件：K、D
RST	复位	输出触点的复位，当前值清零	RST HSC0 操作软元件：C、HC、HSC

2）内部计数器的编程。内部计数器计数值的设定分为 16 位计数和 32 位计数两种，指令格式如图 3-14 所示，复位指令格式也分为 16 位计数和 32 位计数两种，如图 3-15 所示。

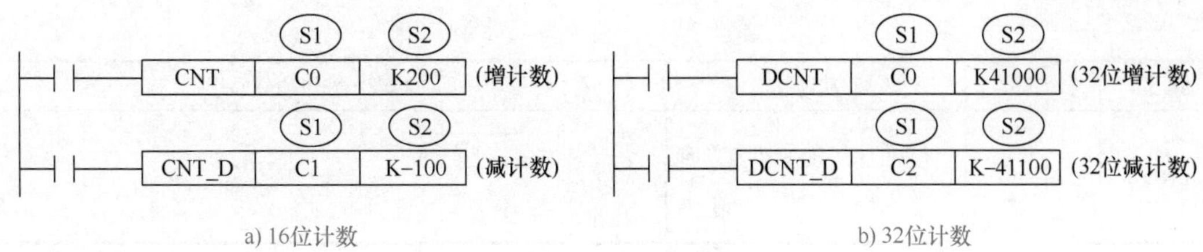

图 3-14　内部计数器指令格式图

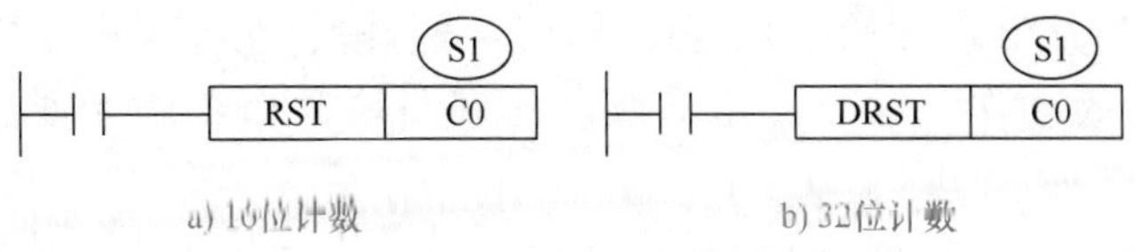

图 3-15　计数器复位指令格式图

图中，S1 为计数器（如 C0）；S2 为计数个数（如 K200）。

3）计数器指令的使用示例如图 3-16 所示。

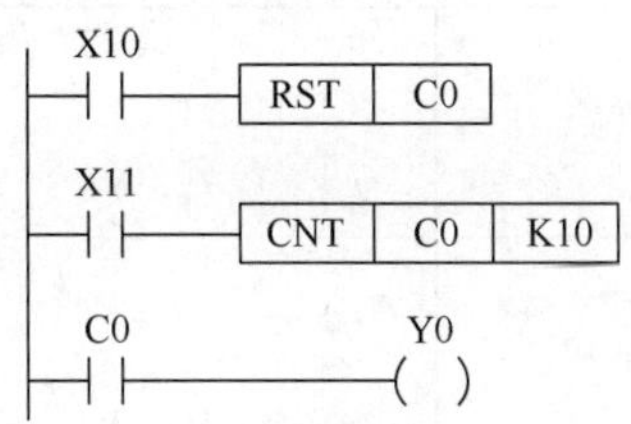

图 3-16　计数器指令的使用示例图

① 计数输入 X11 每驱动 C0 线圈一次，计数器的当前值就加 1，在执行第十次的线圈指令时，输出触点动作。以后计数器输入 X11 再动作，计数器的当前值将继续加 1，输出触点动作保持。

② 如果复位输入 X10 为 ON，则执行 RST 指令，计数器的当前值为 0，输出触点复位。

③ 计数器的设定值除上述常数 K 设定外，还可由数据寄存器编号指定。例如，指定 D10，如果 D10 的内容为 K123，则设定值与 K123 是一样的。

4）注意事项：常数 K 的设定范围、实际的设定值见表 3-16。

表 3-16　常数 K 的设定范围和实际设定值表

计数器	K 的设定范围	实际的设定值
16 位计数器	1 ～ 32 767	1 ～ 32 767
32 位计数器	1 ～ 2 147 483 647	1 ～ 2 147 483 647

12. 结束（END）指令

1）结束（END）指令的助记符、名称、功能、操作软元件见表 3-17。

表 3-17 END 指令功能表

助记符	名称	功能	回路表示和可用软元件
END	结束	输入 / 输出处理以及返回到第 0 步	[END] 操作软元件：无

2）指令说明：若在程序的最后写入 END 指令，则 END 以后的其余程序步不再执行，而直接进行输出处理。在程序中没有 END 指令时，XD 系列可编程控制器将一直处理到最终的程序步，然后从 0 步开始重复处理。在调试阶段，在各程序段插入 END 指令，可依次检出各程序段的动作。这时，在确认前面回路块动作正确无误后，依次删去 END 指令。

13. 指令块折叠（GROUP、GROUPE）指令

1）指令块折叠（GROUP、GROUPE）指令的助记符、功能、操作软元件见表 3-18。

表 3-18 GROUP、GROUPE 指令功能表

助记符	功能	回路表示和可用软元件
GROUP	指令块折叠开始	[GROUP] 操作软元件：无
GROUPE	指令块折叠结束	[GROUPE] 操作软元件：无

2）指令说明如下：

① GROUP 和 GROUPE 指令必须成对使用。

② GROUP 和 GROUPE 指令并不具有实际意义，仅是对程序的一种结构优化，因此该组指令添加与否，并不影响程序的运行效果。

③ GROUP 和 GROUPE 指令的使用方法与流程指令类似，在折叠语段的开始部分输入 GROUP 指令，在折叠语段的结束部分输入 GROUPE 指令。

④ GROUP 和 GROUPE 指令一般可根据指令段的功能的不同进行编组，同时，被编入的程序可以折叠或展开显示，对于程序冗长的工程，该组指令将特别适用。

3）指令块折叠（GROUP、GROUPE）指令的使用示例如图 3-17 所示。

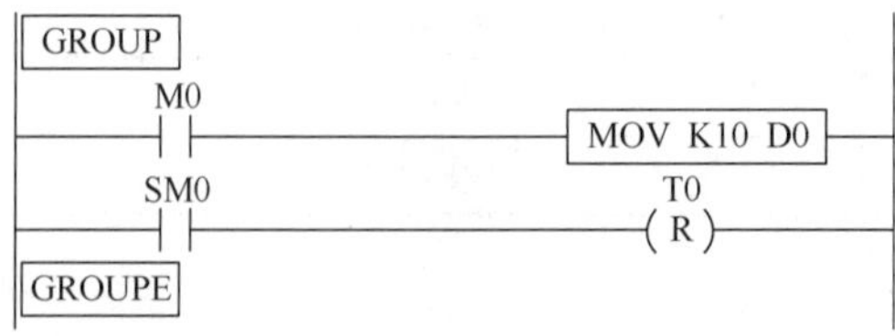

图 3-17 GROUP 和 GROUPE 指令的使用示例图

14. 编程注意事项

1）触点的结构与步数。在动作相同的顺控回路中，可根据触点的构成方法简化程序与节省程序步数。一般编程的原则是：①将串联触点多的回路写在上方；②将并联触点多的回路写在左方。

2）程序的执行顺序。对顺控程序做“自上而下”和“自左向右”的处理。顺控指令清单也沿着此流程编码。

3）双重输出（双线圈动作）及其对策。若在顺控程序中进行线圈的双重输出（双线圈动作），则后面的动作优先执行。

双重输出（双线圈动作）在程序方面并不违反输入规则，但是由于上述的动作十分复杂，因此请按图 3-18 的示例改变程序。

还有其他的方法，如采用跳转指令，或流程指令，用不同状态控制同一输出线圈编程的方法。

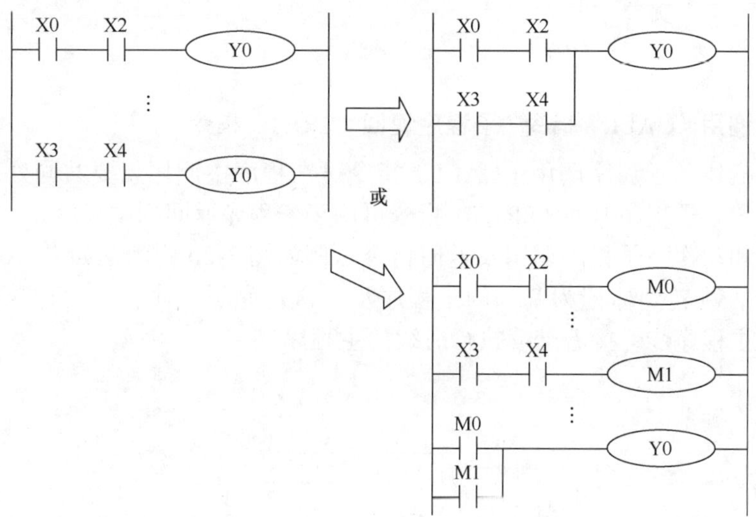

图 3-18　双线圈动作示例图

三、程序流程指令

1. 条件跳转（CJ）指令

（1）指令概述　CJ 指令作为执行序列一部分的指令，可以缩短运算周期及使用双线圈。

（2）功能和动作　在图 3-19 中，如果 X0 为 ON，则从第 1 步跳转到标记 P6 的后一步。X0 为 OFF 时，不执行跳转指令。

① 如图 3-19 所示，Y0 变成双线圈输出，但是，X0=OFF 时采用 X1 动作，X0=ON 时采用 X5 动作。

② CJ 不可以从一个 STL 跳转到另一个 STL。

③ 程序定时器 T0 ～ T575、HT0 ～ HT795 及高速计数 HSC0 ～ HSC30，如果在驱动

后执行了 CJ 指令，则继续工作，输出接点也动作。

④ 使用跳转指令时注意标号一定要匹配。

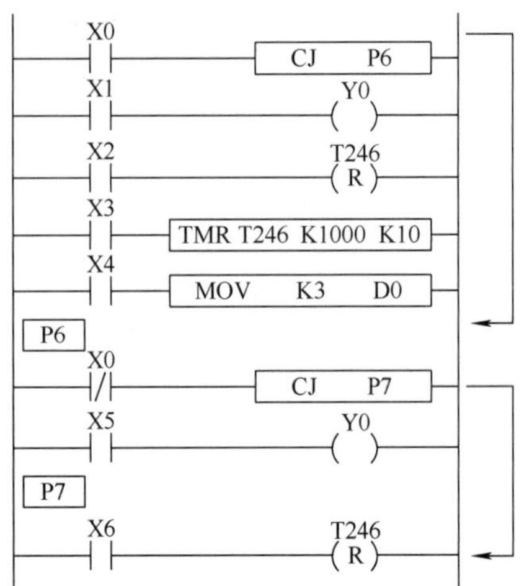

图 3-19　条件跳转指令使用示例图

2. 子程序调用（CALL）指令 / 子程序返回（SRET）指令

（1）指令概述　子程序调用（CALL）指令可在程序中调用想要共同处理的程序，可减少程序的步数。子程序返回（SRET）指令可用于子程序返回到主程序。

（2）功能和动作　子程序调用及返回指令示例如图 3-20 所示，如果 X0=“ON”，则执行调用指令，跳转到标记为 P10 的子程序步，执行完子程序后，通过执行 SRET 指令返回到原来的主程序步，接着继续执行后续的主程序。

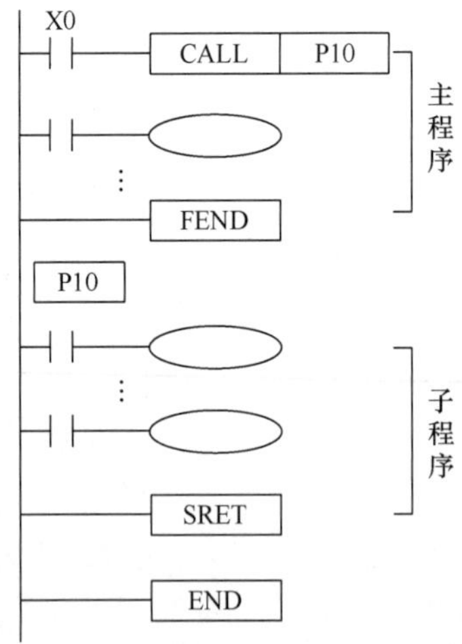

图 3-20　子程序调用及返回指令示例图

写子程序时应注意：必须在 FEND 指令后对标记编程；Pn 作为一段子程序的开始，

以 SRET 作为一段子程序的结束；用 CALL Pn 调用子程序。其中 n 可以为 0 ～ 9999 中的任一值。使用子程序调用指令可以简化编程，将几个地方需要用的公共部分写在子程序中，再调用子程序实现功能。在子程序内可以允许有 9 次调用指令，整体而言可做 10 层嵌套。调用子程序时，主程序所属的 OUT、PLS、PLF、定时器等均保持。子程序返回时，子程序所属的 OUT、PLS、PLF、定时器等均保持。子程序中不要写脉冲、计数、定时等一个扫描周期内无法完成的指令。

3. 结束（FEND）指令

（1）指令概述　FEND 指令表示主程序结束指令，而 END 则表示整个程序结束。一个完整的程序可以没有子程序，但一定要有主程序。

（2）功能和动作　虽然 FEND 指令表示主程序的结束，但若执行此指令，则与 END 指令同样，执行输出处理、输入处理、监视定时器的刷新、向第 0 步程序返回。

（3）指令说明

1）CALL 指令的标签在 FEND 指令后编程，必须要有 SRET 指令。

2）在执行 CALL 指令后，SRET 指令执行前，如果执行了 FEND 指令，程序会出错。即不能在子程序中间写 FEND 指令。

3）使用多个 FEND 指令的情况下，请在最后的 FEND 指令与 END 指令之间编写程序或中断子程序。

4. 流程（SET、ST、STL、STLE）指令

（1）指令概述　用于指定流程开始、结束、打开、关闭。STL 指令可指定跳转到目标流程，STL 指令和 STLE 指令可以很方便地编制顺序控制的程序。

（2）功能和动作　流程指令使用示例如图 3-21 所示。

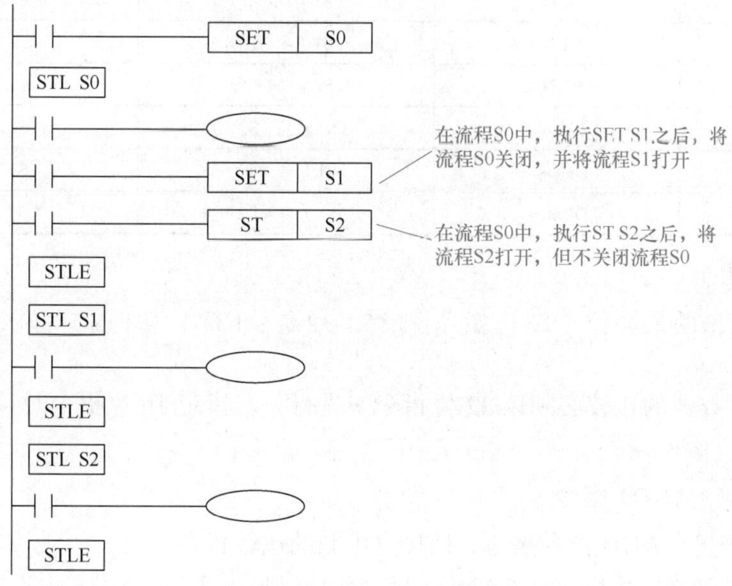

图 3-21　流程指令使用示例图

（3）指令说明

1）STL 与 STLE 必需配对使用。STL 表示一个流程的开始，STLE 表示一个流程的结束。

2）每一个流程书写都是独立的，写法上不能嵌套书写。在流程执行时，不一定要按 S0、S1、S2…的顺序执行，流程执行的顺序在程序中可以按需求任意指定。可以先执行 S10 再执行 S5，再执行 S0。

3）执行 SET Sxxx 指令后，这些指令指定的流程为 ON；执行 RST Sxxx 指令后，指定的流程为 OFF。

4）在流程 S0 中，SET S1 将所在的流程 S0 关闭，并将流程 S1 打开。

5）在流程 S0 中，ST S2 将流程 S2 打开，但不关闭流程 S0。

6）流程从 ON 变为 OFF 时，流程中所属的 OUT、PLS、PLF、不累计定时器等将置 OFF 或复位，SET、累计定时器等将保持原有状态。

7）ST 指令一般在程序需要同时运行多个流程时使用。

四、触点比较指令

1. 开始比较（LD）指令

（1）指令概述　触点比较指令用于执行数值的比较，对源操作数 S1、S2 的内容进行 BIN 比较，根据其结果来控制触点的通断，当条件满足时，导通触点，反之则断开。LD 指令是连接母线的开始比较指令。

（2）功能和动作　开始比较（LD）指令的功能见表 3-19。

表 3-19　开始比较指令功能表

16 位指令	32 位指令	导通条件	非导通条件
LD=	DLD=	（S1）=（S2）	（S1）≠（S2）
LD>	DLD>	（S1）>（S2）	（S1）≤（S2）
LD<	DLD<	（S1）<（S2）	（S1）≥（S2）
LD<>	DLD<>	（S1）≠（S2）	（S1）=（S2）
LD<=	DLD<=	（S1）≤（S2）	（S1）>（S2）
LD>=	DLD>=	（S1）≥（S2）	（S1）<（S2）

（3）指令说明

1）当源数据的最高位（16 位指令：b15，32 位：b31）为 1 时，将该数值作为负数进行比较。

2）32 位计数器的比较必须以 32 位指令来进行。若指定 16 位指令时，会导致程序出错或运算错误。

2. 串联比较（AND）指令

（1）指令概述　AND 指令是与其他接点串联的比较指令。

（2）功能和动作　串联比较（AND）指令的功能见表 3-20，示例如图 3-22 所示。

表 3-20　串联比较指令功能表

16 位指令	32 位指令	导通条件	非导通条件
AND=	DAND=	（S1）=（S2）	（S1）≠（S2）
AND>	DAND>	（S1）>（S2）	（S1）≤（S2）
AND<	DAND<	（S1）<（S2）	（S1）≥（S2）
AND<>	DAND<>	（S1）≠（S2）	（S1）=（S2）
AND<=	DAND<=	（S1）≤（S2）	（S1）>（S2）
AND>=	DAND>=	（S1）≥（S2）	（S1）<（S2）

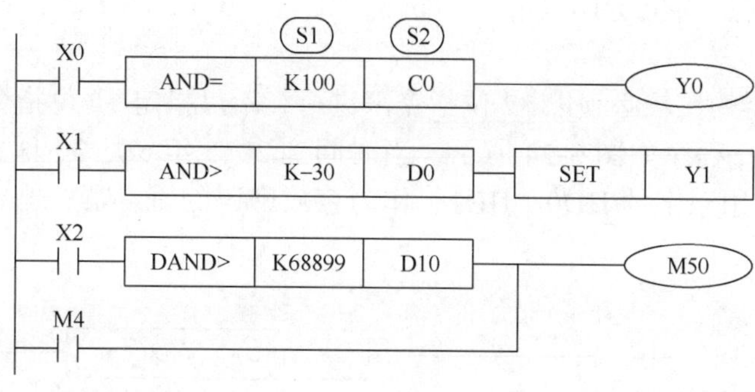

图 3-22　串联比较指令使用示例图

（3）注意事项

1）当源数据的最高位（16 位指令：b15，32 位：b31）为 1 时，将该数值作为负数进行比较。

2）32 位计数器的比较必须以 32 位指令来进行。若指定 16 位指令时，会导致程序出错或运算错误。

3. 并联比较（OR）指令

（1）指令概述　OR 指令是与其他接点并联的触点比较指令。

（2）功能和动作　并联比较（OR）指令的功能见表 3-21，示例如图 3-23 所示。

表 3-21　并联比较指令功能表

16 位指令	32 位指令	导通条件	非导通条件
OR=	DOR=	（S1）=（S2）	（S1）≠（S2）
OR>	DOR>	（S1）>（S2）	（S1）≤（S2）
OR<	DOR<	（S1）<（S2）	（S1）≥（S2）
OR<>	DOR<>	（S1）≠（S2）	（S1）=（S2）
OR<=	DOR<=	（S1）≤（S2）	（S1）>（S2）
OR>=	DOR>=	（S1）≥（S2）	（S1）<（S2）

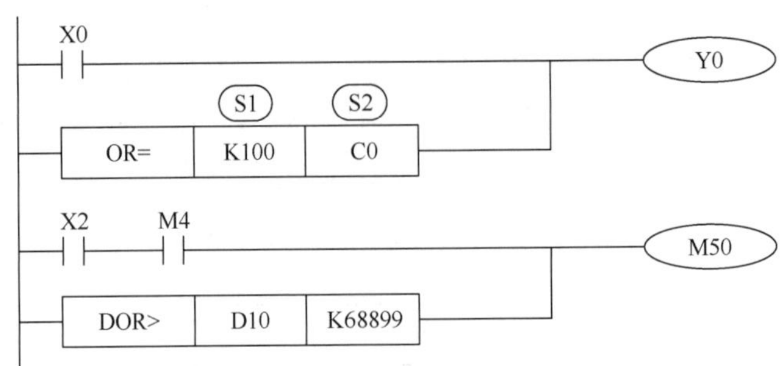

图 3-23 并联比较指令使用示例图

（3）注意事项

1）当源数据的最高位（16 位指令：b15，32 位：b31）为 1 时，将该数值作为负数进行比较。

2）32 位计数器的比较必须以 32 位指令来进行，不可指定 16 位指令形式。

（4）综合示例 程序如图 3-24 所示，当时间到 2015 年 6 月 30 日之后就禁止所有输出，1234 为密码，用双字的 HD0（HD1）作为存放密码的寄存器，当密码正确时恢复所有输出。

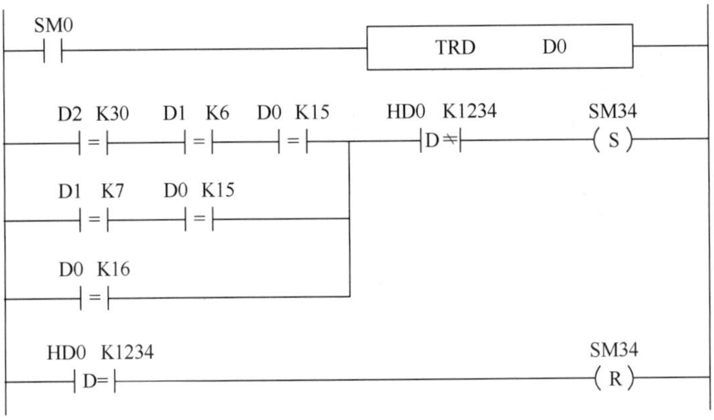

SM0 TRD D0
D2 K30 = D1 K6 = D0 K15 = HD0 K1234 D≠ SM34 (S)
D1 K7 = D0 K15 =
D0 K16 =
HD0 K1234 D= SM34 (R)

图 3-24 综合示例参考程序图

对应的指令表如下：

```
LD        SM0               //SM0 位常 ON 线圈
TRD   D0                    // 读取时钟信息存入 D0 ～ D6
LD>=      D2  K30           // 时钟日期大于或等于 30
AND>=     D1  K6            // 时钟月份大于或等于 6
AND>=     D0  K15           // 时钟年份大于或等于 15
LD>=      D1  K7            // 或者时钟月份大于或等于 7
AND>=     D0  K15           // 时钟年份大于或等于 15
ORB                         // 或者
OR>=      D0  K16           // 时钟年份大于或等于 16
DAND<>        HD0  K1234    // 当密码输入不等于 K1234 时
```

```
SET     SM34           // 置位 SM34，所有输出禁止
DLD=    HD0  K1234     // 当密码输入等于K1234时，则密码
                       // 正确
RST     SM34           // 复位 SM34，恢复所有输出
```

五、数据传送指令

1. 数据比较（CMP）指令

（1）指令概述　将指定的两个数据进行大小比较，并输出结果的指令。

（2）指令示例　数据比较（CMP）指令使用示例如图 3-25 所示。

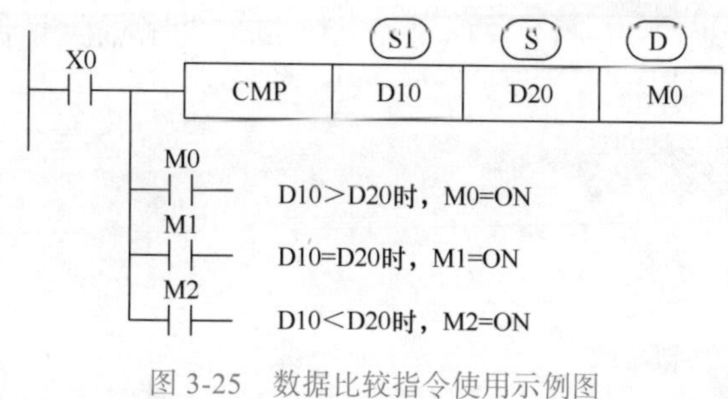

图 3-25　数据比较指令使用示例图

比较指令是将源操作数 S1 与 S 中的数据进行比较，比较结果影响目标操作数 D 的状态。当 X0=OFF 时，停止执行 CMP 指令，M0 ～ M2 仍然保持 X0 变为 OFF 以前的状态。当 X0=ON 时，S1 与 S 相比较，输出以 D 起始的 3 点位软元件 ON/OFF 状态，即如图 3-25 所 示， 当 D10>D20 时，M0=ON； 当 D10=D20 时，M1=ON， 当 D10<D20 时，M2=ON。

2. 数据区间比较（ZCP）指令

（1）指令概述　将一段区域的数据与当前数据进行大小比较，并输出结果的指令。

（2）指令示例　数据区间比较（ZCP）指令使用示例如图 3-26 所示。

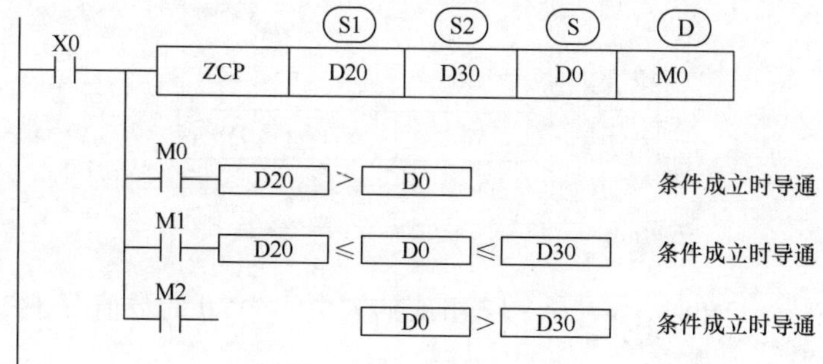

图 3-26　数据区间比较指令使用示例图

即使使用 X0=OFF 停止执行 ZCP 指令时，M0 ～ M2 仍然保持 X0 变为 OFF 以前的

状态；D20 的值必须要小于 D30。将 S1 的数据同上下两点位的数据进行比较，根据区域大小输出以 D 起始的 3 点位软元件 ON/OFF 状态。

3. 传送（MOV）指令

（1）指令概述　使指定软元件的数据照原样传送到其他软元件中，分 16 位和 32 位传送。

（2）指令示例　传送（MOV）指令示例如图 3-27 所示，定时器、计数器中的数据传送指令示例如图 3-28 所示。

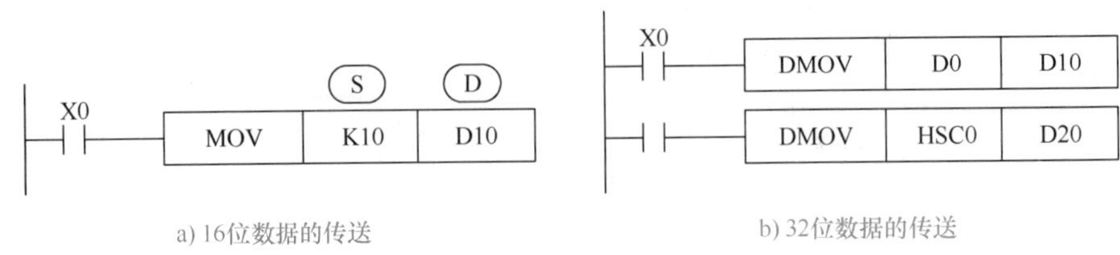

a) 16位数据的传送　　b) 32位数据的传送

图 3-27　传送指令示例图

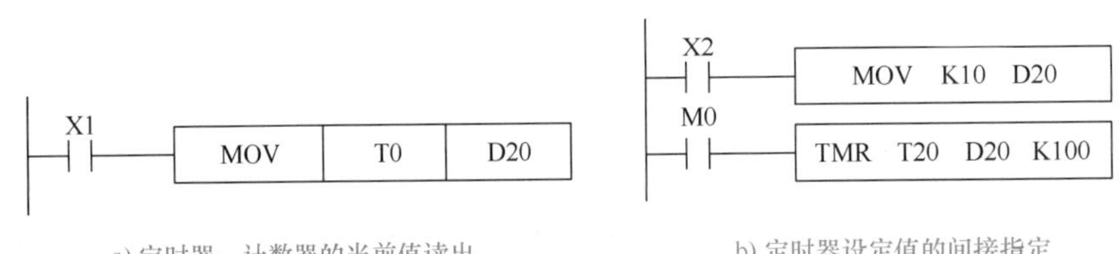

a) 定时器、计数器的当前值读出　　b) 定时器设定值的间接指定

图 3-28　定时器、计数器中数据传送指令示例图

指令说明：将源的内容向目标传送：X0 为 OFF 时，数据不变化；X0 为 ON 时，将常数 K10 传送到 D10。运算结果以 32 位输出的应用指令（MUL 等）、32 位数值或 32 位软元件的高速计数器当前值等数据的传送，必须使用 DMOV 指令。

（3）位软元件组合寄存器指令　一般有 16 位（由连续的 16 个位元件组合而成），支持组合成字的软元件有：X、Y、M、HM、S、HS、T、HT、C、HC。

格式如图 3-29 所示，在软元件前加 D，如 DM10，表示由 M10 ～ M25 组成的一个 16 位数。

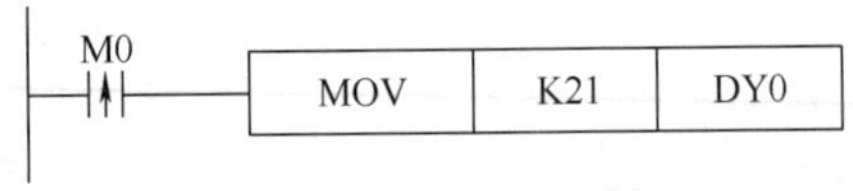

图 3-29　位软元件组合寄存器指令格式图

当 M0 由 OFF → ON 时，Y0 ～ Y17 组成的一个字 DY0 的数值等于 21，即 Y0、Y2、Y4 变为 ON 状态。

4. 区间复位（ZRST）指令

（1）指令概述　将指定范围中，同类的位或字软元件进行成批复位或清零的操作。

（2）指令示例　区间复位（ZRST）指令使用示例如图 3-30 所示。

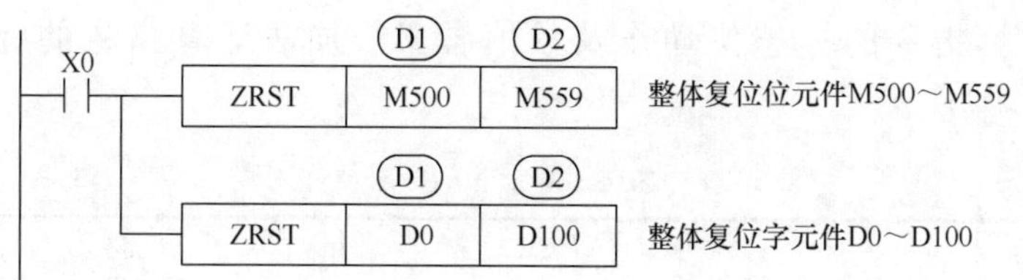

图 3-30　区间复位指令示例图

指令说明：

1）D1、D2 指定为同一种类的软元件，且编号 D1< 编号 D2。

2）当编号 D2> 编号 D1 时，不执行本批复位，同时置位 SM409，且 SD409=2。

3）作为软元件的单独复位指令，对于位元件 Y、M、HM、S、HS、T、HT、C、HC 和字元件 TD、HTD、CD、HCD、D、HD 可使用 RST 指令。

六、数据运算指令

1. 加法运算（ADD）指令

（1）指令概述　将源地址中两个数据进行二进制加法运算，并将结果送到指定目标地址中存储的指令。

（2）指令示例　加法运算（ADD）指令示例如图 3-31 和图 3-32 所示。

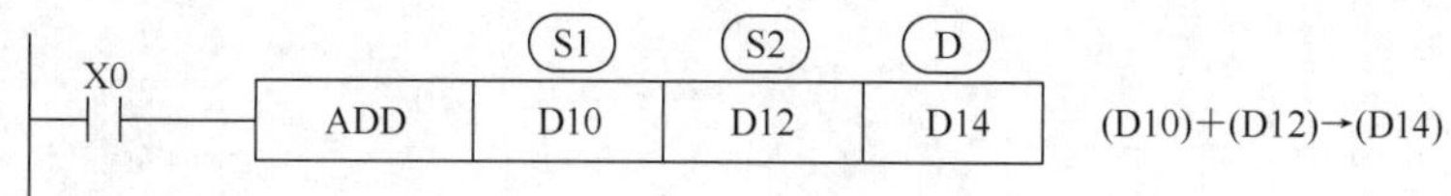

图 3-31　三个操作数的加法运算指令示例图

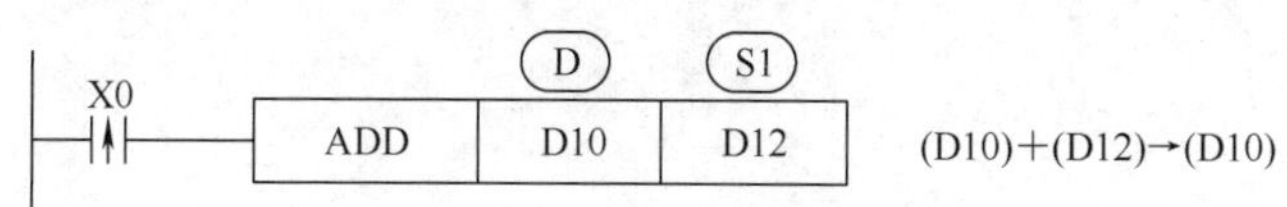

图 3-32　两个操作数的加法运算指令示例图

指令说明：

1）两个源数据进行二进制加法后传递到被加数地址处。各数据的最高位是正（0）、负（1）符号位，这些数据以代数形式进行加法运算，如 5+（−8）=−3。

2）运算结果为 0 时，0 标志会动作；如运算结果超过 32 767（16 位运算）或 2 147 483 647（32 位运算）时，进位标志会动作；如运算结果超过 −32 768（16 位运算）或 −2 147 483 648（32 位运算）时，借位标志会动作。

3）进行 32 位运算时，字软元件的低 16 位侧的软元件被指定，紧接着上述软元件编号后的软元件将作为高位，为了防止编号重复，建议将软元件指定为偶数编号。

4）上例中如果 X0 为常开，当输入 X0 为 ON 时，每个扫描周期都执行一次该指令，所以建议用上升沿或下降沿触发。可以将源操作数和目标操作数指定为相同的软元件编号。

（3）加法运算指令的标志位动作及数值含义　加法运算指令的标志位作用表见表 3-22。

表 3-22　加法运算指令的标志位作用表

软元件	名称	作用
SM20	零	ON：运算结果为 0 时 OFF：运算结果为 0 以外时
SM21	借位	ON：运算结果超出 −32 768（16 位运算）或 −2 147 483 648（32 位运算）时，借位标志位动作 OFF：运算结果不到 −32 768（16 位运算）或 −2 147 483 648（32 位运算）时
SM22	进位	ON：运算结果超出 32 767（16 位运算）或 2 147 483 647（32 位运算）时，进位标志位动作 OFF：运算结果不到 32 767（16 位运算）或 2 147 483 647（32 位运算）时

2. 减法运算（SUB）指令

（1）指令概述　将两个数据进行二进制减法运算，并对结果进行存储。

（2）指令示例　减法运算（SUB）指令示例如图 3-33、图 3-34 所示。

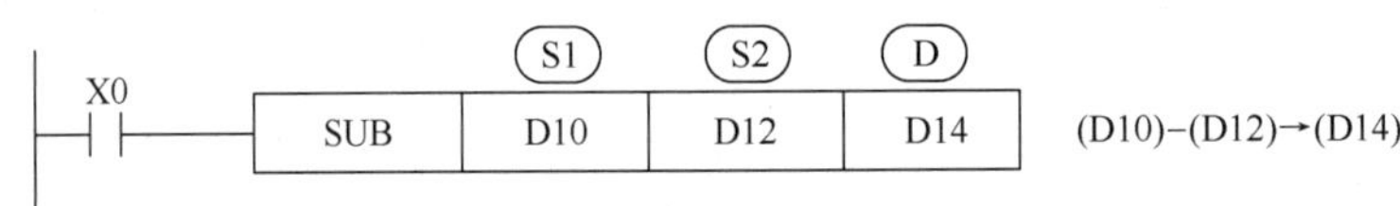

图 3-33　三个操作数的减法运算指令示例图

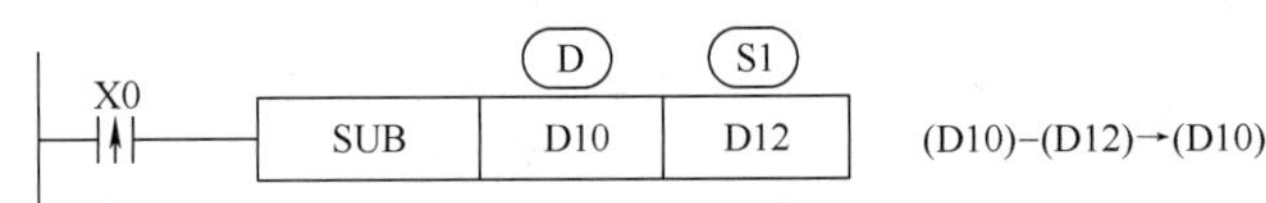

图 3-34　两个操作数的减法运算指令示例图

指令说明：

1）图 3-33 示例中，S1 指定的软元件的内容以代数形式减去 S2 指定的软元件的内容，其结果被存入由 D 指定的软元件中，如 5−（−8）=13。

2）图 3-33 示例中驱动输入 X0 为 ON 时，每个扫描周期都执行一次减法运算。

3）图 3-34 示例中，D 指定的软元件的内容以代数形式减去 S1 指定的软元件的内容，其结果被存入由 D 指定的软元件中。

4）图 3-34 示例中如果 X0 为常开，当输入 X0 为 ON 时，每个扫描周期都执行一次该指令，所以建议用上升沿或下降沿触发。

5）各种标志的动作、32 位运算软元件的指定方法等，均与 ADD 指令相同。

6）标志位的动作及作用参阅 ADD 指令相关内容。

3. 乘法运算（MUL）指令

（1）指令概述　将两个数据进行二进制乘法运算，并对结果进行存储。乘法指令分为 16 位和 32 位两种。

（2）指令示例 乘法运算（MUL）指令（16 位）使用示例如图 3-35 所示。

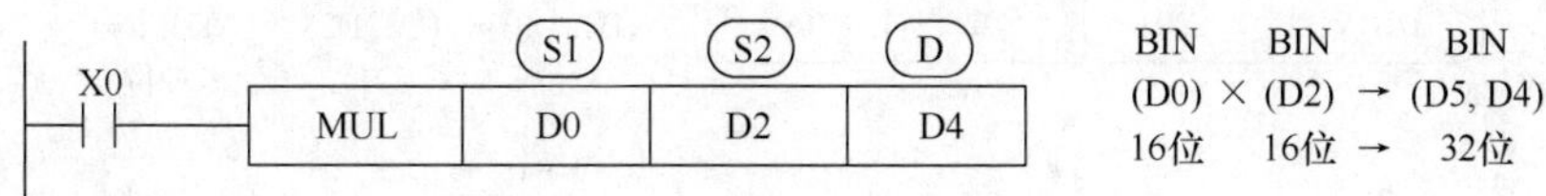

图 3-35 16 位的乘法运算指令使用示例图

指令说明：

1）各源指定的软元件内容的乘积以 32 位数据形式存入目标地址指定的软元件（低位）和紧接其后的软元件（高位）中。图 3-35 示例中：当（D0）=8、（D2）=9 时，（D5，D4）=72。

2）结果的最高位是正（0）、负（1）符号位。

3）要注意的是，驱动输入 X0 为 ON 时，每个扫描周期都执行一次乘法运算。

乘法运算指令（32 位）使用示例如图 3-36 所示。

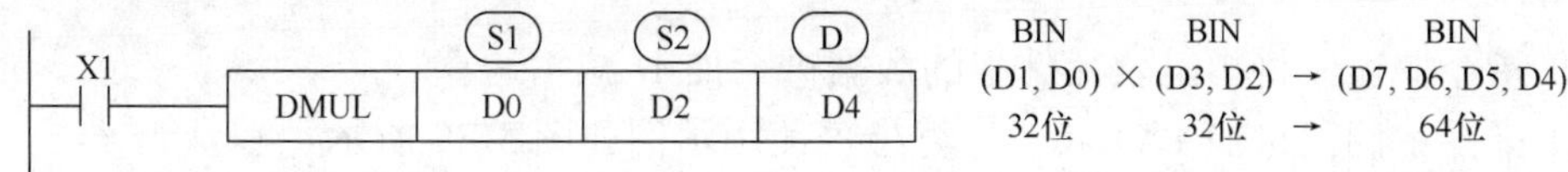

图 3-36 32 位的乘法运算指令使用示例图

指令说明：

1）在 32 位运算中，目标地址使用位软元件时，得到 64 位的结果（占用连续四个寄存器，注意请勿重复使用）。

2）在使用字元件时，也不能直接监视到 64 位数据的运算结果；这种情况下建议最好使用浮点运算。

4. 除法运算（DIV）指令

（1）指令概述 将两个数据进行二进制除法运算，并对结果进行存储。除法指令分为 16 位和 32 位两种。

（2）指令示例 除法运算（DIV）指令（16 位）使用示例如图 3-37 所示。

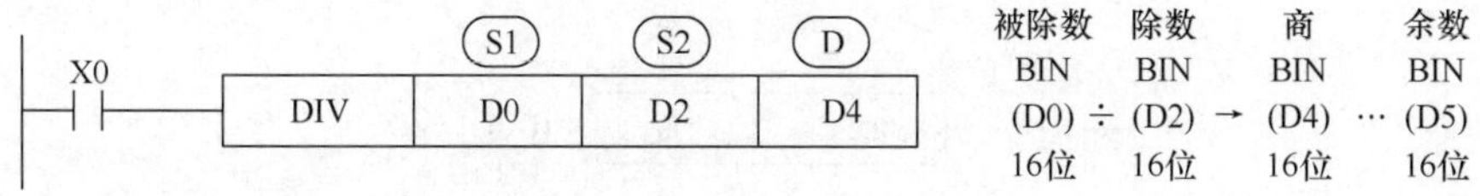

图 3-37 16 位的除法运算指令使用示例图

指令说明：

1）S1 指定软元件的内容是被除数，S2 指定软元件的内容是除数，D 指定的软元件和其下一个编号的软元件将存入商和余数。

2）要注意的是，驱动输入 X0 为 ON 时，每个扫描周期都执行一次除法运算。

除法运算指令（32 位）使用示例如图 3-38 所示。

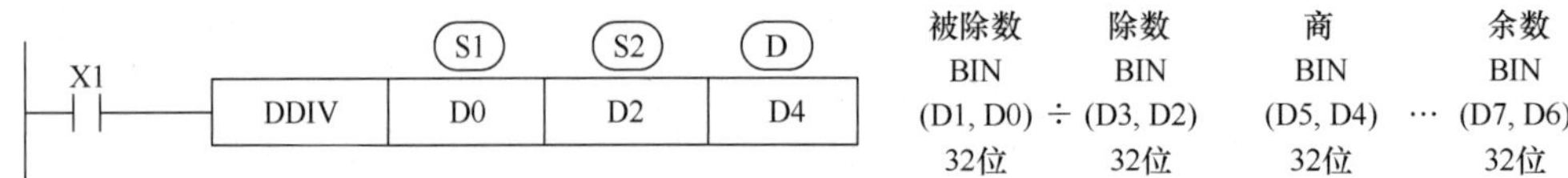

图 3-38　32 位的除法运算指令使用示例图

指令说明：

1）被除数内容由指定软元件和其下一个编号的软元件组合而成，除数内容由指定的软元件和其下一个编号的软元件组合而成，其商和余数如图 3-38 所示，存入与指定软元件相连接的 4 点软元件。

2）除数为 0 时发生运算错误，不能执行指令。

3）商和余数的最高位为正（0）、负（1）的符号位。当被除数或除数中的一方为负数时，商为负，当被除数为负时余数也为负。

5. 自加 1（INC）/ 自减 1（DEC）指令

（1）指令概述　将指定软元件中的数据进行加 1/ 减 1 运算。

（2）指令示例　自加 1（INC）运算指令使用示例如图 3-39 所示。

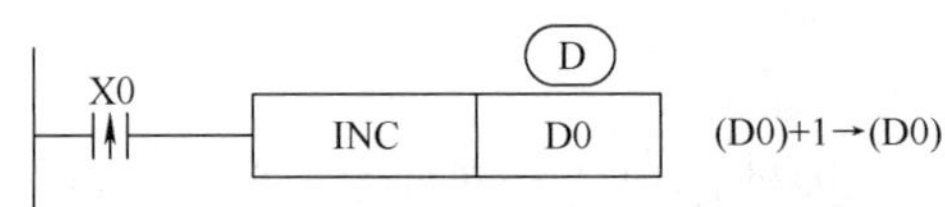

图 3-39　自加 1 运算指令使用示例图

指令说明：

1）X0 每置 ON 一次，指定的软元件的内容就加 1。

2）16 位运算时，如果 +32 767 加 1 则变为 –32 768，标志位动作；32 位运算时，如果 +2 147 483 647 加 1 则变为 –2 147 483 648，标志位动作。

自减 1 运算指令使用示例如图 3-40 所示。

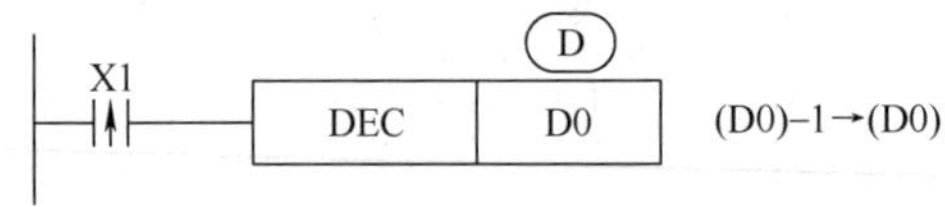

图 3-40　自减 1 运算指令使用示例图

指令说明：

1）X1 每置 ON 一次，指定的软元件的内容就减 1。

2）–32 768 或 –2 147 483 648 减 1，则为 +32 767 或 +2 147 483 647，标志位动作。

3）边沿指令触发时，每触发一次执行一次自加 / 自减运算；如果是常开 / 常闭触发，则导通后每个扫描周期都会执行一次自加 / 自减运算。

3.2 人机界面基础编程

打开人机界面编辑软件 TouchWin，新建工程，软件界面如图 3-41 所示。

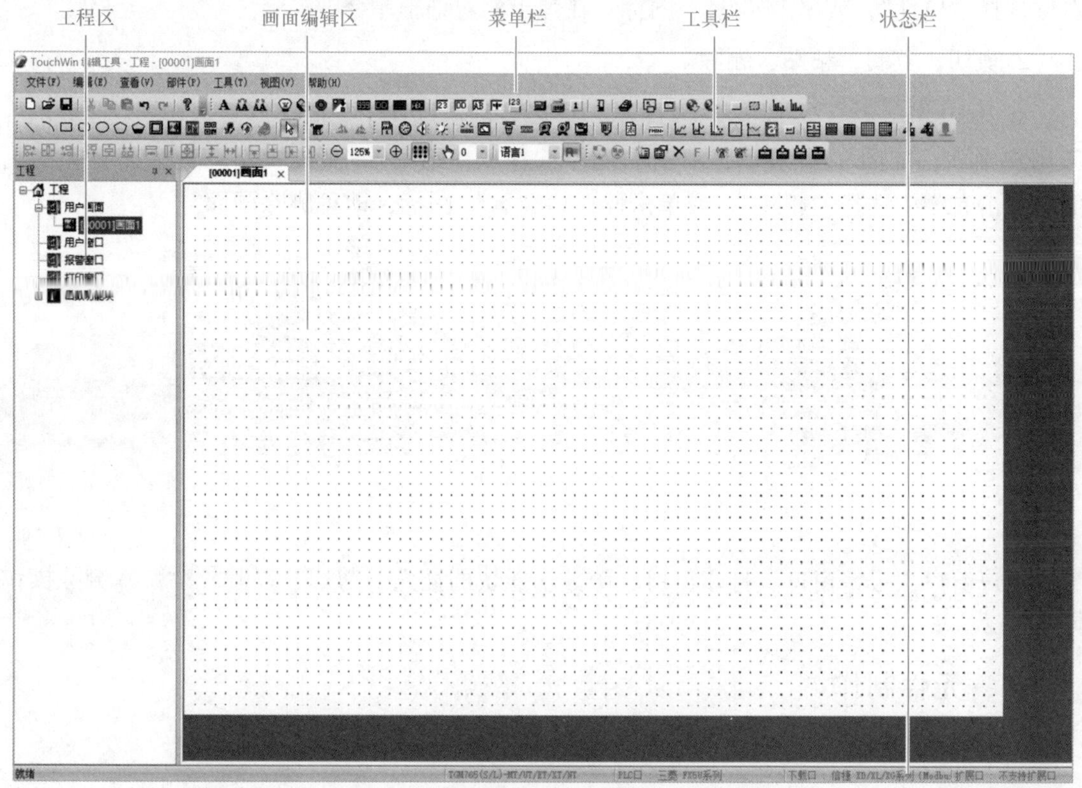

图 3-41 TouchWin 软件界面图

一、画面编辑

画面编辑主要对画面、窗口、报警、打印、函数功能块做添加、剪切、复制、粘贴、删除操作。

1. 添加

选中工程区“用户画面”，单击右键选择“添加”，如图 3-42 所示，或单击工具栏“”图标，即会弹出如图 3-43 所示属性对话框。

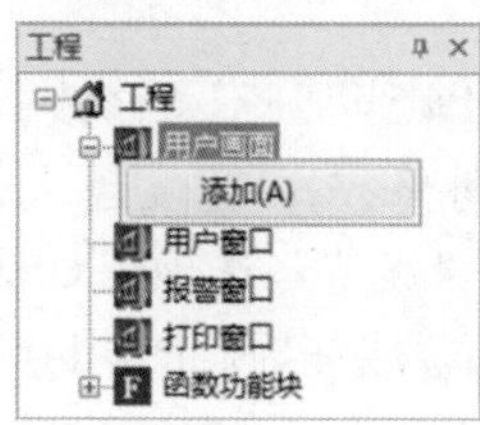

图 3-42 用户画面框图

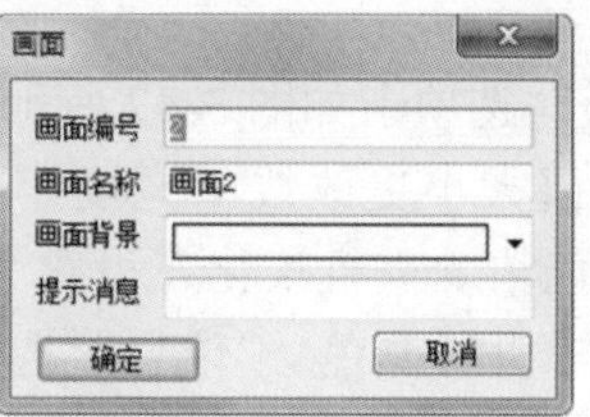

图 3-43 画面属性对话框

“画面编号”为已添加画面序列号，单击“确定”后，画面编号不能更改；“画面名称”“画面背景”可根据用户需要修改；“提示信息”可输入相关画面注释信息。

当画面属性要进行修改时，可选中“工程区 / 对象画面号”，直接双击左键；或单击右键选择“属性”；或单击“ ”图标。在弹出的对话框中修改。

2. 剪切、复制、粘贴、删除

选中“ 2: 画面2”，如图 3-44 所示，单击右键，选择“复制”或“剪切”；选中工程区用户画面，如图 3-45 所示，单击右键，选择“粘贴”，即完成操作。选中要删除的画面，单击右键，选择“删除”；或单击操作栏“ ”图标，即可删除画面。

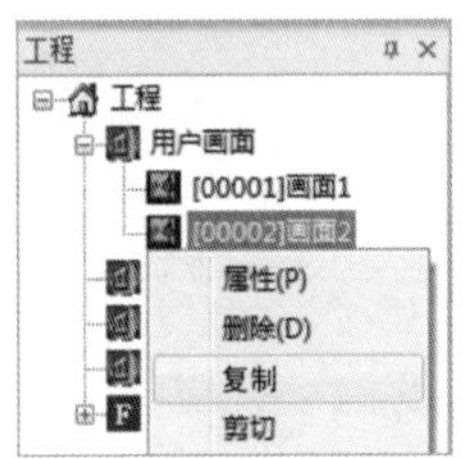

图 3-44　工程区用户画面复制框图

图 3-45　工程区用户画面粘贴框图

用户窗口、报警窗口、打印窗口、函数功能块的插入、剪切、复制、粘贴、删除操作同上。

二、元件制作

1. 线

1）单击菜单栏“工具（T）/ 线段（L）”或工具栏“ ”图标，在起点处单击左键并按住不放，拖动光标移至终点，释放左键，完成线的绘制，图 3-46 为线操作轨迹图。操作过程中如需取消操作，请单击“ESC”键或单击右键即可。

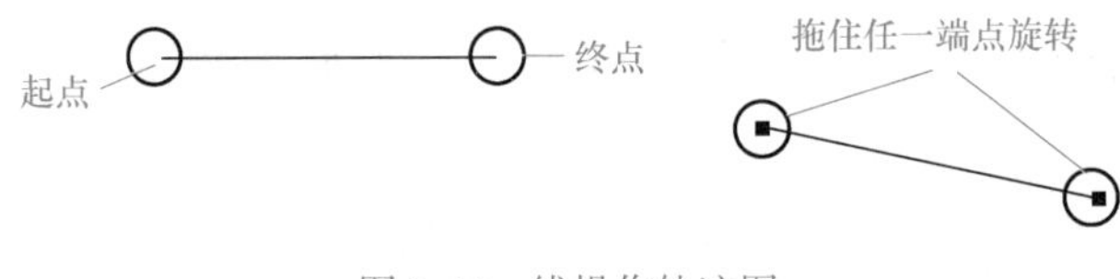

图 3-46　线操作轨迹图

2）双击“线”，或选中“线”后单击右键，选择“属性”，或通过“ ”按钮进行属性设置。

“线条”选项卡如图 3-47 所示，“线条样式”默认为“实线”，不可修改；“线条粗细”可依据数值大小更改线条宽度，数值越大（0 ～ 255 之间整数），宽度越大；“淡化”可对线的颜色浓度进行淡化，设置为 100 时淡化为纯白色。“颜色”选项卡如图 3-48 所示，可根据需求设置颜色。“位置”选项卡如图 3-49 所示，“位置”以画面左上点为坐标原点（0,0），设置线 X、Y 坐标值；“大小”设置线宽度和高度；“动画”设置线横向或纵向移动；勾选“锁定”时线不可移动。

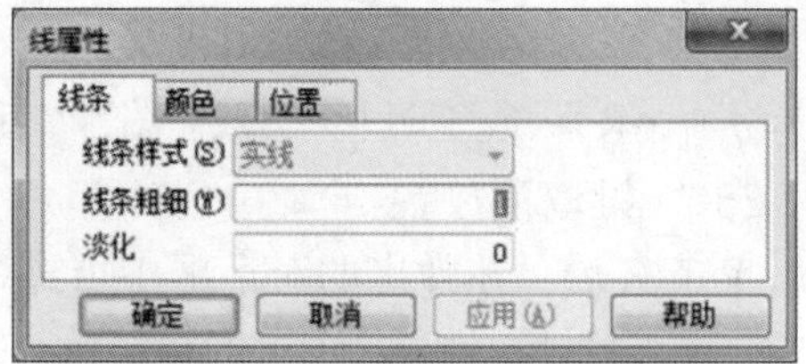

图 3-47　线属性“线条”选项卡

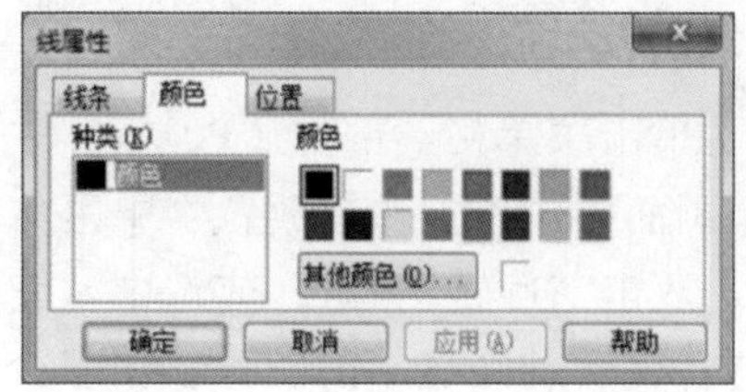

图 3-48　线属性“颜色”选项卡

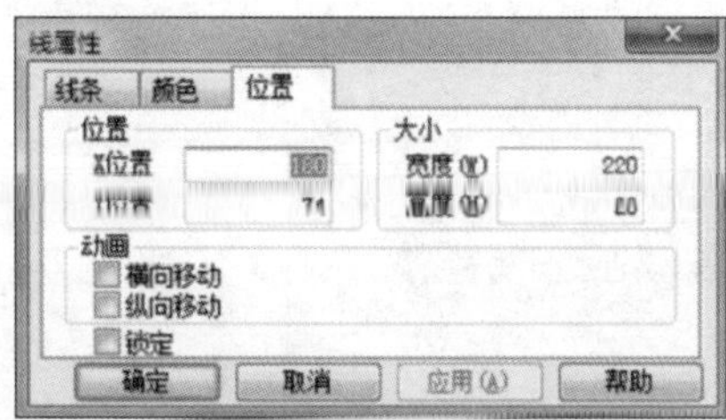

图 3-49　线属性“位置”选项卡

2. 插入图片

1）单击菜单栏“工具（T）/ 图片（M）”或工具栏“”图标，光标为十字后，按下左键，在当前画面拉出一个矩形，即打开了插入路径窗口，如图 3-50 所示。

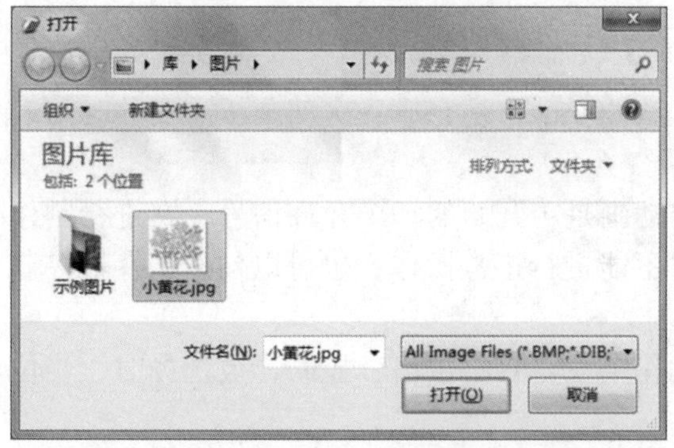

图 3-50　打开插入路径窗口

2）选中目标显示图片（目前支持 BMP 与 JPEG 格式图片），单击“打开”按钮，或直接双击目标图片，图片将自动被添加到当前画面，图片的大小和位置可以自由拖动，如图 3-51 所示。

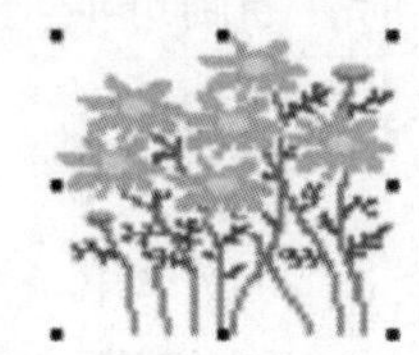

图 3-51　图片小黄花设置图

3. 旋转动画

1）单击菜单栏“部件（P）/ 动画（A）/ 旋转动画（R）”或工具栏“ ”图标，移动光标至画面中，单击左键放置，单击右键或按下 <ESC> 键取消放置。

2）双击“旋转动画”，或选中“旋转动画”后单击右键，在弹出的对话框中可进行属性设置。旋转动画显示的图片，由多个图片组成。“动画素材”选项卡如图 3-52 所示，可添加、修改、删除、移动、预览指定图片。

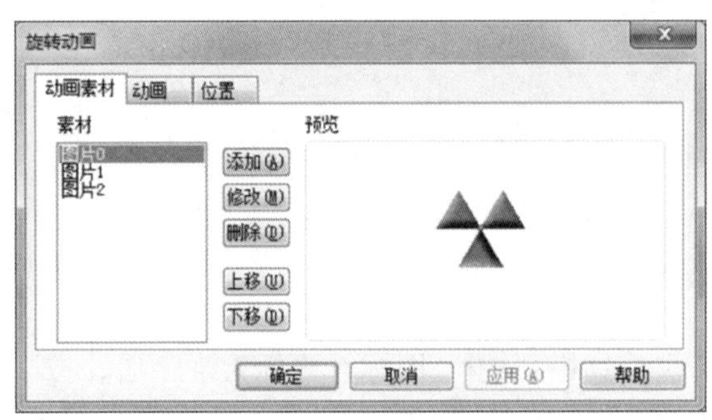

图 3-52 “动画素材”选项卡

图 3-53 “动画”选项卡

“动画”选项卡如图 3-53 所示。

①“周期时间”默认 800ms，是完成一次动画所需要的时间，可设置为常数或通过寄存器指定。

②“许可”是决定动画是否开始的一个允许信号，在进行制作时，一定要保持被选中状态，否则旋转动画将不能进行正常操作；也可以勾选寄存器控制，那么只有对应的线圈为 ON 时动画才动作。

③“复位”选择动作结束是否由位信号控制，被选择时，当位信号上升沿来临时，动画就会从头开始进行。

④“离散值”按照自己设定的顺序变换动画素材中的图片。

⑤“连续值”按照动画素材中图片的默认顺序一张张切换图片。

⑥“单程模式”图片按由第一张到最后一张模式循环显示。

⑦“往返模式”图片按由第一张到最后一张、由最后一张到第一张循环显示。

⑧“重复”切换图片之间是否为循环进行。

⑨“线圈控制”线圈为 ON 状态时，动画可见，反之线圈为 OFF 状态时，动画隐形不可见。

4. 文字串

1）单击菜单栏“部件（P）/ 文字（T）/ 文字串（T）”或工具栏 **A** 图标，移动光标至画面中，单击左键放置，单击右键或按 <ESC> 键取消放置。通过边界点进行文字串边框长度、高度的修改。

2）双击“文字串”，或选中“文字串”后右击，选择“属性”可进行属性设置。

“显示”选项卡如图 3-54 所示，输入显示文字串内容，字体、外观、对齐方式根据用户要求设置；若勾选“线圈控制”，当线圈置 ON 时显示文字串，当线圈置 OFF 时不显示。

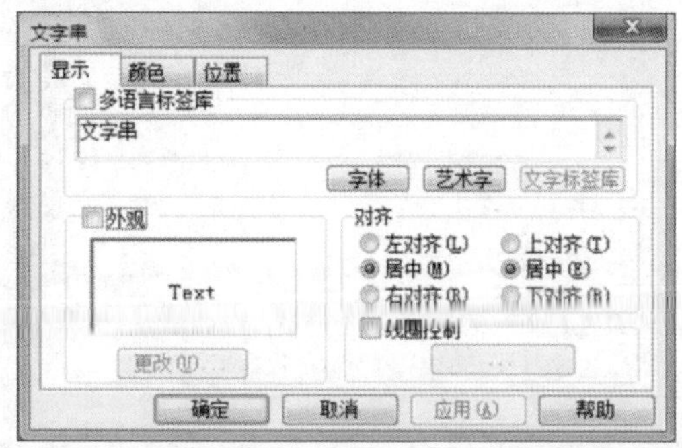

图 3-54　文字串属性“显示”选项卡

5. 指示灯

1）单击菜单栏“部件（P）/ 操作键（O）/ 指示灯（L）”或工具栏“”图标，移动光标至画面中，单击左键放置，单击右键或按 <ESC> 键取消放置。

2）双击“指示灯”或选中“指示灯”后右击，选择“属性”可进行属性设置。

“对象”选项卡如图 3-55 所示，“设备”选择当前进行通信的设备口；“对象”设置指示灯的触发信号对象类型以及地址号。“闪烁”选项卡如图 3-56 所示，可设置不闪烁、ON 状态闪烁、OFF 状态闪烁以及闪烁时的速度。

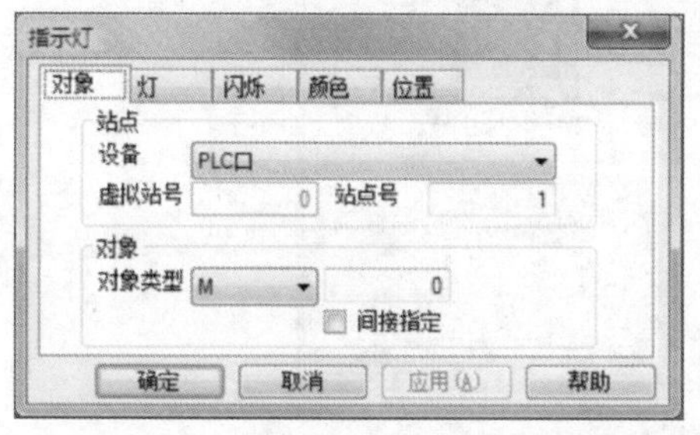

图 3-55　指示灯属性“对象”选项卡

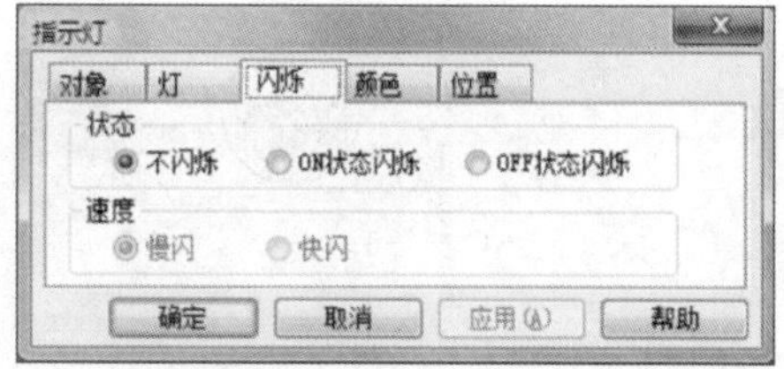

图 3-56　指示灯属性“闪烁”选项卡

“灯”选项卡如图 3-57 所示，根据用户需要设置指示灯 ON 状态、OFF 状态时的外观，可以通过“更换外观”修改指示灯外观，属于软件自带的图库，用户可以自行选择；“自定义外观”是打开素材库修改指示灯外观，属于用户定义的图库，ON 状态和 OFF 状态需分别设置；“保存外观”可存储指示灯外观，方便在做程序的时候使用。若勾选“线圈控制”，当线圈置 ON 时显示指示灯，当线圈置 OFF 时不显示。

图 3-57　指示灯属性“灯”选项卡

例：指示灯属性“外观”设置框图如图 3-58 所示，ON 状态设为红色，OFF 状态设为绿色。选择“保存外观”系统会弹出保存路径窗口，保存在库 4，名称为 test，其他指示灯选择“更换外观”，也可以选择该图库，如图 3-59 所示。

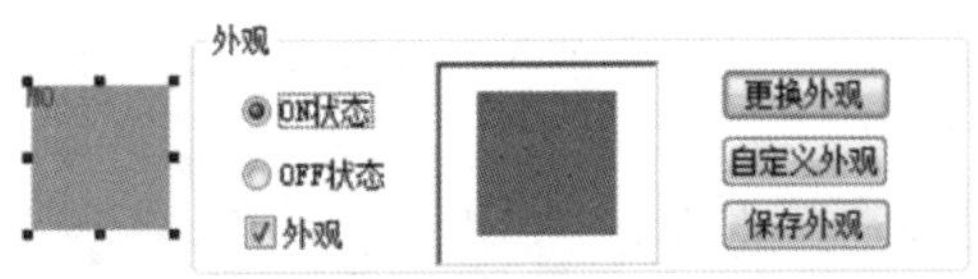

图 3-58　指示灯属性“外观”设置框图

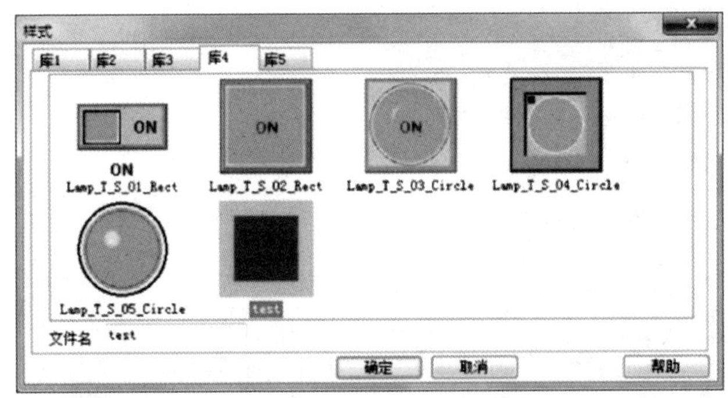

图 3-59　外观“样式”设置框图

6. 按钮

1）单击菜单栏“部件（P）/ 操作键（O）/ 按钮（B）”或工具栏“ ”图标，移动光标至画面中，单击左键放置，单击右键或按 <ESC> 键取消放置。

2）双击“按钮”，或选中“按钮”后右击选择“属性”可进行属性设置。“对象”选项卡如图 3-60 所示，“设备”选择当前进行通信的设备口；“对象”设置按钮的触发信号对象类型以及地址号。

“操作”选项卡如图 3-61 所示，设置动作，“置 ON”将控制线圈置逻辑 1 状态；“置

OFF”将控制线圈置逻辑 0 状态；“取反”将控制线圈置相反状态；“瞬时 ON”按键按下时线圈为逻辑 1 状态，释放时线圈为逻辑 0 状态。

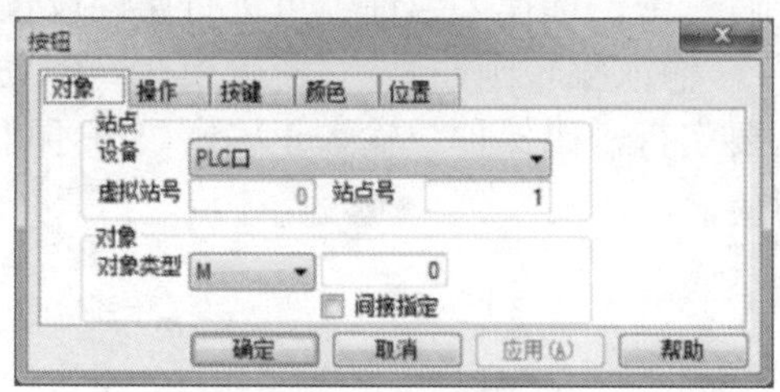

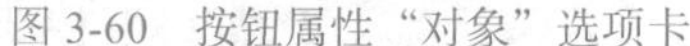

图 3-60　按钮属性“对象”选项卡

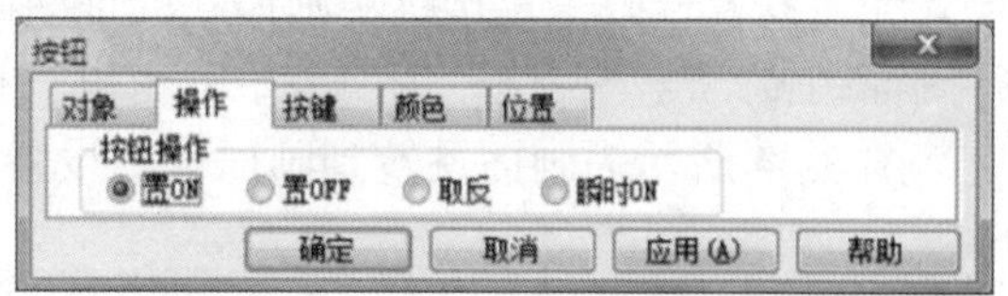

图 3-61　按钮属性“操作”选项卡

“按键”选项卡如图 3-62 所示，“文字”可修改按钮文字内容和字体，可设置是否使用多语言显示；勾选“显示控制”，当该线圈置 ON 时，显示按钮；若勾选“使能控制”，该线圈置 ON 时，按钮不可以被使用；“延时”可设置延时时间，当按钮被按下到延时时间按钮作用，否则视为无效，按钮无作用；若勾选“寄存器”可通过寄存器修改延时时间。“按键隐形”设置按键运行时是否可见，勾选此选项，按钮外观、文字禁止操作；按钮正常或按下时的外观可根据用户需要更换外观或自定义外观。

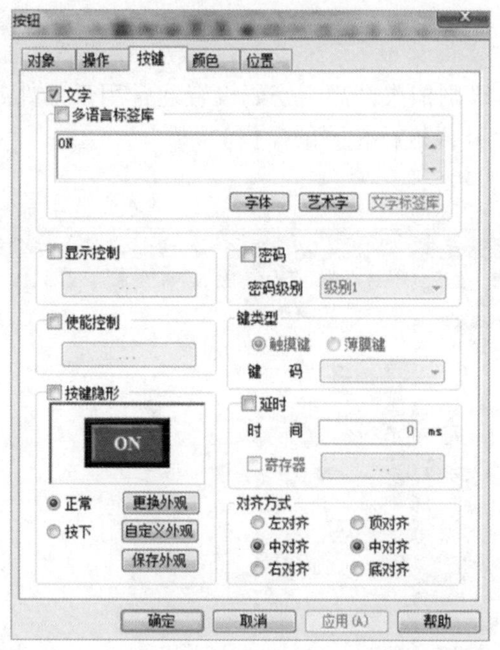

图 3-62　按钮属性“按键”选项卡

注意：按钮元件只可以对开关量进行位操作，不可以显示操作后的位状态，如果既要控制又要显示状态，可以换用指示灯按钮元件。

7. 画面跳转

此部件用于实现不同画面之间的跳转功能，同时可进行跳转权限设置。

1）单击菜单栏“部件（P）/ 操作键（O）/ 画面跳转（J）”或工具栏“”图标，移动光标至画面中，单击左键放置，单击右键或按 <ESC> 键取消放置。

2）双击“画面跳转”，或选中“画面跳转”后右击，选择“属性”可进行属性设置。

“操作”选项卡如图 3-63 所示，“跳转画面号”输入跳转画面号。“密码模式”中登录模式无需设置权限，直接跳转画面；验证模式需要实行密码保护，输入正确密码后才可进行画面跳转，与“按键”选项卡中“密码”相对应。

图 3-64 所示为画面跳转到画面 2 的设置。

图 3-63 “操作”选项卡

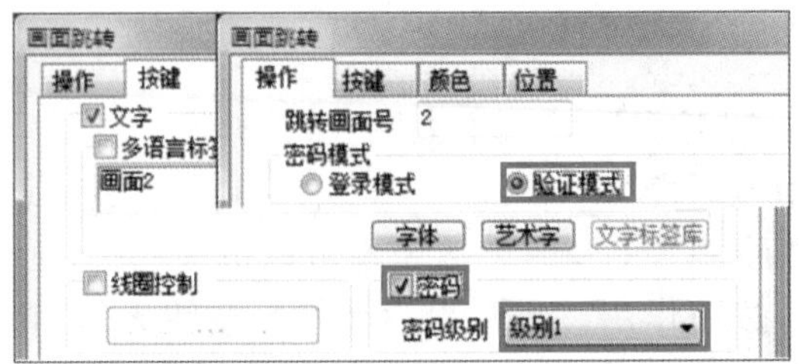

图 3-64 画面 2 设置

密码、级别设置在“文件菜单 / 系统设置 / 参数”中设置。如图 3-65 所示，工程密码共可设 9 个级别，1 至 9 级别依次升高，密码设置通常用于部件或画面的隐藏、加密，只有正确输入密码时才能打开或进行相关的操作。

图 3-65 密码、级别设置框图

“按键”选项卡如图 3-66 所示，设置方法同“按钮 / 按键”的设置。

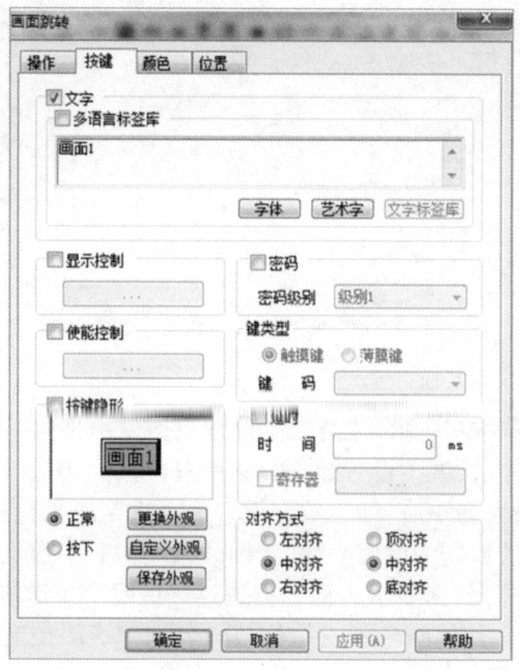

图 3-66 “按键”选项卡

设置完成后，模拟执行时按下画面跳转按钮，系统会弹出数字小键盘，如图 3-67 所示，正确输入对应级别密码后，方可跳转到设定画面。

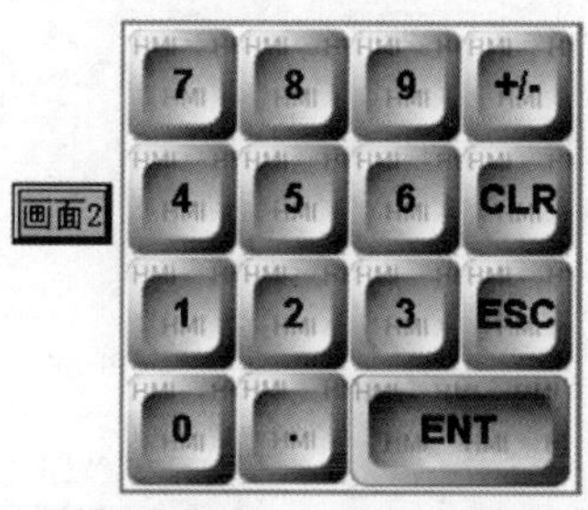

图 3-67　数字小键盘

8. 数据显示

实现对象寄存器的数值内容的显示。

1）单击菜单栏“部件（P）/ 显示（D）/ 数据显示（D）”或工具栏“999”图标，移动光标至画面中，单击左键放置，单击右键或按 <ESC> 键取消放置。

2）双击“数据显示”，或选中“数据显示”后右击，选择“属性”可进行属性设置。

“对象”选项卡如图 3-68 所示，“设备”选择当前进行通信的设备口；“对象”设置数据显示对象类型以及地址号；“数据类型”为单字（Word）或双字（DWord），浮点数必须设置数据类型为双字。

图 3-68 数据显示属性“对象”选项卡

“显示”选项卡如图 3-69 所示，“类型”设置数据显示格式，可以是十进制、十六进制、浮点数和无符号数。“长度”设置数据显示的总位数和小数位长度，单字位数最大为 5，双字整数部分位数最大为 10；如果数据设置为十进制或无符号数，并设置了小数位，那么显示在人机界面上的数据为“假小数”，即数据显示有小数位，但被缩小了小数位数倍。“外观”设置是否需要数据显示边框，可通过“更改”按键进行外观修改；选择库 1 的外观，除文字颜色外，其他颜色不支持修改；勾选“线圈控制”，当该线圈置 ON 时，显示数据显示。

图 3-69 数据显示属性“显示”选项卡

例：设置 D0 为单字无符号数，数据位数为 5，小数位为 2，通信设备中的实际数值是 12345，在人机界面上会显示 123.45。

“比例转换”显示数据由寄存器中的原始数据经过换算后所获得，选择此项功能需设数据源和输出结果的上下限，上下限可以为常数，也可以由数据寄存器指定；数据源为下位通信设备中的数据，结果为经过比例转换后显示在人机界面上的数据。

计算公式：比例转换后结果 $= \dfrac{B1-B2}{A1-A2} \times$（数据源数据 $-A2$）$+ B2$

注意：比例转换后结果类型为十进制或无符号数时，四舍五入；十进制转无符号数时，显示格式必须设置为十进制；数据做比例转换时，请先设置好上下限，再输入待转换数据。

9. 数据输入

通过数字小键盘实现数据输入功能。

1）单击菜单栏“部件（P）/ 输入（I）/ 数据输入（I）”或工具栏“23”图标，移动光标至画面中，单击左键放置，单击右键或按 <ESC> 键取消放置。

2）双击“数据输入”，或选中“数据输入”后右击，选择“属性”可进行属性设置。

“对象”选项卡如图 3-70 所示，操作对象的设备、对象类型、数据类型设置方法同“数据显示 / 对象”参数设置，勾选“监控对象”时，数据输入框显示寄存器数据值，可选择监控目标的设备站点号及对象类型；未勾选时，默认为显示对象与操作对象一致，不可修改。

图 3-70　数据输入属性“对象”选项卡

“显示”选项卡如图 3-71 所示，设置方法同“数据显示 / 显示”参数设置。

例：设置 D0 为单字无符号数，数据位数为 5，小数位为 2，在人机界面上输入 123.45，在通信设备中实际监控到的数值是 12345。

“转换”选项卡设置如图 3-72 所示。

输入比例转换——输入数据由操作对象寄存器中的原始数据经过换算后所获得，选择此项功能需设定数据源和输出结果的上下限，上下限可以为常数，也可以由寄存器指定；数据源为人机界面上输入的数据，结果为经过比例转换后写入下位通信设备中的数据。

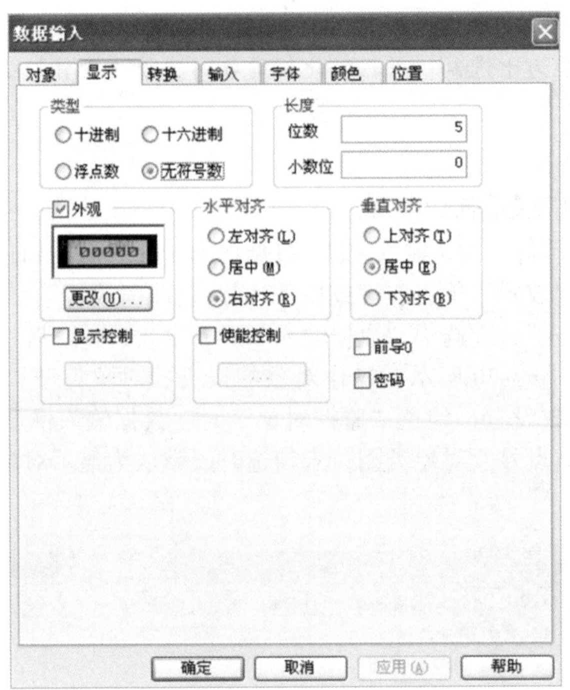

图 3-71 数据输入属性“显示”选项卡

显示比例转换——显示数据由监控对象寄存器中的原始数据经过换算后所获得，选择此项功能需设定数据源和输出结果的上下限，上下限可以为常数，也可以由寄存器指定；数据源为下位通信设备中的数据，结果为经过比例转换后显示在人机界面上的数据。

计算公式：比例转换后结果 = $\dfrac{B1-B2}{A1-A2}$ ×（数据源数据 −A2）+ B2

图 3-72 数据输入属性“转换”选项卡

“输入”选项卡如图 3-73 所示，可设置数据输入是否需要密码保护，及数据输入的上 / 下限。

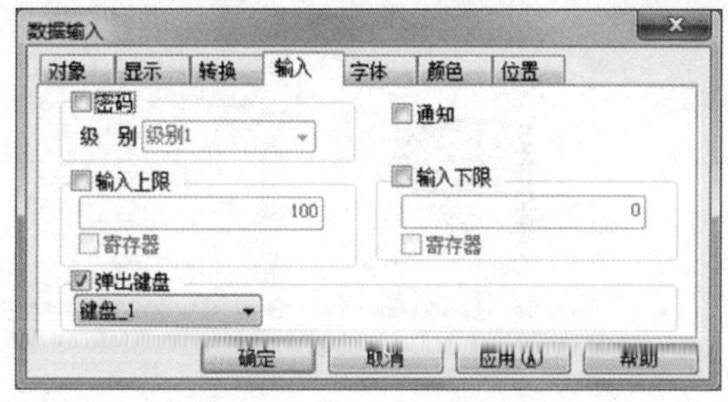

图 3-73　数据输入属性“输入”选项卡

三、简单工程制作

前面学了信捷触摸屏与信捷 PLC 的通信，现在以信捷 XDH–60T4 PLC 通信做一个简单的小工程。

例：有一 PLC 与触摸屏组成的电动机正反转控制系统，当按下起动按钮后，电动机先正转若干秒，再反转运行若干秒，如此循环，按下停止按钮电动机停止运行。电动机正转时间和反转时间可以通过触摸屏进行设置，设置时间上限为 60s，触摸屏上可显示电动机运行时间（单位：s）。电动机正反转触摸屏与 PLC 数据链接对照表见表 3-23。

表 3-23　电动机正反转触摸屏与 PLC 数据链接对照表

输入信号		输出信号	
起动按钮	M0	电动机正转	M10
停止按钮	M1	电动机反转	M11

根据任务要求得知，触摸屏上需要的部件有：按钮 2 个（起动、停止），指示灯 2 个（电动机正转、电动机反转），一个时间设置输入框，一个时间显示框，以及若干文本注释框。

以下为触摸屏编程过程。

1. 起动、停止按钮

1）单击工具栏“ ”图标，移动光标至画面中，单击左键放置。

2）双击“按钮”或选中“按钮”后右击选择“属性”进行属性设置。“对象”中“设备”选择“信捷 PLC”，对象类型及地址选择“M0”；“操作”选择“瞬时 ON”；“按键”根据需求设置按钮外观，此处按钮文字内容为“起动按钮”；设置完成单击“确定”按钮，如图 3-74 所示。

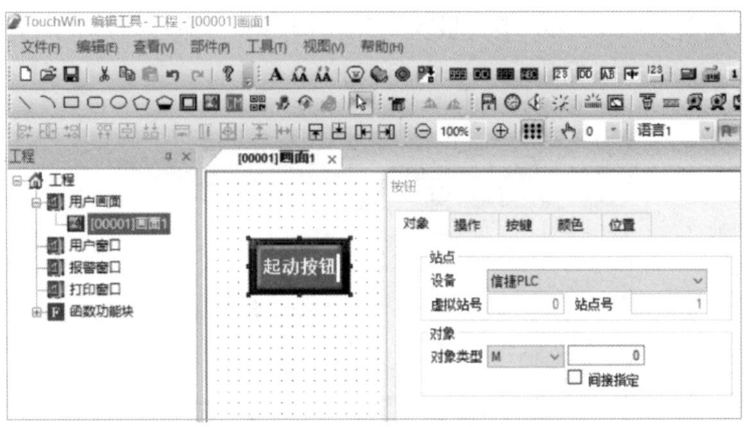

图 3-74　起动按钮设置框图

3）重复步骤 1）、2），制作停止按钮，对象类型及地址选择“M1”。

2. 正、反转指示灯

1）单击工具栏“”图标，移动光标至画面中，单击左键放置，如图 3-75 所示。

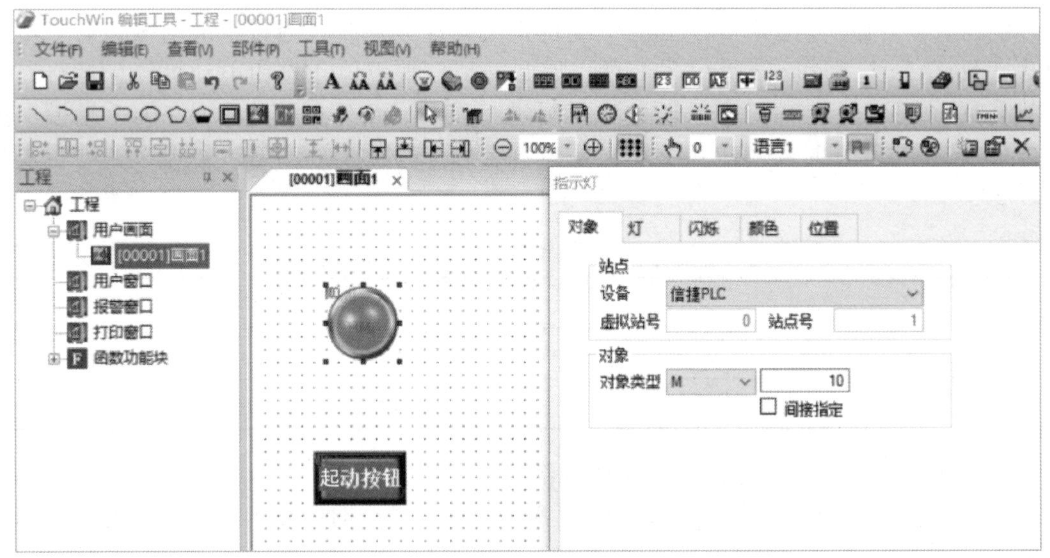

图 3-75　正转指示灯设置框图

2）双击“指示灯”或选中“指示灯”后右击，选择“属性”进行属性设置。“对象”设备选择“信捷 PLC”；对象类型及地址选择“M10”；“灯”根据需求设置外观；“闪烁”选择“不闪烁”；设置完成单击“确定”按钮。

3）重复步骤 1）、2），制作电动机反转指示灯，对象类型及地址选择“M11”。

3. 文本注释

1）单击工具栏“A”图标，移动光标至画面中，单击左键放置。通过边界点进行文字串边框长度、高度的修改。

2）双击“文字串”或选中“文字串”后右击，选择“属性”进行属性设置。“显示”文字串内容设置如图 3-76 所示，内容为“电动机正转”，文字修改设置如图 3-77 所示，字体为宋体、常规、小四。

图 3-76　文字串内容设置框图

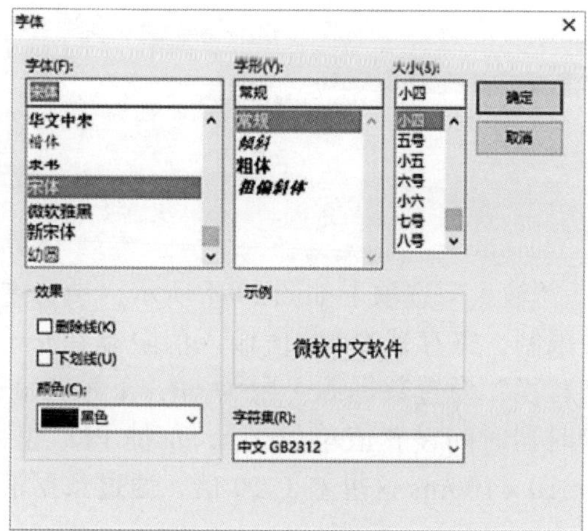

图 3-77　文字修改设置框图

3）设置完成，单击“确定”按钮，如图 3-78 所示。

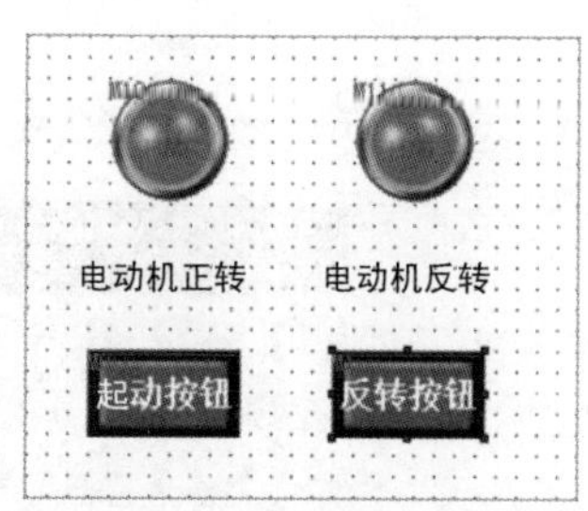

图 3-78　按钮、指示灯、文字设置图

4. 电动机运行定时时间设置

1）单击工具栏“23”图标，移动光标至画面中，单击左键放置。

2）双击“数据输入”或选中“数据输入”后右击，选择“属性”进行设置。

“对象”选项卡如图 3-79 所示，“设备”选择“信捷 PLC”，“对象类型”选择“D0”，“数据类型”为“Word”。“显示”选项卡如图 3-80 所示，“类型”选择“十进制”。

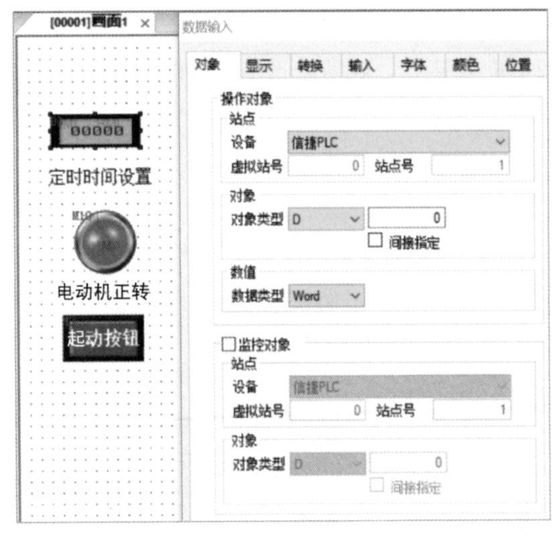

图 3-79　定时时间“对象”选项卡

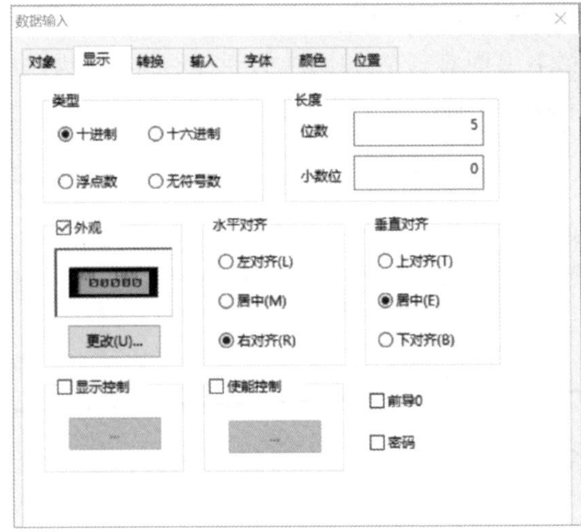

图 3-80　定时时间“显示”选项卡

“输入”选项卡如图 3-81 所示，设置定时器时间上限为 60s，在触摸屏数据输入里面做限制，寄存器 D0 数值输入值限制在 0 ～ 60。“转换”选项卡如图 3-82 所示，“输入比例转换”设置数据源上限为 60，下限为 0；结果上限为 600，下限为 0；因为触摸屏上定时器时间设置值单位是 s，信捷 PLC 里“ TRM T0 D0 K100”中的 K100 代表 100ms，1s=10 × 100ms 这里差了 10 倍，通过数据输入比例转换实现数据输入的变化。

图 3-81　“输入”选项卡

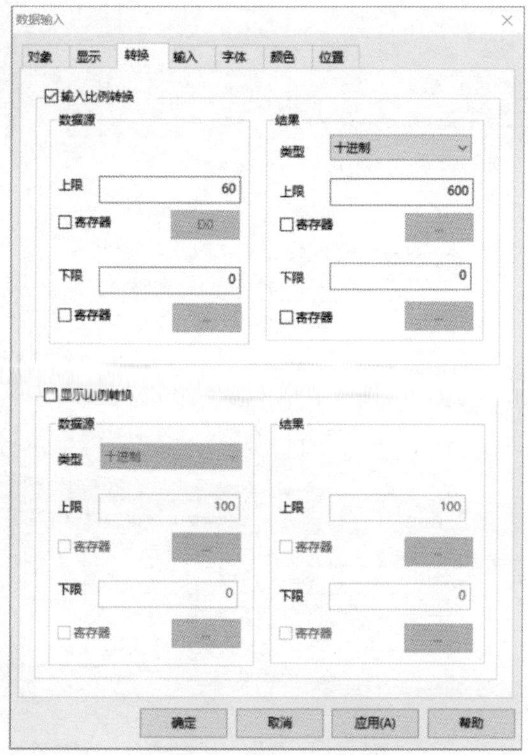

图 3-82　“转换”选项卡

5. 电动机运行时间显示

1）单击工具栏“999”图标，移动光标至画面中，单击左键放置。

2）双击“数据输入”或选中“数据输入”后右击，选择“属性”进行设置。

“对象”选项卡如图 3-83 所示，“设备”选择“信捷 PLC”，对象类型及地址选择“TD0”，数据类型选“Word”。

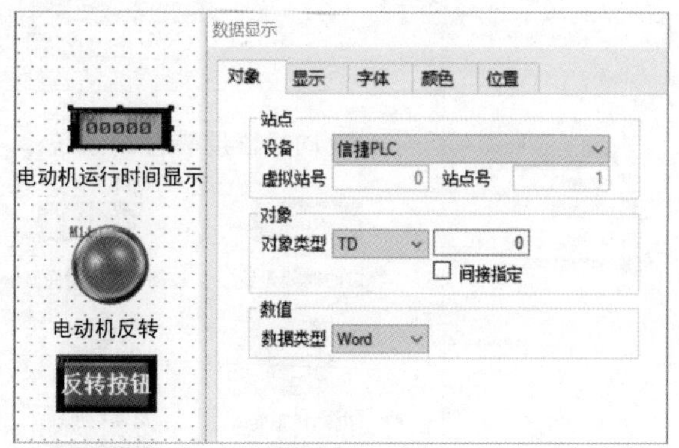

图 3-83　数据显示“对象”选项卡

“显示”选项卡如图 3-84 所示，“类型”选择“十进制”；“比例转换”设置数据源上限为 600，下限为 0；结果上限为 60，下限为 0。

图 3-84　数据显示“显示”选项卡

6. 完成触摸屏程序编写并下载运行

电动机正反转人机界面设置如图 3-85 所示，将程序下载到触摸屏中运行。

图 3-85　电动机正反转人机界面设置图

3.3　6S 整理

在所有的任务都完成后，按照 6S 职业标准打扫实训场地，图 3-86 为 6S 整理现场标准图示。

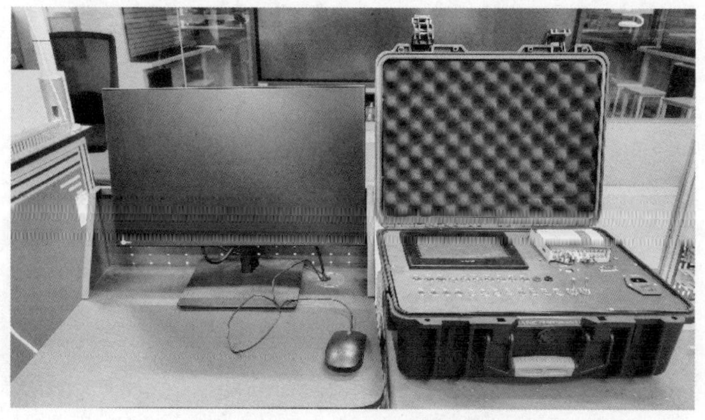

图 3-86　6S 整理现场标准图示

应用篇

项目 4
公路交通灯系统应用编程

证书技能要求

可编程控制器系统应用编程职业技能等级证书技能要求（初级）	
序号	职业技能要求
1.3.2	能够正确连接人机界面
2.1.3	能够正确配置 PLC 通信参数，使 PLC 与上位机成功通信
2.1.4	能够正确配置 PLC 通信参数，使 PLC 与 HMI 成功通信
2.2.1	能够正确选择人机界面机型，并创建空程序
2.2.3	能够正确配置 HMI 通信参数，使 HMI 与上位机成功通信
2.2.4	能够正确配置 HMI 通信参数，使 HMI 与 PLC 成功通信
3.1.1	能够正确创建新的 PLC 程序
3.1.5	能够使用定时 / 计数指令完成程序编写
3.3.1	能够根据要求规划元件
3.3.2	能够根据要求调用编辑控件
3.3.3	能够将各控件正确链接到 PLC 的变量
3.3.4	能够根据要求完成 HMI 程序的编写
4.2.1	能够正确操控元器件状态
4.2.2	能够使用数据显示控件正确显示数据
4.3.1	能够完成 PLC 程序的调试
4.3.2	能够完成 PLC 与 HMI 的联机调试

项目导入

在每个城市的十字路口，四面都悬挂着红、黄、绿三色交通信号灯，它是不出声的“交通警察”。有了它的指挥城市变得更加有秩序，交通事故率明显减少，人和货物的运输效率得到了很大的改善。通过本项目的学习，读者可以了解 PLC 程序设计的常用编程方法，学习常用编程方法中的经验设计法，完成公路交通灯的程序编写和调试。

本项目包含四部分内容：理解公路交通灯系统的控制要求；学习经验设计法的典型控制电路 PLC 程序；使用经验设计法编写并调试公路交通灯系统的 PLC 程序；根据要求合理设计并优化人机界面，完成 PLC 与 TGM 人机界面的联机调试。

学习目标

知识目标	了解 PLC 编程中的常用设计方法 理解经验设计法典型控制电路的程序 掌握 PLC 基础指令的应用 掌握经验设计法中定时器、计数器的使用方法
技能目标	能够熟练使用 PLC 软件 能够根据经验设计法编写公路交通灯系统的 PLC 程序 能够根据控制要求自行设计公路交通灯系统的人机界面 能够完成 PLC 与 HMI 的联机调试
素养目标	培养学生安全生产意识，能够自觉按规范操作 培养学生的团队合作精神，主动适应团队工作要求 通过自主学习解决生产实际问题，使其具有克服困难的信心和决心

实施条件

分类	名称	实物及型号 / 版本	数量
硬件准备	信捷 XD 系列 PLC	XDH-60T4	1 台
	触摸屏	TGM765S-ET	1 台

（续）

分类	名称	实物及型号 / 版本	数量
硬件准备	导线		若干
	螺钉旋具		若干
软件准备	信捷 PLC 编程软件	XDPPro V3.7.4a	1 套
	信捷 TouchWin 编辑工具	TWin v2.e5a	1 套

4.1 项目分析

一、系统控制要求

1）当按下起动按钮后，交通灯控制系统开始工作。

2）东西红灯亮 15s，在东西红灯亮起的同时南北绿灯也亮，并维持 10s。

3）10s 后，南北黄灯闪烁，维持 5s。5s 后，南北黄灯熄灭，南北红灯亮，同时东西红灯熄灭，绿灯亮。

4）然后，南北红灯亮 15s。东西绿灯维持 10s，东西黄灯闪烁，维持 5s 后熄灭。这时东西红灯亮，南北绿灯亮；黄灯闪烁速度合理即可，此后不断循环步骤 2）～ 4）。

5）按下强制按钮后，东西南北黄、绿灯灭，红灯亮。

6）按下停止按钮后，信号系统运行至东西黄灯熄灭后停止，所有信号灯熄灭。

二、人机界面设计要求

1）触摸屏设有起动按钮、强制按钮、停止按钮，且按钮 ON/OFF 时有明显区别。

2）倒计时显示东西南北所有灯亮时间，单位为 s，精确到 0.1s。

3）可根据实际情况，合理优化人机界面。

4.2 相关知识

一、常用编程方法

1. 继电 – 接触器控制电路转换法

继电 – 接触器控制电路转换法是将继电 – 接触器控制系统进行技术改造，变为可编程控制系统。如果是对继电－接触器控制系统进行 PLC 技术改造，这时可选用转换法来完成电气系统的 PLC 设计。因为继电－接触器控制系统的电气原理图与梯形图在逻辑分析、符号表达方式上有很多类似之处，并且原本的继电－接触器控制系统经过长期的使用和考验，能确保完成系统控制要求，因此，根据原有的电气原理图中的控制电路来直接设计梯形图程序，同时调整相应的 PLC 外部接线，可以快速、可靠地实现系统控制功能。另需注意，在设计过程中，不是进行简单的代换，而是要确保所获得的梯形图与原继电－接触器控制电路图功能等效。

这种系统程序的设计方法可以减少硬件改造的费用和工作量，并且对编程者来说，他们不用改变长期形成的编程习惯，可以快速熟悉设计系统。

2. 经验设计法

经验设计法编程即在一些典型电路的基础上，根据控制系统的具体要求，利用经验和编程习惯进行设计，并不断地修改和完善梯形图。这种方法缺乏普遍规律，具有较大的试探性和随意性，设计结果也不唯一，主要用于简单控制系统的设计。

用经验设计法编写 PLC 程序时，大致可以分为以下几个步骤：

1）梳理控制系统要求，明确工作流程。

2）根据控制要求确定输入 / 输出对象和数量。

3）根据 PLC 的 I/O 点及内部软元件进行输入 / 输出分配。

4）根据逻辑关系，设计控制程序。

5）对照控制要求，调试、修改和完善程序。

3. 顺序功能图法

顺序控制系统内部有很多自锁、互锁、相互牵制的逻辑关系，使得梯形图程序量大，可读性差。顺序功能图法是针对在进行顺序控制时，采用经验设计法的诸多不足而产生的。

顺序功能图又称为状态转移图或功能表图，它按照控制系统中预先规定好的流程，在输入信号的作用下，根据状态和时间，使生产过程中的各执行机构有序运行。顺序功能图可以清晰地表示控制系统的逻辑关系，这个方法将在后续项目中详细介绍。

二、经验设计法常用典型电路

利用经验设计法设计程序时，可以从典型控制电路入手，根据控制要求完善程序。

1. 起动－保持电路

在系统设计中，常常需要将按钮的短信号保持接通，可以利用线圈自身的常开触点使线圈保持通电，这种方式称为自锁，如图 4-1 所示，当 X0 接通时，Y0 将一直保持输出，直至 X1 被接通，Y0 复位。

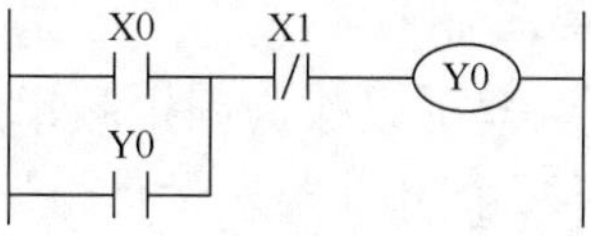

X0　X1　Y0
Y0

图 4-1　自锁电路示例图

2. 延时接通、断开电路

在很多系统设计中，需要延时一段时间再接通某个设备或者按下停止按钮后，过一段时间再断开整个电路。图 4-2a 中，当输入信号 X0 被接通，定时器 T0 开始定时，10ms 后，输出 Y0 接通。图 4-2b 中，当输入信号 X0 接通，输出 Y0 和定时器 T0 同时导通，10ms 后，Y0 复位。

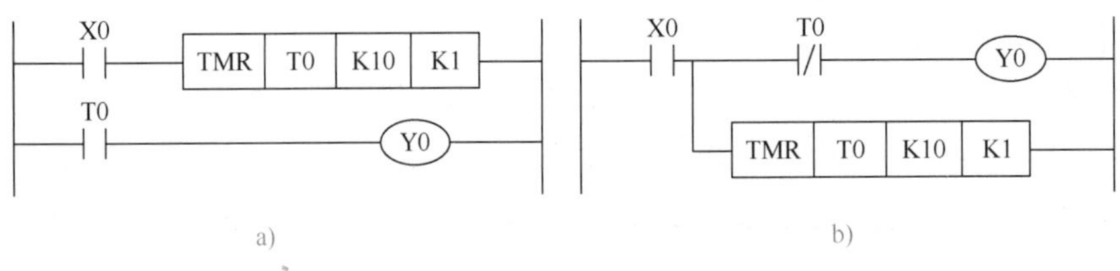

图 4-2 延时接通、断开电路示例图

3. 互锁控制电路

若系统要求电动机不能同时进行正转和反转，这时需要在梯形图程序中将正反转输出线圈的常闭触点与对方的线圈串联，可以保证两者不会同时得电，这种方法叫“互锁”，此外，有些控制要求按钮要双重互锁，利用正反转按钮切断控制电路，如图 4-3 所示。

4. 多地控制电路

多地控制电路在各行各业中广泛应用，以两个地方控制一个继电器线圈输出为例，如图 4-4 所示。

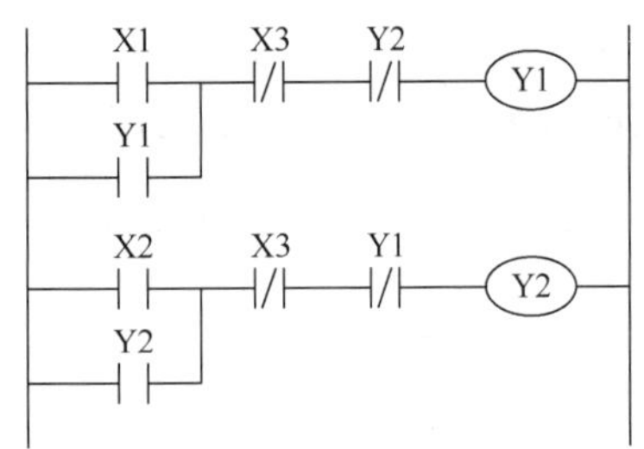

图 4-3 互锁控制电路示例图

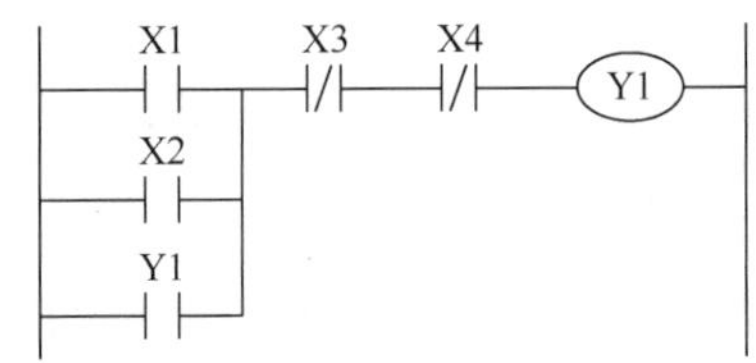

图 4-4 多地控制电路示例图

5. 定时器控制电路

定时器控制电路中，可以使用多个定时器串联，从而实现长延时。图 4-5a 中，输入 X0 接通后，利用前一个定时器 T0 的常开触点控制后一个定时器 T1 的启动，从而实现 3s+5s=8s 的定时时长，这种方法称为接力法。图 4-5b 中，输入 X0 接通后，两个定时器被同时触发，这种定时方式称为同一起跑线法。

6. 占空比可设定的脉冲发生电路

PLC 内部有一些特殊辅助继电器可以作为固定频率的振荡脉冲信号，当系统需要根据要求来设定占空比时，可利用两个定时器来设计电路。如图 4-6 所示，输入 X0 接通后，T0 的常开触点在定时时间 4s 到后导通，输出 Y0 接通，当 T1 定时时间 3s 到，其常闭触点断开使定时器 T0 复位，T0 的常开触点断开使输出 Y0 和定时器 T1 均复位，T1 的常闭触点闭合，定时器 T0 重新启动，重复上述过程，最终 Y0 输出信号周期为 7s 的振荡脉冲信号。只要调整定时器 T0 和 T1 的定时时间，即可以改变输出脉冲信号的占空比。

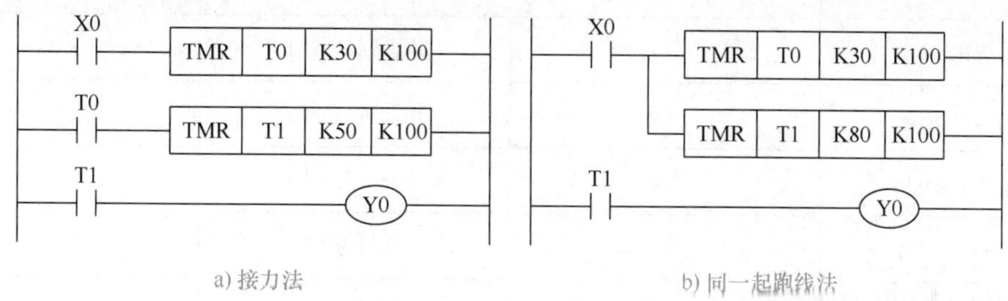

图 4-5　定时器控制电路示例图

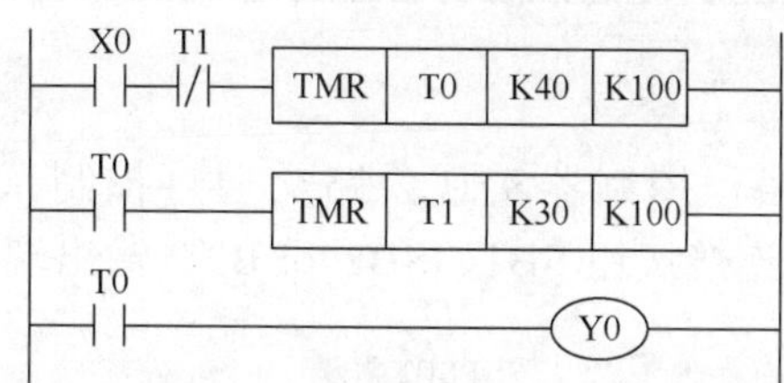

图 4-6　占空比可设定的脉冲发生电路示例图

4.3　项目实施

一、系统连接

系统连接拓扑图如图 4-7 所示。

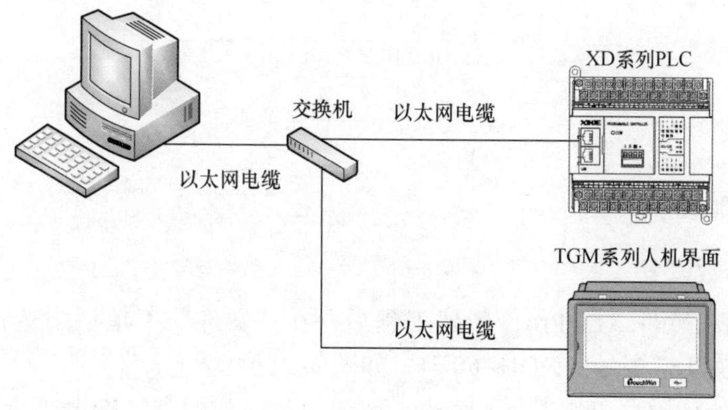

图 4-7　系统连接拓扑图

1. 输入 / 输出分配表

本项目的输入元件为 3 个按钮（起动、强制、停止），输出元件为 6 个指示灯，输入 /

输出分配见表 4-1。

表 4-1 公路交通灯系统输入 / 输出分配表

输入元件	输入点	输出元件	输出点
起动按钮 SB1	X0	南北绿灯 HL1	Y0
强制按钮 SB2	X1	南北黄灯 HL2	Y1
停止按钮 SB3	X2	南北红灯 HL3	Y2
—	—	东西绿灯 HL4	Y3
—	—	东西黄灯 HL5	Y4
—	—	东西红灯 HL6	Y5

2. 外部接线图

信捷 XDH–60T4 型可编程控制器实现公路交通灯控制系统的输入 / 输出接线，如图 4-8 所示，PLC 的输入端连接按钮 SB1、SB2、SB3，输出端连接着 6 个指示灯。

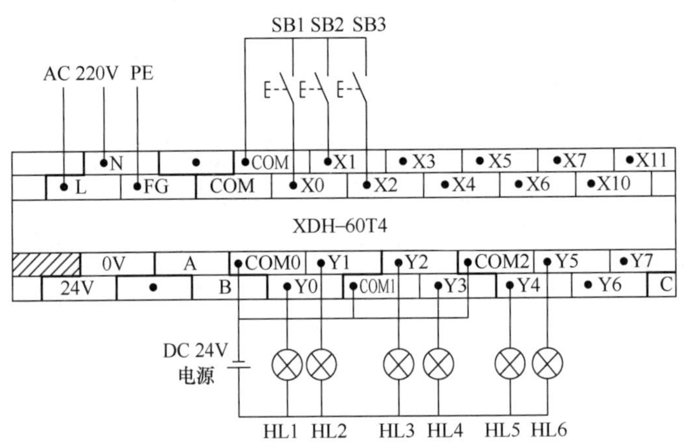

图 4-8 PLC 外部接线图

二、系统配置

1. PLC 的参数设置

打开 PLC 编程软件 XDPPro，新建工程后，在“文件”菜单栏中选择“更改 PLC 机型”，选择正确的 PLC 型号：XDH–60T4，如图 4-9 所示。

然后单击“软件串口设置” 图标，按图进行通信配置，配置正确后单击“通信测试”，显示成功连接 PLC，如图 4-10 所示。单击通信配置对话框中的“连接状态”，显示“已连接”，如图 4-11 所示，此时计算机已经成功连接上了 PLC。

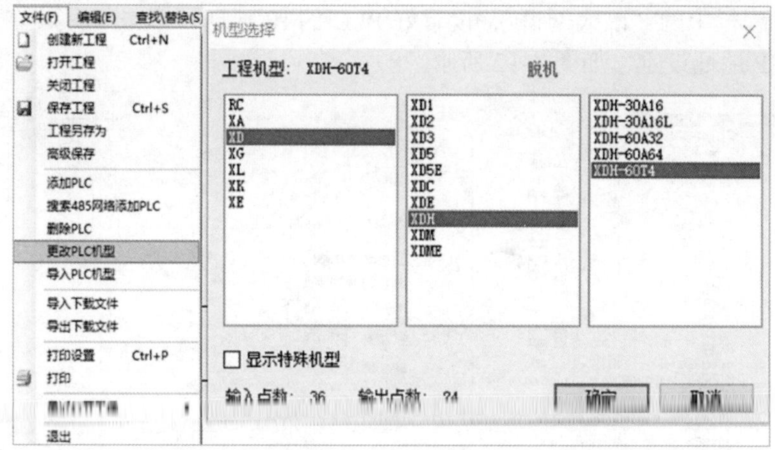

图 4-9　PLC 机型选择图

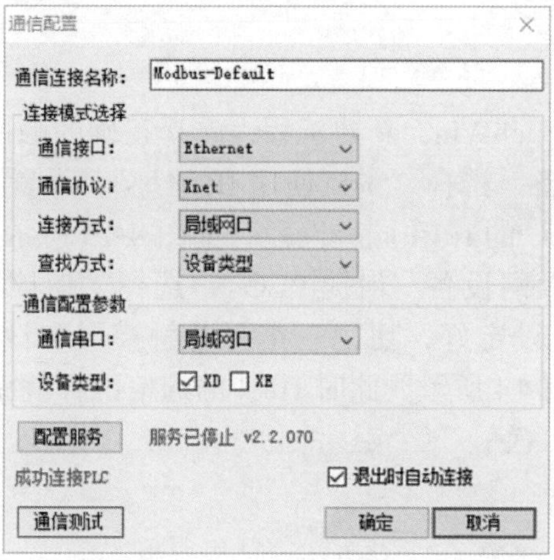

图 4-10　PLC 通信配置图（1）

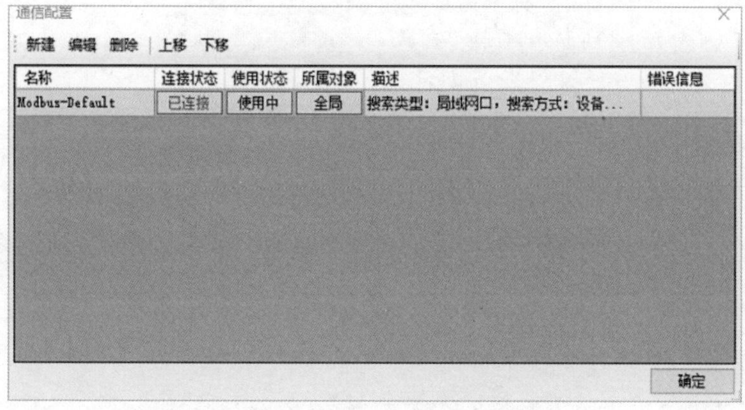

图 4-11　PLC 通信配置图（2）

再单击工程栏中的“以太网口”，设置好 PLC 的 IP 地址，单击“写入 PLC”，就可以完成 PLC 的 IP 地址设定，如图 4-12 所示。

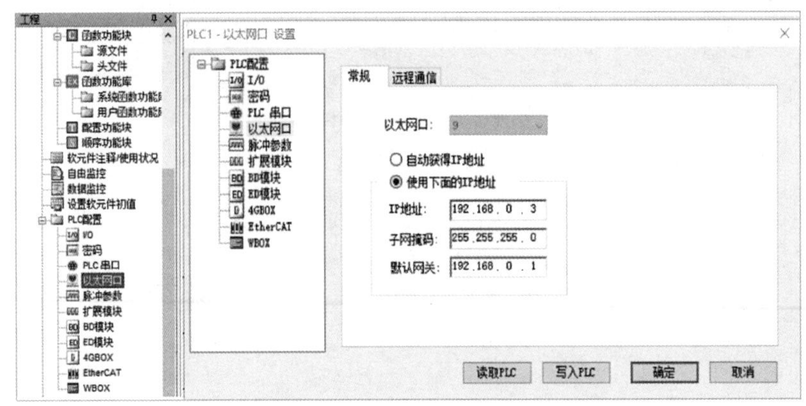

图 4-12　PLC 以太网口 IP 地址设置图

2. HMI 的参数配置

打开 HMI 编辑软件 TouchWin，新建工程，选择正确的触摸屏型号后，进入系统设置对话框，单击“以太网设备”选择“本机使用 IP 地址”，设置好触摸屏的 IP 地址，该 IP 地址一定要与计算机和 PLC 的 IP 在同一网段，如图 4-13 所示。右击“以太网设备”，单击“新建”，建立新的以太网设备“信捷 PLC”，选择”信捷 XD/XL/XG 系列（Modbus TCP)”，将 PLC 的 IP 地址设定好，切记一定要与触摸屏和计算机在同一个网段。勾选“通信状态寄存器”，如图 4-14 所示。此时 HMI 的通信配置就完成了。

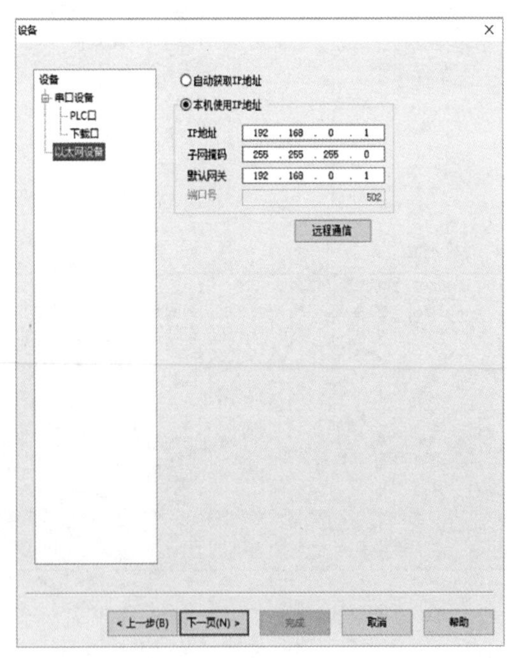

图 4-13　HMI 的 IP 地址设置图

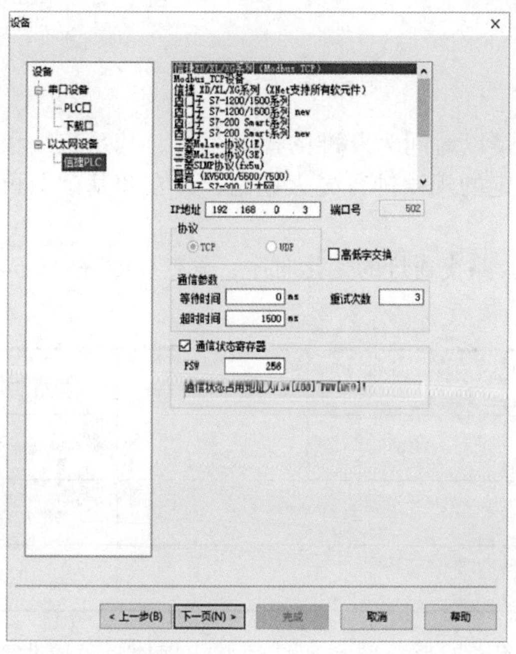

图 4-14　HMI 连接的 PLC 设备参数设置图

完成画面编辑后，单击“上下载协议栈设置”图标，“连接方式”选择“查找设备”，端口选择“局域网口”，如图 4-15 所示，不需勾选“设备 ID 查找”，单击“确定”按钮即可。单击“下载”图标即可完成下载，如图 4-16 所示。

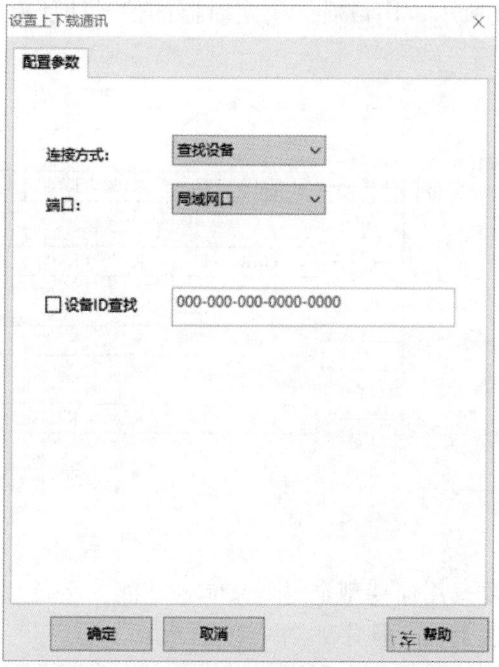

图 4-15　HMI 下载通信参数配置图

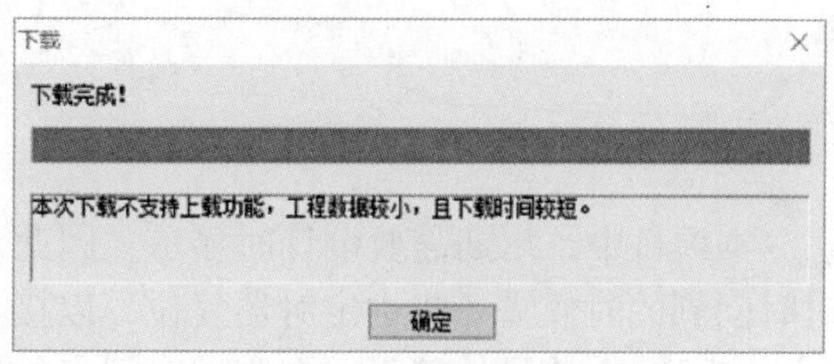

图 4-16　HMI 下载界面完成图

三、系统编程

1. 程序设计

公路交通灯的控制是以时间为基准的控制系统，其系统编程主要实现按下起动按钮后，公路交通灯按照一定的规律进行亮灭控制，并在此基础上再加入强制按钮和停止按钮，实现全部的功能。

根据控制要求分析公路交通灯的变化时序，其变化时序见表 4-2。

表 4-2　公路交通灯变化时序表

<table>
<tr><td rowspan="2">南北方向</td><td>信号灯</td><td>绿灯 Y0 亮</td><td>黄灯 Y1 闪</td><td colspan="2">红灯 Y2 亮</td></tr>
<tr><td>时间 /s</td><td>10</td><td>5</td><td colspan="2">15</td></tr>
<tr><td rowspan="2">东西方向</td><td>信号灯</td><td colspan="2">红灯 Y5 亮</td><td>绿灯 Y3 亮</td><td>黄灯 Y4 闪</td></tr>
<tr><td>时间 /s</td><td colspan="2">15</td><td>10</td><td>5</td></tr>
</table>

（1）基本流程的编程　对照公路交通灯的变化规律，可以先将定时器集中处理，再利用定时器的触点进行交通灯的控制。对于定时器的时间控制，可以采用经验设计法中提供的两种方法。可以根据这两种方法来确定不同的时序图，实现定时器的设置。

1）接力法。公路交通灯系统启动后，分段计时，利用前一个定时器计时时间到的信号作为下一个定时器计时的起点，对应的梯形图程序如图 4-17 所示。

2）同一起跑线法。系统启动后，统一计时，以每个工作周期开始为所有定时器计时的起点进行计时，对应的梯形图程序如图 4-18 所示，用最后一个定时器的信号让所有定时器复位来产生循环。

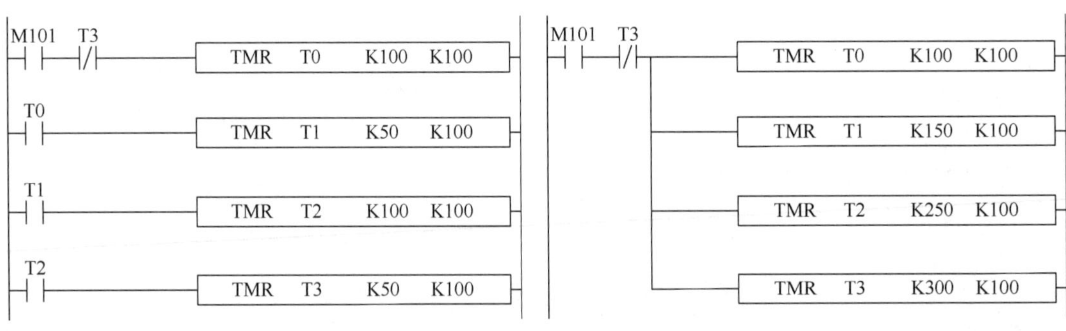

图 4-17　接力法定时器编写程序示例图　　图 4-18　同一起跑线法定时器编写程序示例图

本项目中，后期需要倒计时显示，因此需要选用保持型定时器来实现功能，在每个定时时间到的时候需要将本定时器复位，以接力法为例，程序如图 4-19 所示。

（2）输出信号的编程　在完成时间点的编写后，接下来利用定时器触点来实现公路交通灯的亮灭控制，以南北方向的灯为例，其梯形图程序如图 4-20 所示。

M101
HT0
TMR_A HT0 K100 K100
起动信号
时间1
HT0：时间1
M101
HT0
HT1
TMR_A HT1 K50 K100
起动信号
时间1
时间2
HT1：时间2
M101
HT1
HT2
TMR_A HT2 K100 K100
起动信号
时间2
时间3
HT2：时间3
M101
HT2
HT3
TMR_A HT3 K50 K100
起动信号
时间3
时间4
HT3：时间4
HT3
ZRST HT0 HT3
时间4
HT0：时间1
HT3：时间4

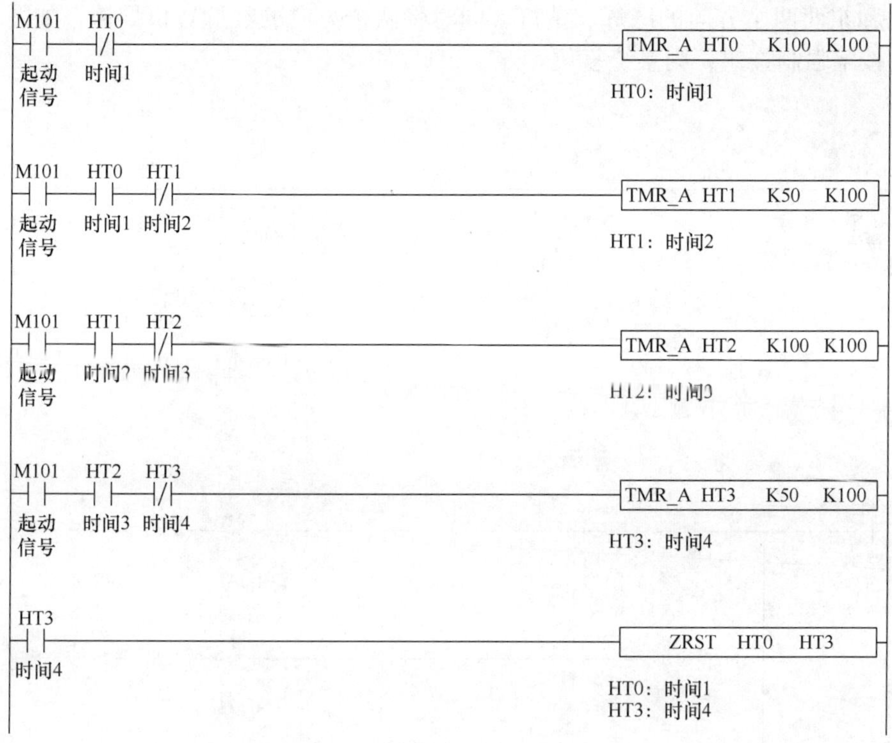

图 4-19　保持型定时器编写程序示例图

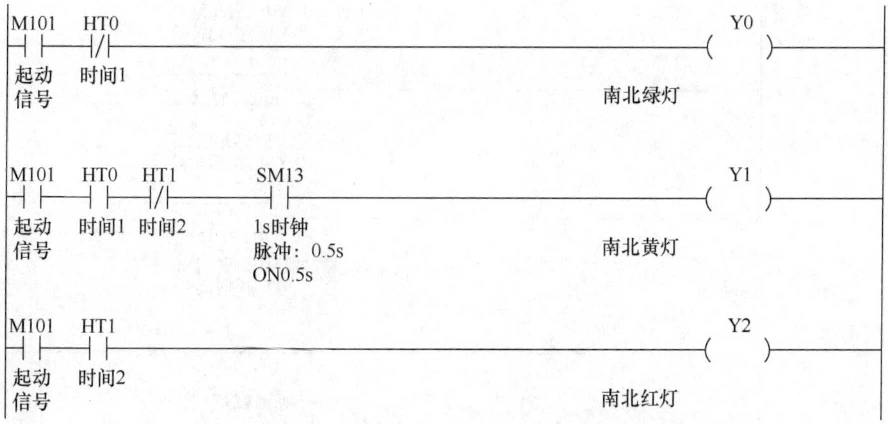

M101
HT0
Y0
起动信号
时间1
南北绿灯
M101
HT0
HT1
SM13
Y1
起动信号
时间1
时间2
1s时钟
脉冲：0.5s
ON0.5s
南北黄灯
M101
HT1
Y2
起动信号
时间2
南北红灯

图 4-20　南北方向公路交通灯的编写程序示例图

对于南北、东西两个方向的黄灯闪烁控制，可以采用信捷 PLC 的特殊辅助继电器 SM11 ~ SM14，分别对应四种频率的振荡频率输出。通常选择 SM13，其频率输出对应的闪烁速度比较合理，也可以利用经验设计法中的占空比可设定的脉冲发生电路实现，自行设定闪烁的速度。

（3）控制方式的编程　大致流程编写完毕后，根据项目要求进行控制方式的程序编写，本项目需要编写强制按钮和停止按钮的程序。

1）强制模式。强制模式下，需要切断起动和停止的控制信号，如图 4-21 所示，以及切断南北和东西两个方向的绿灯、黄灯，同时将两个方向的红灯置位导通，如图 4-22 所示，再次按下强制按钮，则系统复位。

图 4-21　强制模式下控制信号的编写程序示例图

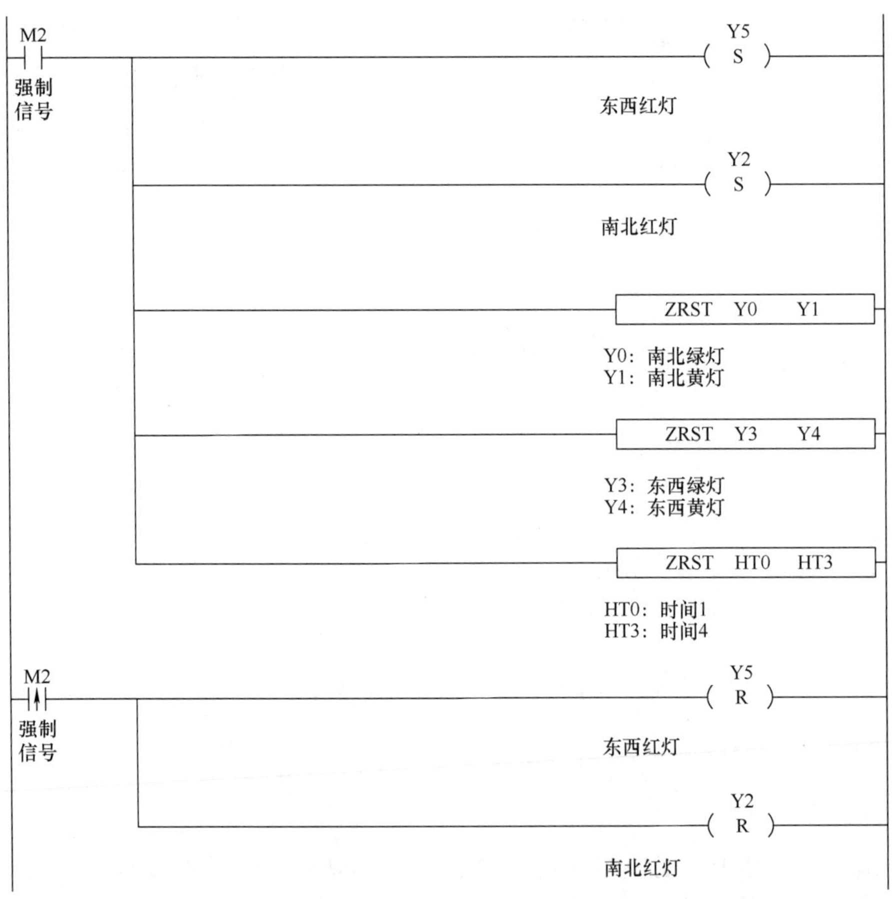

图 4-22　强制模式下输出信号的编写程序示例图

2）停止模式。按下停止按钮后，需在东西方向黄灯运行完毕后停止，并且复位起动信号，编程示例如图 4-23 所示。

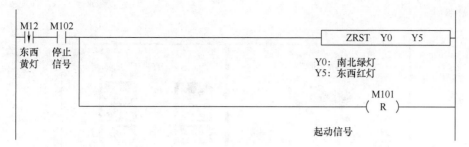

图 4-23　停止模式的编程示例图

（4）显示模块的编程　项目要求倒计时显示东西南北所有灯亮时间，正常计数都是从 0 开始，倒计时则需要进行减法运算，用设置的时间减去已运行的时间，即可得到倒计时的数值，这里采用保持型的定时器，将运行过程中的数值保存起来，如图 4-24 所示。

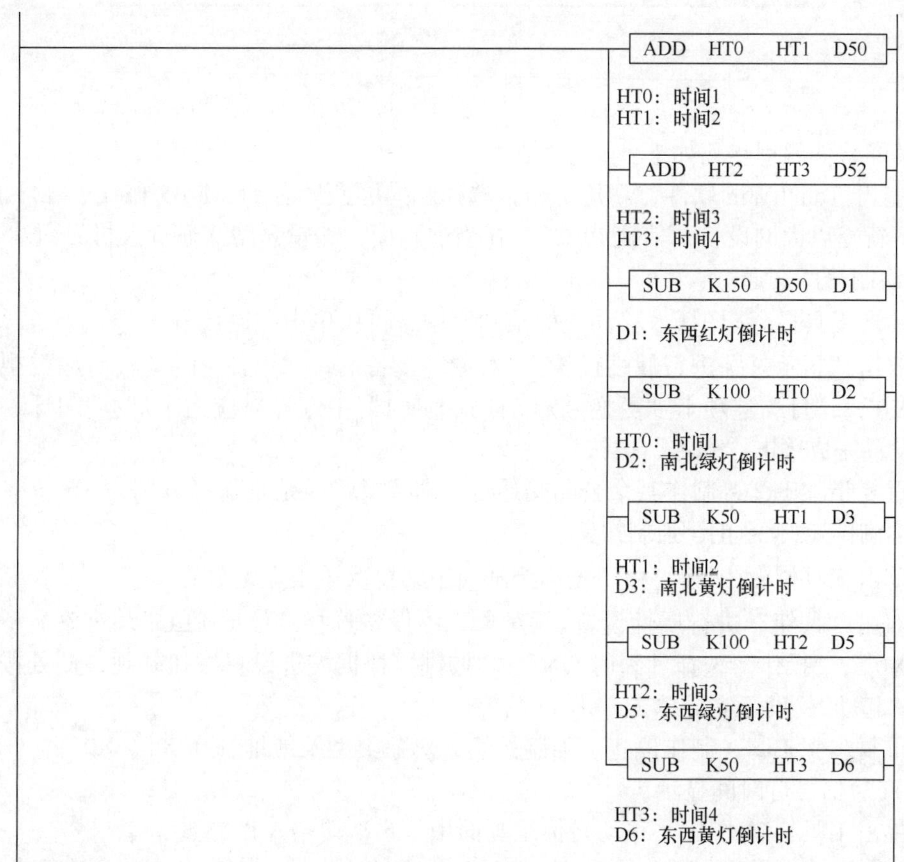

图 4-24　倒计时编程示例图

2. 人机界面设计与编程

根据项目要求，触摸屏界面设置画面和交通信号灯运行界面可参照图 4-25。界面设置东西、南北各一组交通灯，按钮 3 个（起动、停止、强制），时间显示框 6 个。根据需要进行文字备注，界面合理布局，操作方便。

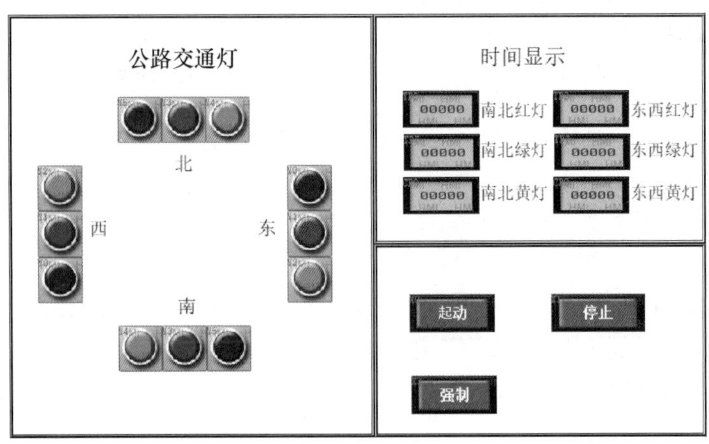

图 4-25　公路交通灯人机界面设计示例图

触摸屏软件编程步骤如下：

1）打开 TouchWin 软件，新建工程，选择触摸屏型号为 TGM765（S/L）–MT/UT/ET/XT/NT，新建以太网设备“信捷 PLC”，在当前画面 1 编辑公路交通灯人机界面。

2）绘制公路交通灯。

① 单击工具栏图标，移动光标至画面中，再次单击左键放置。

② 双击“指示灯”进行属性设置。“对象”设备选择“信捷 PLC”；对象类型及地址选择“Y0”；“灯”选项卡“更换外观 / 样式 / 库 1”中选择对应指示灯；“闪烁”选择不闪烁；设置完成单击“确定”按钮。

③ 重复步骤①②，制作其余公路交通灯，对象类型及地址选择分别为 Y1 ～ Y5。

3）绘制起动、停止、强制按钮。

① 单击工具栏图标，移动光标至画面中，再次单击左键放置。

② 双击“按钮”进行属性设置。“对象”中设备选择“信捷 PLC”，对象类型及地址选择“X0”；“操作”选择“瞬时 ON”；“按键”根据需求设置按钮外观，此处按钮文字内容为“起动”；设置完成单击“确定”按钮。

③ 重复步骤①②，制作停止、强制按钮，对象类型及地址选择 X1、X2。

4）交通信号灯时间显示。

① 单击工具栏图标，移动光标至画面中，再次单击左键放置。

② 双击“数据显示”进行设置。“对象”设备选择“信捷 PLC”；对象类型选择“TD”，地址对应程序中相关定时器；数据类型为“Word”；“显示”类型选择“十进制”，小数位设置为“1”；文字串备注“南北红灯”。

③ 重复步骤①②操作完成其余时间显示框，对象类型选择“TD”，地址对应程序中相关定时器，根据要求备注文字。

5）触摸屏程序编写完成，并下载运行。

四、系统调试

根据实际现象，对照评分表对本项目进行检查。

模块	评分表	分值/分	得分
基础接线模块（20分）	1. 正确连接 PLC 电源，使 PLC 能正常启动	4	
	2. 正确连接触摸屏电源，使触摸屏能够正常起动	4	
	3. 正确连接按钮，使 PLC 可正确接收到输入信号	2	
	4. 正确连接指示灯，并能通过 PLC 点亮	3	
	5. 按下按钮后，指示灯受 PLC 控制点亮	3	
	6. 正确连接可编程控制器与触摸屏之间的通信线缆	4	
PLC编程（40分）	1. 软元件地址注释表每少一处地址扣 0.5 分，最多扣 5 分	5	
	2. 按下起动按钮后，系统开始运行，按照要求正常运行不扣分，如运行不正常，每一点扣 1 分，最多扣 6 分	6	
	3. 按下强制按钮，系统东西南北黄、绿灯灭，红灯亮，每错一处扣 2 分	6	
	4. 按下停止按钮，未停止扣 5 分；可以停止，但未按要求停止，扣 3 分	6	
	5. 相关运行时间参数不可设置扣 5 分；可设置但设置参数不全面，扣 3 分	6	
	6. 程序能够重复运行且正常，得 5 分；若只能运行一次扣 2 分	6	
	7. 按键之间无冲突，得 5 分	5	
触摸屏画面绘制（30分）	1. 交通灯相应指示灯及按钮齐全，不扣分；每少一个扣 1 分，最多扣 5 分	7	
	2. 交通灯实时状态显示正确，不扣分；每错一处扣 1 分，最多扣 6 分	6	
	3. 交通灯倒计时时间显示正确且有单位不扣分；无时间显示，扣 3 分，有时间显示但无单位或单位不全、不正确，扣 2 分	7	
	4. 所有器件标注齐全（例如按钮备注、指示灯用处等），每有一处没标注扣 0.5 分，最多扣 4 分	5	
	5. 画面整齐，功能布局明朗，区域划分合理，得 5 分	5	
安全6S素养（10分）	1. 安全用电，未发生带电插拔电线电缆，得 3 分	3	
	2. 着装规范整洁，未穿戴存在安全隐患的服饰，得 2 分	2	
	3. 工位保持整洁，工具整齐，得 3 分	3	
	4. 地面清洁干净，得 2 分	2	
合计		100	

4.4 6S 整理

在所有的任务都完成后，按照 6S 职业标准打扫实训场地，图 4-26 为 6S 整理现场标准图示。

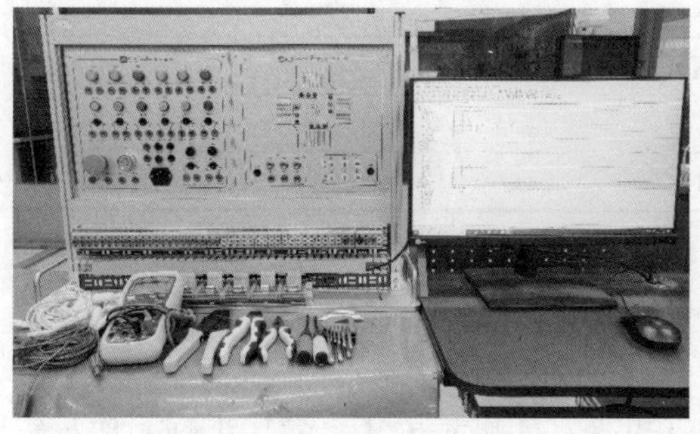
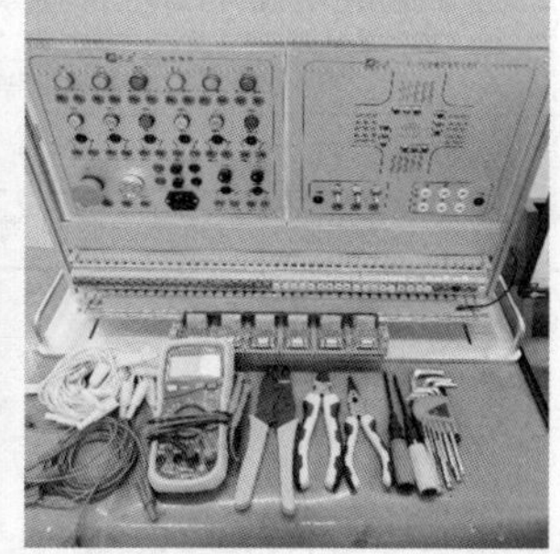

图 4-26 6S 整理现场标准图示

项目 5
彩灯广告屏显示控制系统应用编程

证书技能要求

可编程控制器系统应用编程职业技能等级证书技能要求（初级）	
序号	职业技能要求
1.3.2	能够正确连接人机界面
2.1.3	能够正确配置 PLC 通信参数，使 PLC 与上位机成功通信
2.1.4	能够正确配置 PLC 通信参数，使 PLC 与 HMI 成功通信
2.2.1	能够正确选择人机界面机型，并创建空程序
2.2.3	能够正确配置 HMI 通信参数，使 HMI 与上位机成功通信
2.2.4	能够正确配置 HMI 通信参数，使 HMI 与 PLC 成功通信
3.1.1	能够正确创建新的 PLC 程序
3.1.3	能够使用上升沿 / 下降沿指令完成程序编写
3.1.4	能够使用输出 / 置位 / 复位指令完成程序编写
3.1.5	能够使用定时 / 计数指令完成程序编写
3.3.1	能够根据要求规划元件
3.3.2	能够根据要求调用编辑控件
3.3.3	能够将各个控件正确链接到 PLC 的变量
3.3.4	能够根据要求完成 HMI 程序的编写
4.2.1	能够正确操控元器件状态
4.2.2	能够使用数据显示控件正确显示数据
4.2.3	能够使用数据输入控件正确输入数据
4.2.4	能够通过画面跳转控件完成画面的跳转
4.3.1	能够完成 PLC 程序的调试
4.3.2	能够完成 PLC 与 HMI 的联机调试

项目导入

彩灯广告屏在我们日常生活中随处可见，无论是美化、亮化工程，还是企业的广告宣传，都借助于彩灯的形式，使得城市的夜晚光彩夺目、精彩纷呈。这些彩灯可以由霓虹灯管制成，也可以用白炽灯或日光灯做光源，彩灯照亮大幅宣传画以达到渲染效果，通过控制彩灯的亮和灭、闪烁的频率及灯光流的方向来实现各种效果。通过本项目的学习，读者可以了解 PLC 硬件 / 软件基础，学习运用状态转移的编程思维完成流程指令梯形图编程和调试。

本项目包含四部分内容：理解彩灯广告屏显示控制系统的控制要求；学习状态转移的编程思维；使用流程指令编写并调试彩灯广告屏显示控制系统的 PLC 程序；根据要求合理设计并优化人机界面，完成 PLC 与 TGM 人机界面的联机调试。

学习目标

知识目标	掌握 PLC 顺序功能图的编程方法和步骤 掌握用起保停、置位 / 复位和流程指令实现从顺序功能图到梯形图的转换 掌握顺序功能图的单序列、选择序列、并行序列的编程方法 掌握人机界面编程方法
技能目标	通过项目训练能够正确编写彩灯广告屏显示控制系统的 PLC 程序 能独立完成触摸屏编程，合理设计人机界面，模拟彩灯广告屏的工作过程 按规定通电调试，出现故障时能独立解决硬件和软件的问题
素养目标	培养学生的职业素养以及职业道德，培养学生按 6S（整理、整顿、清扫、清洁、素养、安全）标准工作的良好习惯

实施条件

分类	名称	实物及型号 / 版本	数量
硬件准备	信捷 XD 系列 PLC	XDH-60T4	1台
	触摸屏	TGM765S-ET	1台

（续）

分类	名称	实物及型号 / 版本	数量
硬件准备	导线		若干
	螺钉旋具		若干
软件准备	信捷 PLC 编程软件	XDPPro V3.7.4a	1 套
	信捷 TouchWin 编辑工具	TWin v2.e5a	1 套

5.1 项目分析

一、系统控制要求

1）广告屏中间部分有 4 根彩灯管，从左到右排列，编号 1 ～ 4。按下起动按钮，系统启动以后，灯管点亮的顺序依次为：第 1 根亮→第 2 根亮→第 3 根亮→第 4 根亮，时间间隔为 1s，而后 4 根彩灯管全亮，持续 3s，再按照 4 → 3 → 2 → 1 的顺序依次熄灭，时间间隔为 1 s，灯管全熄灭后等待 2s，再重新开始上述循环过程。

2）广告屏四周安装有 12 只流水灯，3 只一组，共分成 4 组（Ⅰ、Ⅱ、Ⅲ、Ⅳ）。系统启动以后，按照从Ⅰ→Ⅱ→Ⅲ→Ⅳ顺序，间隔为 1s，点亮并循环。

3）系统可切换单次运行 / 连续运行。

4）按下暂停按钮，系统暂停，记忆当前状态，再按下起动按钮可继续运行。

5）系统启动时，灯管和流水灯同时起动，按下停止按钮时 4 个灯管先全部熄灭，3s 后 4 组流水灯全部熄灭。

二、触摸屏设计要求

1）触摸屏设有起动按钮、暂停按钮、停止按钮、连续 / 单步切换按钮，且按钮 ON/OFF 时状态有明显区别。

2）显示广告灯牌当前所处的工作状态，要做到只看触摸屏也能知道广告灯牌的实时状态。

3）显示定时时间或者倒计时，单位为 s，精确到 0.1s，且相关时间可设置；并显示彩灯管循环的次数。

4）设置一个加密页，当输入密码正确时才可以跳转至时间设置界面。

5.2　相关知识

一、顺序功能图

顺序控制设计法是针对以往在设计顺序控制程序时采用经验设计法的诸多不足而产生的。按照生产预先规定的顺序，在各个输入信号的作用下，根据内部状态和时间的顺序，生产过程各个执行机构自动、有序进行。使用顺序控制设计法编程的辅助工具是顺序功能图，也称状态转移图，它一般需要用梯形图或指令表将其转化成 PLC 可执行的程序。

1. 顺序功能图的组成

顺序功能图（Sequential Function Chart）由工步（初始工步、一般工步）、有向线段、转移条件、状态输出等元素组成。顺序功能图组成元素如图 5-1 所示。

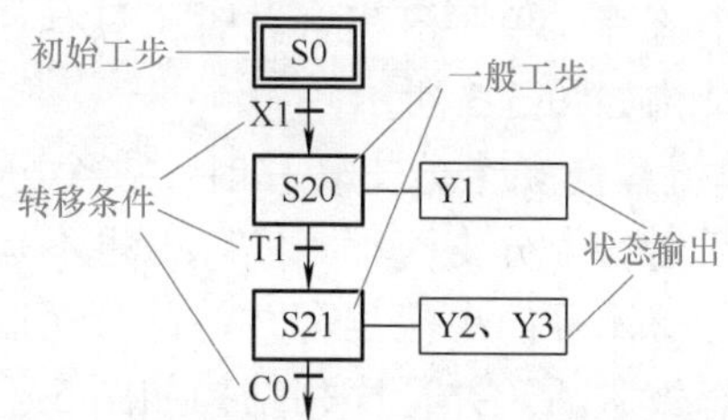

图 5-1　顺序功能图组成元素

（1）工步　顺序功能图的设计思想是将系统的一个工作过程划分为若干个前后顺序相连的阶段，每个阶段都称为工步，用编程元件 S 来代表各工步。工步是根据输出信号的状态变化来划分的，同一步内输出信号状态是不变的；相邻两步输出信号总的状态必须是不同的。

工步分为初始工步和一般工步。初始工步是指与系统的初始状态相对应的步，初始状态一般是系统等待启动命令的相对静止状态，用双线框表示，框内标号为 S0。每个顺序功能图至少要有一个初始工步。它是顺序功能图在 PLC 启动后能立即生效的基本状态。没有初始工步，无法表示初始状态，系统也无法返回停止状态。

一般工步用单线框表示，框内起始标号为 S20。一个过程有几个工步就用几个框表示，根据先后顺序分别编号。一般工步又分为活动步和非活动步两种工作状态。某步处于活动状态时，只有这一步的动作被执行，其他步都不被执行。某步处于非活动步时，动作被停止。

（2）状态输出　对于被控系统，要完成某些命令，对于施控系统，要发出某些命令。这些状态输出用矩形框中的文字或符号表示，该矩形框与相应的步相连。一个步可以有多个输出状态，也可以没有。

（3）有向线段　表示步的线框之间用带箭头的线段进行连接。步的活动状态是从上到下，从左到右，在这两个方向上的箭头可以省略。如果不是这两个方向，则要标记箭头方向。

（4）转移条件　是实现转换的条件，在短横线左侧写出步与步之间转换的具体条件，条件可以是开关量，可以是触点比较信号，还可以是逻辑组合信号。

（5）转换　步与步之间的转换用垂直于有向线段的短横线表示，将相邻两步隔开。转换表示从一个状态到另一个状态的变化。

转换实现的条件：该转换前级步是活动步，且相应转换条件满足。

转换实现的结果：使该转换的后续步变成活动步，前级步变成非活动步。

2. 顺序功能图的分类

根据生产工艺和系统复杂程度的不同，顺序功能图的基本结构可分为单序列、选择序列、并行序列。

1）单序列的特点是从初始状态开始，每一个状态后面只有一个转移，每一个转移后面只有一个状态。整个控制周期里，只有一个状态是工作状态。单序列结构如图 5-2 所示。

2）选择序列的特点是当由单流程向分支转移时，根据转换条件成立与否只能向其中的一个流程进行转换。当多个流程向单一流程合并时，只有一个符合转移条件的分支转换到单流程的状态。选择序列结构如图 5-3 所示。

3）并行序列的特点是单流程向多个分支转移时，多个分支的转移条件均相同。一旦转移条件成立，则“同时”激活各个分支流程。实际上也不是同时，也是从左到右，一条一条执行。并行序列的各个分支流程向单流程合并将并行性汇合，当每个流程都完成后并转移条件成立时，单流程状态被激活。并行序列结构如图 5-4 所示。

为了区分选择序列和并行序列，规定选择序列分支用单线表示，因为每个分支条件都不同，所以每个分支都有自己的转移条件。而并行序列分支用双线表示，只允许有一个条件，多个分支条件相同，共用一个条件。

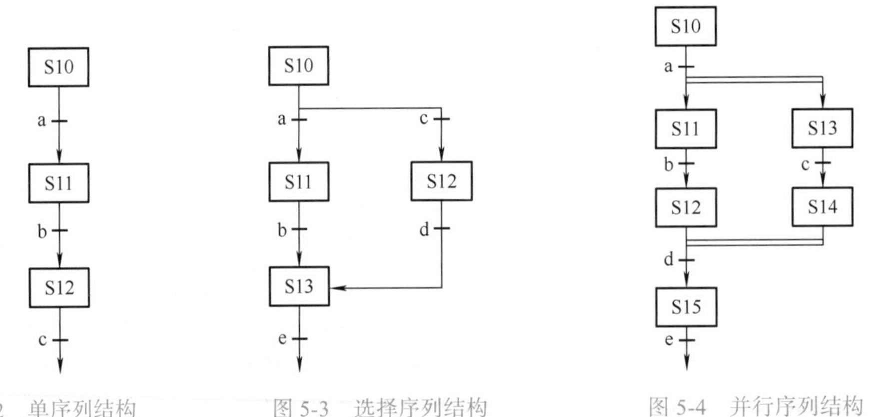

图 5-2　单序列结构　　图 5-3　选择序列结构　　图 5-4　并行序列结构

二、顺序功能图的梯形图编程法

1. 编程原则

顺序功能图作为组织编制的工具，不能被 PLC 执行，需要其他编程语言（主要是梯形图）将它转换成 PLC 可执行的程序。

图 5-5 所示是一个顺序相连的三个状态的顺序功能图，用状态继电器 S 表示状态的编号，当某个状态被激活时，其状态继电器为 ON。

1）S_i 被激活的条件是它的前步 S_{i-1} 为激活状态，且转移条件 X1 接通。当 S_i 激活后，前步 S_{i-1} 变为非激活状态。

2）一般来讲，转移条件 X1 都为短信号，因此，S_i 被激活后能够自保持一段时间以保证状态输出。

3）当转移条件 X2 成立，S_{i+1} 状态被激活后，S_i 马上变为非激活状态（即非活动步）。以上三点为 SFC 中各个状态的梯形图编程原则。

目前顺序功能图编程方法有三种，使用起保停电路的编程法和使用置位 / 复位指令的编程法、使用流程指令的编程法。不管哪一种方法，都必须满足梯形图的编程原则。

2. 使用起保停电路的顺序功能图编程方法

起保停电路是最基本的梯形图电路，只用到基本逻辑指令。如图 5-6 所示，状态继电器 S_{i-1}、S_i、S_{i+1} 代表顺序功能图中顺序相连的 3 个工步，X1 是 S_i 之前的转换条件。当 S_{i-1} 为活动步，即 S_{i-1} 为 ON，转换条件 X1 常开触点闭合。此时可以认为 S_i 和 X1 的常开触点组成的串联电路作为转换实现的两个条件，使后续工步 S_i 变为活动步，即 S_i 为 ON，同时使 S_{i-1} 变为非活动步，即 S_{i-1} 为 OFF。S_i 为 ON 后必须有保持功能，能保持到转换条件 X2 满足。当 S_{i+1} 作为活动步时，S_i 应为非活动步。S_{i+1} 为 ON 作为 S_i 变为停止的条件。

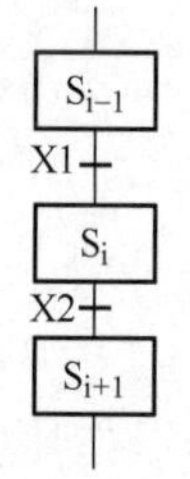

图 5-5　顺序功能图

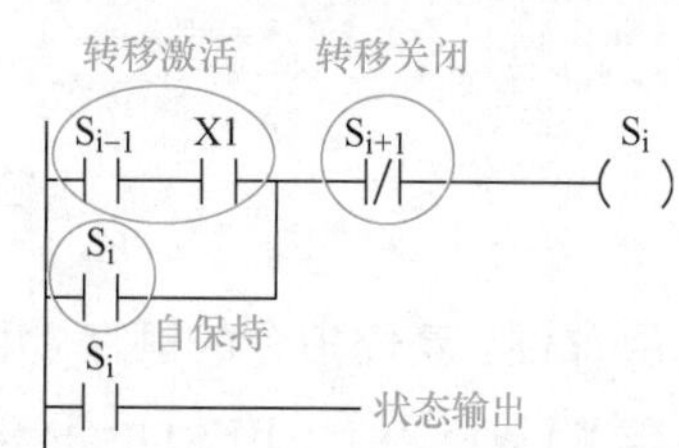

图 5-6　起保停电路的状态转移梯形图

对于初始状态来说，应在转移激活条件电路上并联初始脉冲 SM2，PLC 上电系统就被激活，进入工作状态。如果有循环的话，第一个状态的条件还应该并联上两个触点的串联，即最后一步的触点和最后一步转到第一步的条件的触点这两个触点的串联。

【例 5-1】 顺序功能图如图 5-7 所示，使用起保停电路法编制梯形图。

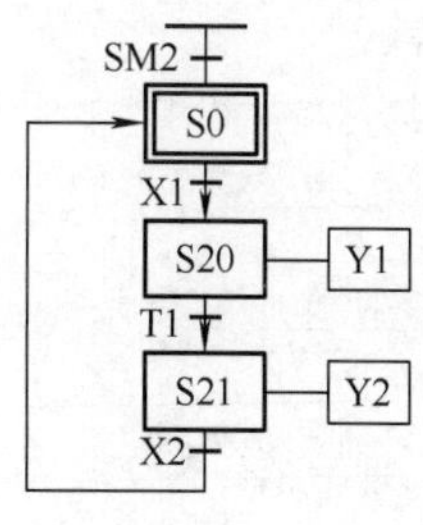

图 5-7　顺序功能图

使用起保停电路法编写的梯形图示例如图 5-8 所示。

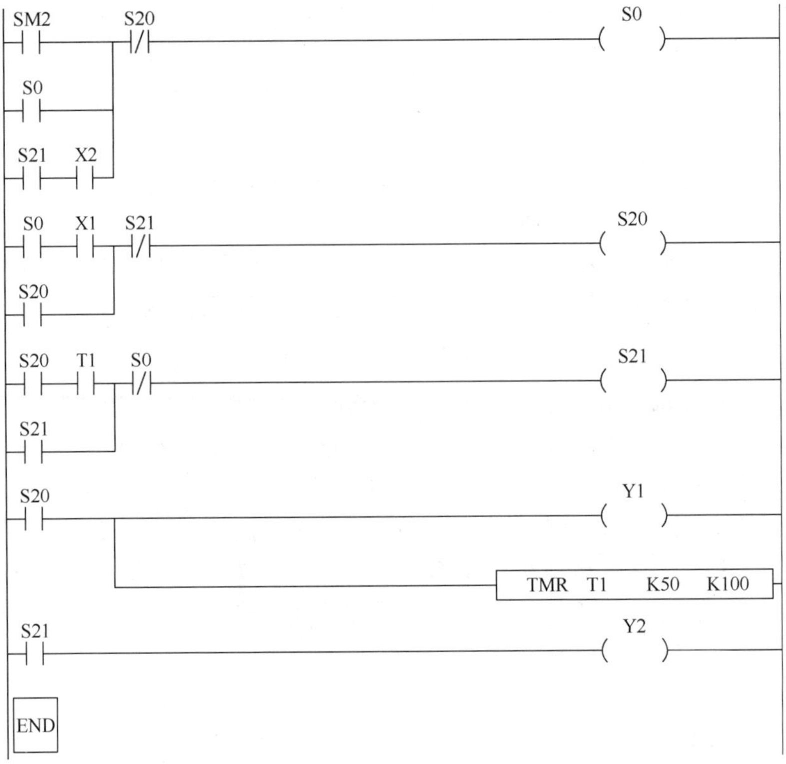

图 5-8　起保停电路法编写的梯形图示例图

3. 使用置位 / 复位指令的顺序功能图编程方法

在激活条件成立时，用 SET 指令激活本状态并维持其状态内动作的完成，用 RST 指令将前步状态变为非激活状态，这就是置位 / 复位指令实现状态转移的编程方法。同样，初始状态也必须用 SM2 来激活。

每一个转换对应一个置位和复位电路块，有几个转换就有几个这样的电路块，这种编写方法在设计较复杂的顺序功能图和梯形图中非常有用。使用复位 / 置位指令的状态转移梯形图如图 5-9 所示。

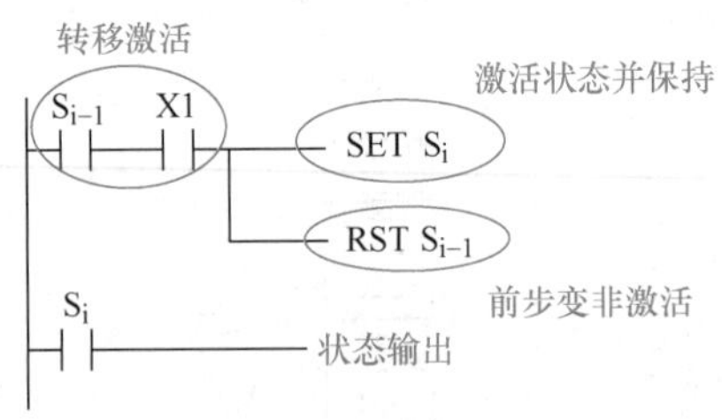

图 5-9　使用复位 / 置位指令的状态转移梯形图

【例 5-2】顺序功能图如图 5-7 所示，使用复位 / 置位指令编制梯形图。

使用复位 / 置位指令法编制梯形图示例如图 5-10 所示。

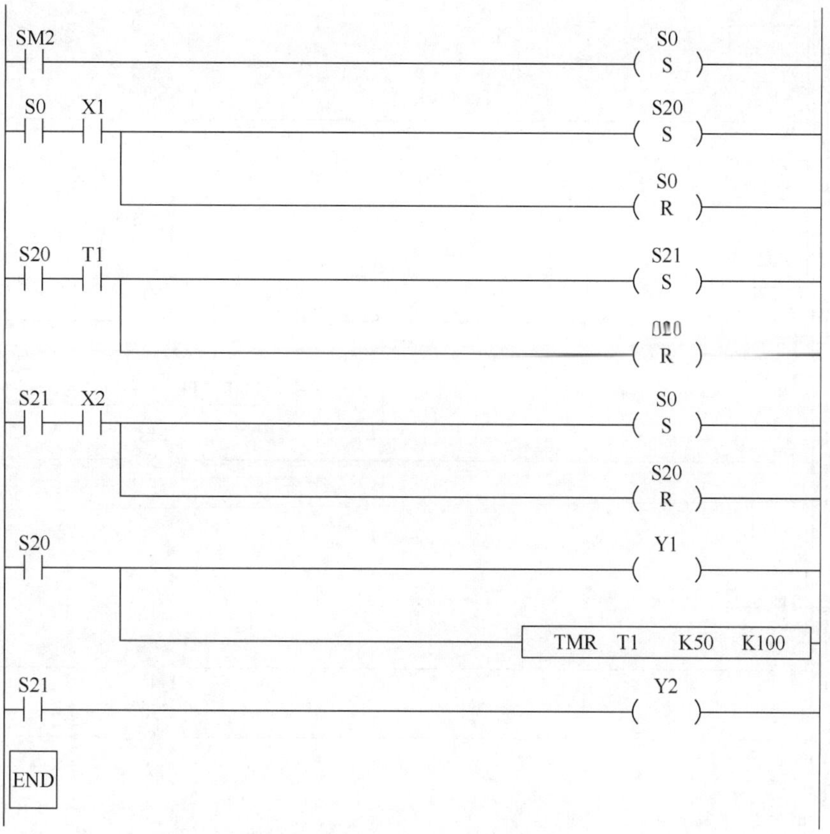

图 5-10　使用复位 / 置位指令法编制的梯形图示例图

4. 使用流程指令的顺序功能图编程方法

PLC 有专门用于编制顺序控制程序的流程指令。顺序功能图与梯形图的转换，需要有流程指令和状态继电器 S。STL 和 STLE 是一对流程指令，STL 后面的操作元件只能是状态组件，在梯形图中直接与母线相连，表示每一步的开始。STLE 是流程结束指令，后面没有操作数，是指状态流程结束，用于返回主程序（母线）。状态组件代表状态转移图各部分，每一步都具有三种功能：负载的驱动处理、指定转换条件和指定转化目标。

【例 5-3】顺序功能图如图 5-7 所示，使用流程指令编制梯形图。

使用流程指令编制梯形图示例如图 5-11 所示。

流程指令的使用注意事项：

1）输出驱动的保持性。流程指令梯形图内，当驱动输出时，如果用 SET 指令输出，则为保持性输出。即使发生状态转移，以后的状态中这个输出仍然会保持为 ON，直到使用 RST 指令使其复位。如果用 OUT 指令输出，则为非保持性输出，一旦发生状态转移，输出状态随着本状态的复位而 OFF。

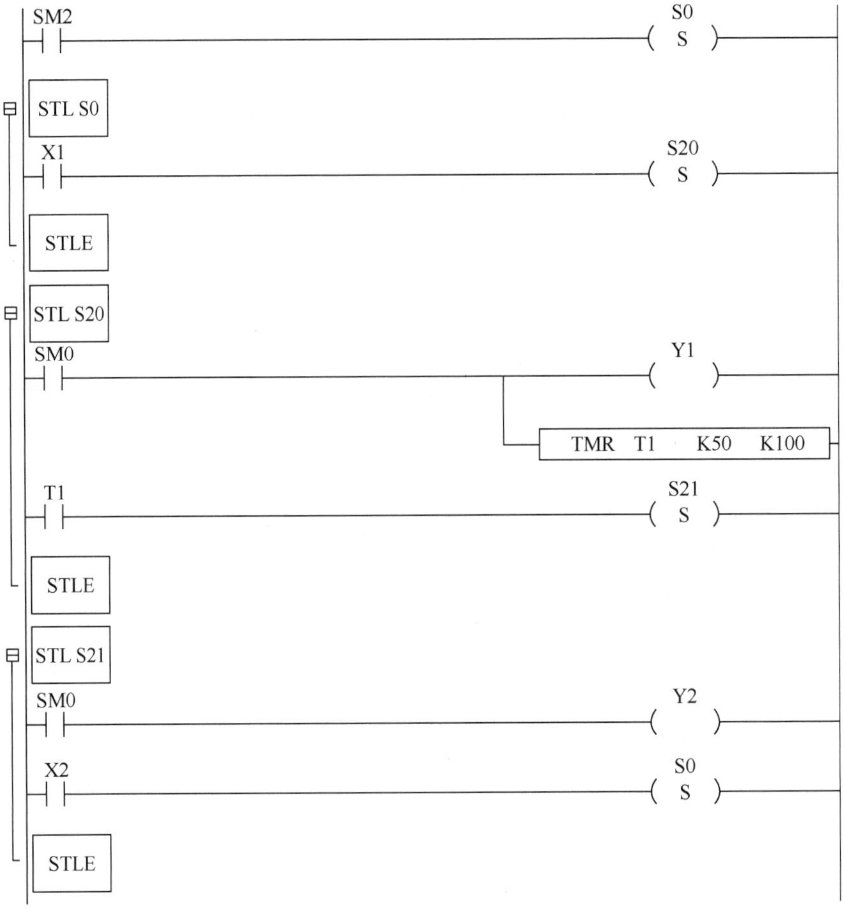

图 5-11　使用流程指令编制梯形图示例图

2）在中断程序与子程序中，不能使用 STL 程序块。在状态内部可以使用跳转指令，但因其动作复杂，不建议使用。

3）状态转移的动作时间。流程指令在状态转移的过程中，有一个扫描周期的时间是两种状态都处于激活状态。因此，对某些不能同时接通的输出，除了在硬件上设置互锁环节外，在流程梯形图上也应该设置互锁环节。

4）双线圈处理。由于在流程梯形图工作过程中，只有一个状态被激活，因此可以在不同的状态中使用同样编号的输出线圈。但如果在主母线的同一子母线上编程，仍然不可以使用双线圈。

5）输出驱动的序列。在状态母线内，输出有直接驱动和触点驱动两种。流程指令梯形图编程规定，无触点输出应先编程，一旦有触点输出编程后，则其后不能再对无触点输出编程。

6）STL 触点可以直接驱动或通过别的触点驱动 Y、M、S、T 等元件的线圈，STL 触点也可以使 Y、M、S 等元件置位或复位。

7）并行序列或选择序列中分支处的支路数不能超过 8 条，总支路数不超过 16 条。

5.3 项目实施

一、系统连接

彩灯广告屏控制系统计算机、触摸屏和 PLC 通信采用以太网电缆连接，如图 5-12 所示。

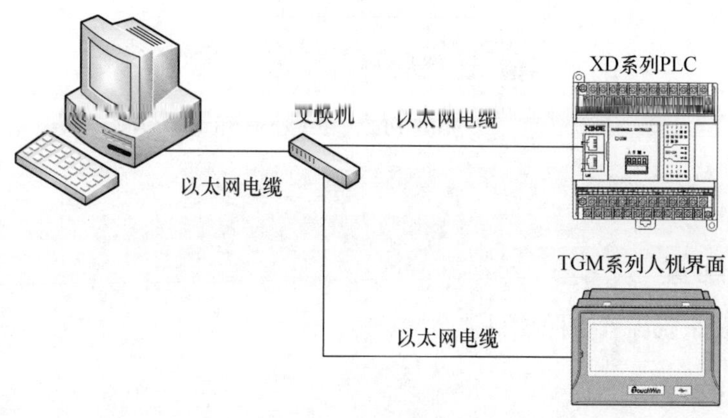

图 5-12　系统拓扑图

1. 输入 / 输出分配表

彩灯广告屏显示控制系统输入 / 输出分配见表 5-1。

2. 外部接线图

本项目用信捷 XDH-60T4 型可编程控制器实现彩灯广告屏显示控制系统的输入 / 输出接线，如图 5-13 所示。

表 5-1　彩灯广告屏显示控制系统输入 / 输出分配表

输入		输出	
名称	输入点	名称	输出点
起动按钮 SB1	X1	灯管 HL1	Y0
停止按钮 SB2	X2	灯管 HL2	Y1
暂停按钮 SB3	X3	灯管 HL3	Y2
单次 / 连续按钮 SB4	X4	灯管 HL4	Y3
—	—	流水灯 HL5	Y4
—	—	流水灯 HL6	Y5
—	—	流水灯 HL7	Y6
—	—	流水灯 HL8	Y7

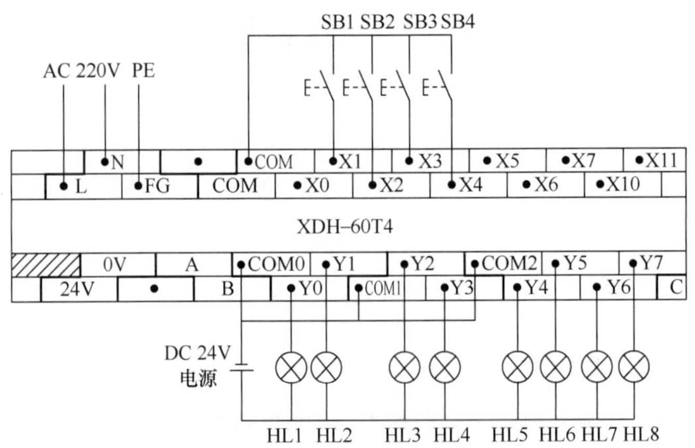

图 5-13 PLC 外部接线图

二、系统配置

PLC 和 HMI 系统配置参照项目 4。

三、系统编程

1. 编写梯形图程序

仔细分析控制要求，将控制要求细化为若干独立的不可分割的动作单元，按照动作的先后顺序，形成工作流程。根据彩灯广告屏显示控制系统的动作流程采用并行序列结构，画出图 5-14 所示顺序功能图。

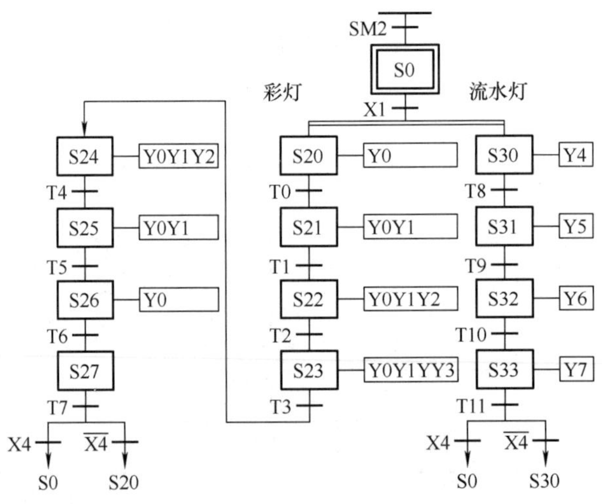

图 5-14 并行序列顺序功能图

系统停止控制的程序可以写在步进程序的外面，此项目中要求按下停止按钮 X2 时 4 个彩灯先全部熄灭，3s 后 4 组流水灯全部熄灭。程序编写过程中使用 M0 作为停止标志。停止功能完成后程序应回到初始状态。参考程序如图 5-15 所示。

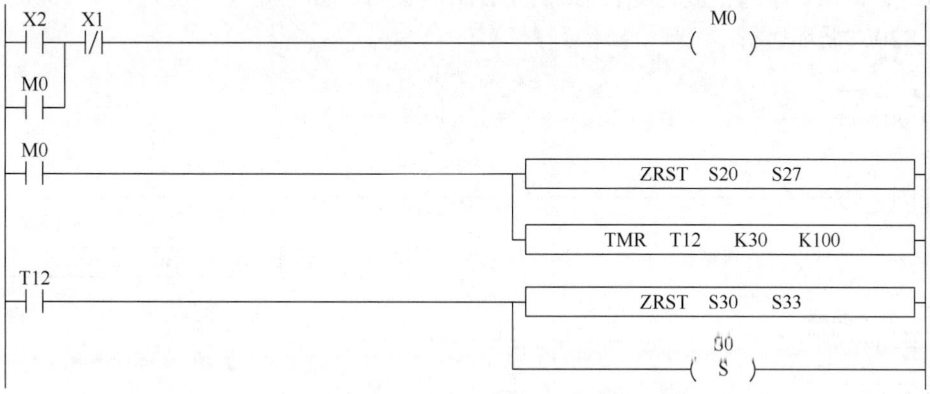

```
X2   X1                                   M0
─┤├──┬─┤/├──────────────────────────────( )─
M0   │
─┤├──┘
M0
─┤├──────────────────┬─[ZRST  S20  S27]
                     └─[TMR  T12  K30  K100]
T12
─┤├──────────────────┬─[ZRST  S30  S33]
                     │                    S0
                     └──────────────────( S )─
```

图 5-15　系统停止程序示例图

按下暂停按钮 X3 置位暂停标志 M100，按下起动按钮 X1 复位 M100，暂停标志的常闭触点串联在步进程序转换条件中，从而实现锁相功能。参考程序如图 5-16 所示。

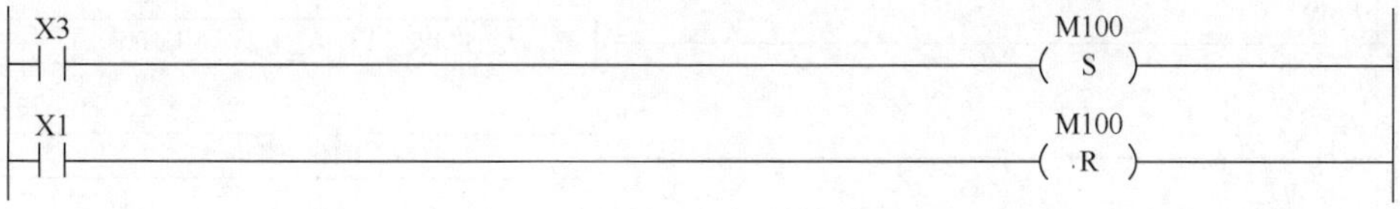

```
X3                                        M100
─┤├─────────────────────────────────────( S )─
X1                                        M100
─┤├─────────────────────────────────────( R )─
```

图 5-16　系统暂停程序示例图

彩灯广告屏显示控制系统中，彩灯和流水灯同时起动，但它们的工作流程相互独立，所以采用并行序列的顺序功能图的编程方法。在初始步 S0 中有一个并行分支结构。参考程序如图 5-17 所示。

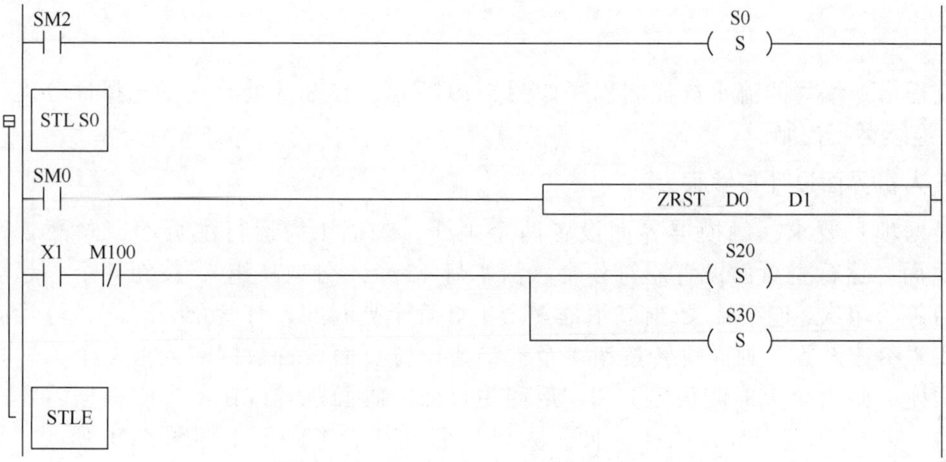

```
SM2                                       S0
─┤├─────────────────────────────────────( S )─
[STL S0]
SM0
─┤├──────────────────────[ZRST  D0  D1]
X1   M100                                 S20
─┤├──┤/├─────────────────┬──────────────( S )─
                         │                S30
                         └──────────────( S )─
[STLE]
```

图 5-17　彩灯、流水灯的并行起动程序示例图

流程指令编写的彩灯控制程序如图 5-18 所示，在 S27 处有一个选择性分支，如果是单次运行，即 X4 导通，流程返回 S0，完成单次运行；如果是连续运行，即 X4 断开，流程返回 S20，循环运行。

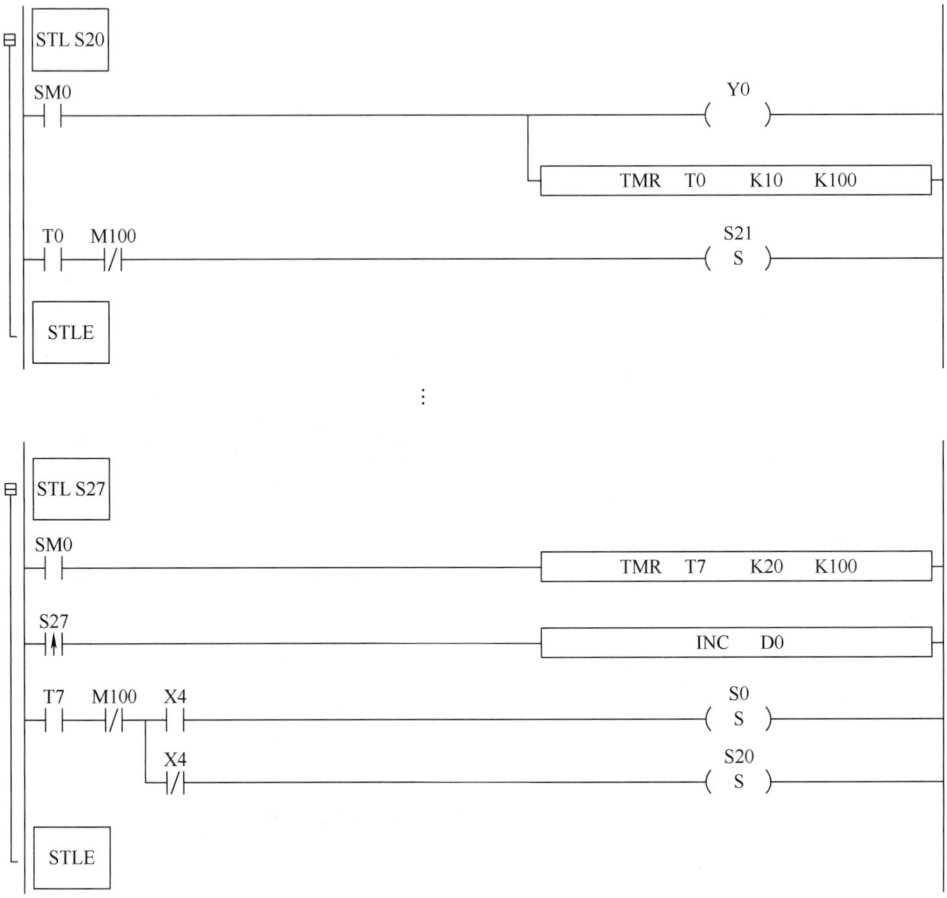

STL S20
SM0 Y0
TMR T0 K10 K100
T0 M100 S21 S
STLE

⋮

STL S27
SM0 TMR T7 K20 K100
S27 INC D0
T7 M100 X4 S0 S
X4 S20 S
STLE

图 5-18 彩灯控制程序示例图

流程指令编写的流水灯控制程序如图 5-19 所示，在 S33 处有一个选择性分支，完成单次 / 连续运行控制。

2. 人机界面设计与编程

根据项目要求，触摸屏界面设置两个画面，画面 1 为运行主页面，画面 2 为参数设置页面。运行主页面设置彩灯 4 个、流水灯 12 个（分成 4 组）、按钮 4 个（起动、停止、暂停、单次 / 连续）、数据显示框 3 个（灯管全亮时间、灯管全灭时间、灯管循环次数）和“参数设置”画面跳转按钮 1 个；参数设置页面设置数据输入框 2 个（灯管全亮时间设定、灯管全灭时间设定）和“返回主页面”画面跳转按钮 1 个。根据需要进行文字备注，界面合理布局，操作方便。人机界面设计参考画面 1 如图 5-20 所示，画面 2 如图 5-21 所示。

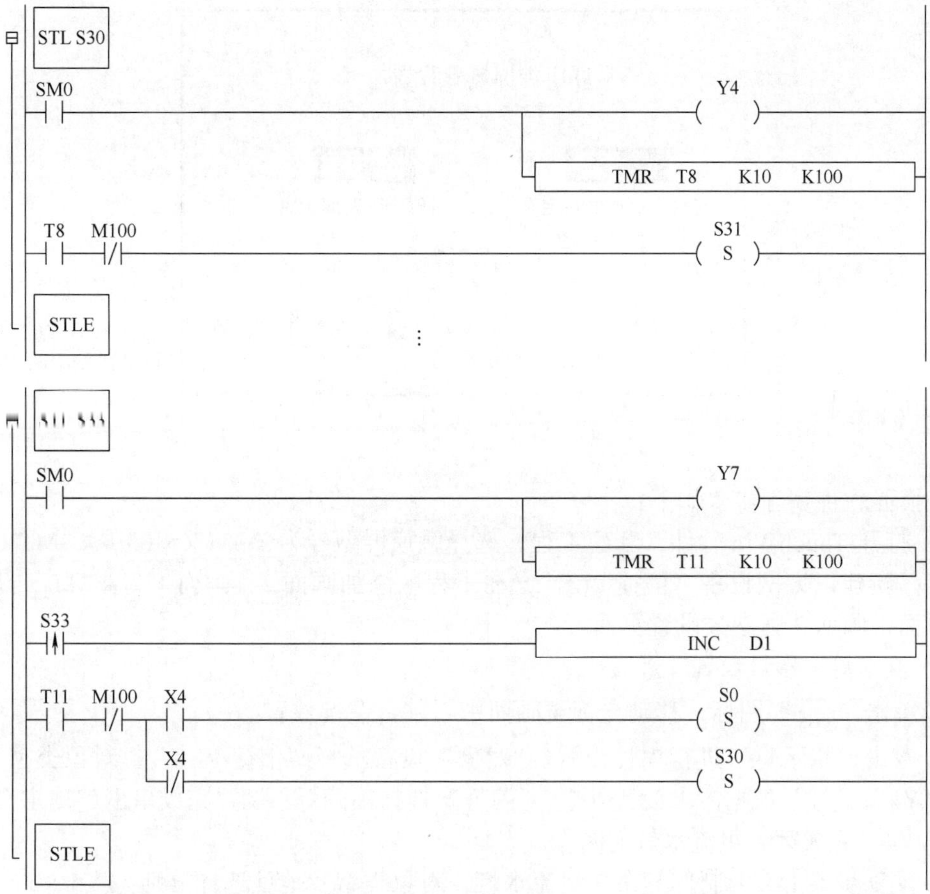

```
STL S30
SM0 ──┤ ├──────────────┬──( Y4 )
                       └──[ TMR  T8  K10  K100 ]
T8 ──┤ ├── M100 ──┤/├──────( S31 S )
STLE
        ⋮
STL S33
SM0 ──┤ ├──────────────┬──( Y7 )
                       └──[ TMR  T11  K10  K100 ]
S33 ──┤↑├──────────────────[ INC  D1 ]
T11 ──┤ ├── M100 ──┤/├──┬── X4 ──┤ ├──( S0 S )
                        └── X4 ──┤/├──( S30 S )
STLE
```

图 5-19　流水灯控制程序示例图

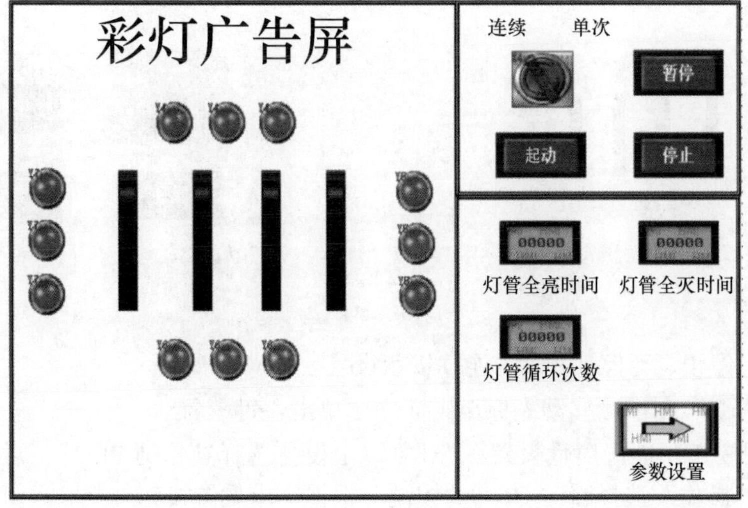

图 5-20　运行主页面示例图

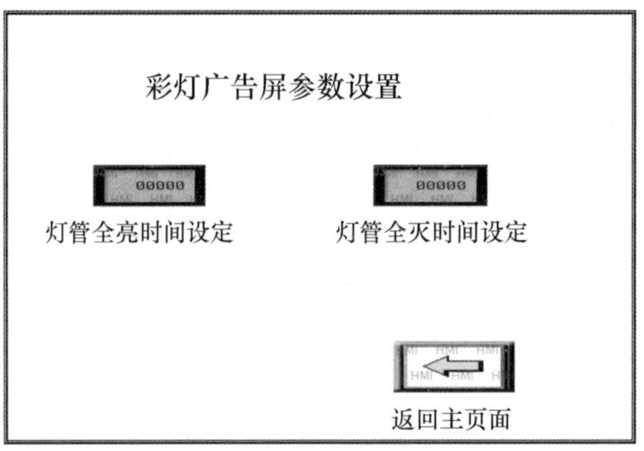

图 5-21　参数设置页面示例图

触摸屏软件编程步骤如下：

1）打开 TouchWin 软件，新建工程，选择触摸屏型号为 TGM765（S/L）-MT/UT/ET/XT/NT，新建以太网设备“信捷 PLC”，在工程区添加画面 2，画面 1 为彩灯广告屏的运行主页面，画面 2 为参数设置页面。

2）流水灯、彩灯设置。

① 单击“ ”图标，移动光标至画面中，单击左键放置。

② 双击“指示灯”进行属性设置。“对象”设备选择“信捷 PLC”；对象类型及地址选择“Y4”；“灯”根据需求设置外观；“闪烁”选择不闪烁；设置完成单击“确定”按钮。复制灯 Y4，完成第一组流水灯的制作。

③ 重复步骤①②，制作其余 3 组流水灯，对象类型及地址选择分别为 Y5、Y6、Y7。

④ 彩灯制作方法同流水灯，属性设置中“灯”选项卡“更换外观 / 样式 / 库 2”中选择对应指示灯；对象类型及地址选择分别为 Y0 ～ Y3，彩灯广告屏运行界面如图 5-22 所示。

图 5-22　彩灯广告屏运行界面示例图

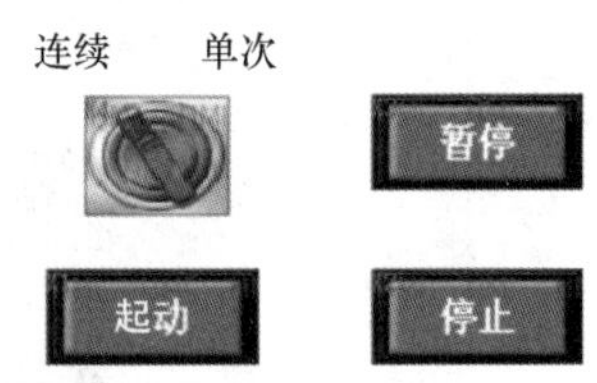

图 5-23　按钮操作界面示例图

3）起动、停止、暂停、单次 / 连续按钮设置。

① 单击“ ”图标，移动光标至画面中，单击左键放置。

② 双击“按钮”进行属性设置。“对象”中设备选择“信捷 PLC”，对象类型及地址选择“X1”；“操作”选择瞬时 ON；“按键”根据需求设置按钮外观，此处按钮文字内容为“起动”；设置完成单击“确定”按钮。

③ 重复步骤①②，制作停止、暂停按钮，对象类型及地址选择 X2、X3。

④ 单次 / 连续按钮制作时，对象类型及地址选择“X4”；“操作”选择取反；“按键”选项卡“更换外观 / 样式 / 库 1”中选择对应按钮；“单次”“连续”使用文字串备注，按钮操作界面如图 5-23 所示。

4）彩灯全亮、全灭、循环次数的显示设置。

① 单击“999”图标，移动光标至画面中，单击左键放置。

② 双击“数据显示”进行设置。“对象”设备选择“信捷 PLC”；对象类型及地址选择“TD3”；数据类型为“Word”；“显示”类型选择“十进制”，小数位设置为“1”；文字串备注“灯管全亮时间”。

③ 重复步骤①②操作，完成灯管全灭时间显示框，对象类型及地址选择“TD7”。

④ 重复步骤①②操作，完成灯管循环次数显示框，对象类型及地址选择“D0”；不勾选“比例转换”，数据显示界面如图 5-24 所示。

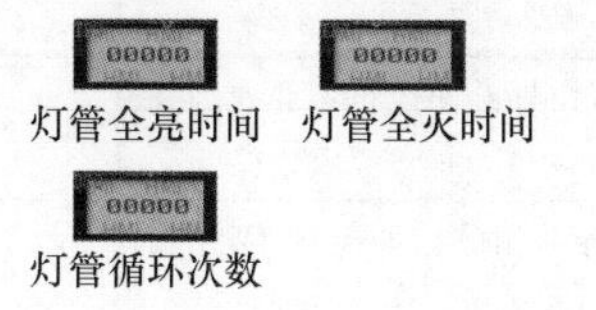

图 5-24　数据显示界面示例图

灯管全亮时间设定

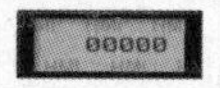

图 5-25　参数设置界面示例图

5）彩灯全亮、全灭时间设定数据输入框设置。

① 单击“23”图标，移动光标至画面中，单击左键放置。

② 双击“数据输入”进行属性设置。“对象”设备选择“信捷 PLC”；对象类型选择“D2”；数据类型为“Word”；“显示”类型选择“十进制”，小数位设置为“1”。

③ 重复步骤①②操作，完成灯管全灭时间设定数据输入框，对象类型选择“D3”，参数设置界面如图 5-25 所示。

6）页面跳转并加密设置。

① 在画面 1 中，单击“”图标，移动光标至画面中，单击左键放置。

② 双击“画面跳转”进行属性设置。“操作”选项卡中跳转画面号输入跳转画面号 2；“密码模式”选择“验证模式”。“按键”选项卡“更换外观”选择需要的按键外观；勾选“密码”，密码级别选择级别 1（文件 / 系统设置 / 参数 / 勾选密码 / 密码级别选择级别 1，密码设置 123）。文字串备注“参数设置”，如图 5-26 所示。

③ 在画面 2 中，制作画面跳转，跳转画面号输入跳转画面号 1，密码模式为登录模式；文字串备注“返回主页面”，如图 5-27 所示。

图 5-26　“参数设置”示例图

返回主页面

图 5-27　“返回主页面”示例图

7）完成触摸屏程序编写，并下载运行。

四、系统调试

根据实际现象，对照评分表对本项目进行检查。

模块	评分表	分值 / 分	得分
基础接线模块（20 分）	1. 正确连接 PLC 电源，使 PLC 能正常启动	4	
	2. 正确连接触摸屏电源，使触摸屏能够正常启动	4	
	3. 正确连接按钮，使 PLC 可正确接收到输入信号	2	
	4. 正确连接指示灯，并能通过 PLC 点亮	3	
	5. 按下按钮后，指示灯受 PLC 控制点亮	3	
	6. 正确连接可编程控制器与触摸屏之间的通信线缆	4	
PLC 编程（40 分）	1. 软元件地址注释表每少一处地址扣 0.5 分，最多扣 5 分	5	
	2. 未按下起动按钮时，彩灯广告屏显示控制系统为初始状态（所有灯为熄灭状态、相应按钮为 OFF 状态、计时器不起动）不扣分；如初始化状态有异常，每处扣 0.5 分，最多扣 2 分	2	
	3. 按下起动按钮后，系统开始运行，彩灯按要求正常运行不扣分，如运行不正常，每一点扣 1 分，最多扣 5 分	5	
	4. 按下起动按钮后，系统开始运行，流水灯按要求正常运行不扣分，如运行不正常，每一点扣 1 分，最多扣 4 分	4	
	5. 按下暂停按钮，系统停止工作并保持当前状态，若未按要求暂停，每错一处扣 1 分	3	
	6. 按下停止按钮，彩灯未停止扣 3 分；可以停止，但未按要求停止，扣 1 分	2	
	7. 按下停止按钮，流水灯未停止扣 3 分；可以停止，但未按要求停止，扣 2 分	3	
	8. 相关运行时间参数不可设置扣 5 分；可设置，但设置参数不全面，扣 3 分	5	
	9. 选择连续模式程序能够重复运行且正常，得 5 分；若只能运行一次扣 2 分	5	
	10. 选择单次模式程序能够单次运行且正常，得 3 分；若不能按要求运行 2 分	3	
	11. 按键之间无冲突，得 3 分	3	
触摸屏画面绘制（30 分）	1. 彩灯广告屏指示灯及按钮齐全，不扣分；每少一个扣 1 分，最多扣 5 分	5	
	2. 彩灯广告屏实时状态显示正确，不扣分；每错一处扣 1 分，最多扣 6 分	6	
	3. 计时时间显示正确且有单位不扣分；无时间显示，扣 4 分，有时间显示但无单位或单位不全、不正确，扣 2 分	4	
	4. 对应时间可设置，可正确设置且有单位不扣分；无时间设置，扣 3 分，时间可设置但无单位或单位不全、不正确，扣 2 分	3	
	5. 有加密页面，且正确输入密码后跳转到目标页面，不扣分；没有加密页扣 2 分；有加密页但跳转错误扣 1 分	2	
	6. 无加密页面，能跳转到目标页面，不扣分；跳转错误扣 1 分	1	
	7. 所有器件标注齐全（例如按钮备注、指示灯用处等），每有一处没标注扣 0.5 分，最多扣 4 分	4	
	8. 画面整齐，功能布局明朗，区域划分合理，得 5 分	5	
安全 6S 素养（10 分）	1. 安全用电，未发生带电插拔电线电缆，得 3 分	3	
	2. 着装规范整洁，未穿着存在安全隐患的服饰，得 2 分	2	
	3. 工位保持整洁，工具整齐，得 3 分	3	
	4. 地面清洁干净，得 2 分	2	
合计		100	

5.4 6S 整理

在所有的任务都完成后，按照 6S 职业标准打扫实训场地，图 5-28 为 6S 整理现场标准图示。

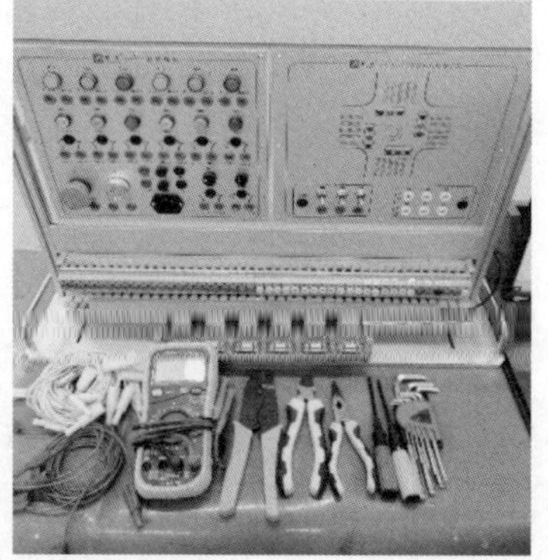

图 5-28 6S 整理现场标准图示

项目 6
自助洗车机系统应用编程

证书技能要求

可编程序控制器系统应用编程职业技能等级证书技能要求（初级）	
序号	职业技能要求
1.3.2	能够正确连接人机界面
2.1.3	能够正确配置 PLC 通信参数，使 PLC 与上位机成功通信
2.1.4	能够正确配置 PLC 通信参数，使 PLC 与 HMI 成功通信
2.2.1	能够正确选择人机界面机型，并创建空程序
2.2.3	能够正确配置 HMI 通信参数，使 HMI 与上位机成功通信
2.2.4	能够正确配置 HMI 通信参数，使 HMI 与 PLC 成功通信
3.1.1	能够正确创建新的 PLC 程序
3.1.5	能够使用定时 / 计数指令完成程序编写
3.2.1	能够使用触点比较指令完成程序编写
3.2.2	能够使用数据传送指令完成程序编写
3.2.3	能够使用数据运算指令完成程序编写
3.3.1	能够根据要求规划元件
3.3.2	能够根据要求调用编辑控件
3.3.3	能够将各控件正确链接到 PLC 的变量
3.3.4	能够根据要求完成 HMI 程序的编写
4.2.1	能够正确操控元器件状态
4.2.2	能够使用数据显示控件正确显示数据
4.2.3	能够使用数据输入控件正确输入数据
4.2.4	能够通过画面跳转控件完成画面跳转
4.3.1	能够完成 PLC 程序的调试
4.3.2	能够完成 PLC 与 HMI 的联机调试

项目导入

根据汽车行业专家们的预测，随着我国经济的持续高速发展和人们消费观念的改变，中国将成为世界轿车的消费大国，即我国轿车保有量在未来的一二十年里将会有飞速提高。汽车的平时清洁护理和定期美容保养，必然成为人们日常的消费内容。另一方面，我国各大中城市虽然发展很快，但配套不完善，缺乏停车场所，使大量汽车只能露天停放，饱受风吹、雨淋、日晒的无奈，致使汽车日渐老化。这就更加促进了汽车美容业的发展，而汽车清洗是汽车美容项目的重要一项。

本项目包含三部分内容：项目分析，列举分析自助洗车机系统控制要求和人机界面设计要求；相关知识，重点介绍 PLC 控制系统的设计流程，并给出自助洗车机控制系统流程框图，详细讲解触摸屏实现七段码显示的方法；项目实施，按照系统连接、系统配置、系统编程和系统调试完成自助洗车机控制系统应用设计。

学习目标

知识目标	熟练掌握顺序功能图的编程方法 熟练掌握信捷 XD 系列 PLC 数据传送指令、数据运算指令、比较指令的使用方法 熟练掌握触摸屏按钮、指示灯、数字输入、数字输出、旋转动画、画面跳转等控件的使用 熟练掌握 PLC、触摸屏以太网通信参数的设置方法
技能目标	能够完成自动洗车机控制系统线路连接（电源部分、PLC 和触摸屏网线连接） 能够正确完成 PLC 和触摸屏的参数设置，实现程序正常下载和运行 能够正确编写自动洗车机控制系统 PLC 控制程序 能够按规定进行通电调试，能排除调试过程中出现的故障，直至系统正常工作
素养目标	面对复杂应用项目时，激发学生求知欲，引导学生通过自主学习解决难题，树立克服困难的信心和决心 培养学生安全操作意识和团队合作精神

实施条件

分类	名称	实物及型号 / 版本	数量
硬件准备	信捷 XD 系列 PLC	XDH-60T4	1 台
	触摸屏	TGM765S-ET	1 台
软件准备	信捷 PLC 编程软件	XDPPro V3.7.4a	1 套
	信捷 TouchWin 编辑工具	TWin v2.e5a	1 套

6.1 项目分析

一、系统控制要求

1）设计投币自助洗车机。有 3 个投币孔，分别为 5 元、10 元及 50 元 3 种，当投币金额等于或超过洗车设定金额时，按起动开关自助洗车机才会动作，起动灯亮。7 段数码管会显示投币金额。

2）自助洗车机动作流程。

① 按下起动开关之后，自助洗车机开始往右移，喷水设备开始喷水，刷子开始洗刷。

② 自助洗车机右移到达右极限开关后，开始往左移，喷水机及刷子继续动作。

③ 自助洗车机左移到达左极限开关后，开始往右移，喷水机及刷子停止动作，清洁剂设备开始动作——喷洒清洁剂。

④ 自助洗车机右移到达右极限开关后，开始往左移，继续喷洒清洁剂。

⑤ 自助洗车机左移到达左极限开关后，开始往右移，清洁剂停止喷洒，当自助洗车机往右移 2s（该时间可通过触摸屏进行设置或修改）后停止，刷子开始洗刷。

⑥ 刷子开始洗刷 3s（该时间可通过触摸屏进行设置或修改）后停止，自助洗车机开始往右移，喷水机喷洒清水与刷子洗刷，将车洗干净，当碰到右极限开关时，洗车机停止前进并往左移，喷水机喷洒清水及刷子洗刷继续动作，直到碰到左极限开关后停止，并开始往右移。

⑦ 自助洗车机往右移，风扇设备动作将车吹干，碰到右极限开关时，自助洗车机停止并往左移，风扇继续吹干动作，直到碰到左限位开关，则整个洗车流程完成，起动灯熄灭。

3）原点复位设计。若自助洗车机正在动作时发生停电或故障，则故障排除后必须使用原点复位，将自助洗车机复位到原点，才能进行洗车全流程的动作，其动作就是按下复位按钮，则自助洗车机的右移、喷水、洗刷、风扇及清洁剂喷洒均需停止，自助洗车机往左移，当自助洗车机到达左极限开关时，原点复位灯亮起，表示自助洗车机完成复位动作。

4）自助洗车机在运动过程中可随时停止。停止按钮按下，洗车机的移动、喷水、洗刷、风扇及清洁剂喷洒均需停止。再次触发运动需要将自助洗车机进行原点复位。

二、人机界面设计要求

1）显示自助洗车机当前所处的工作状态和模式，要做到只看触摸屏也能知道自助洗车机的状态。

2）控制要求中出现的相关时间必须都可以设置；可以显示当前定时器倒计时，精确到 0.1s。

3）参数设置页面需要加密，正确输入密码后才能跳转到目标页面。时间参数的设置全部在加密页进行。

4）模拟动画，要求可以从动画中直观地看出自助洗车机当前的工作过程。

5）自助洗车机左右移动、喷水、喷洒清洁剂、洗刷、风扇等必须给出形象的模拟动画。

6）画面上所有元件都需要有明确的文字说明，明确该元件的功能。

6.2　相关知识

一、PLC 控制系统设计

可编程控制器技术是一项工程实际应用技术，如何按照控制要求设计出安全可靠、运行稳定、操作简便、维护容易、性价比高的控制系统，是我们学习 PLC 技术的一个重要目的。设计 PLC 控制系统时，应遵循一些基本原则：最大限度地满足被控对象的控制要求；保障控制系统的可靠性和安全性；力求使控制系统简单、经济、实用和维护方便；选择 PLC 时，要考虑生产和工艺改进所需的余量。

PLC 控制系统设计的一般流程如图 6-1 所示。

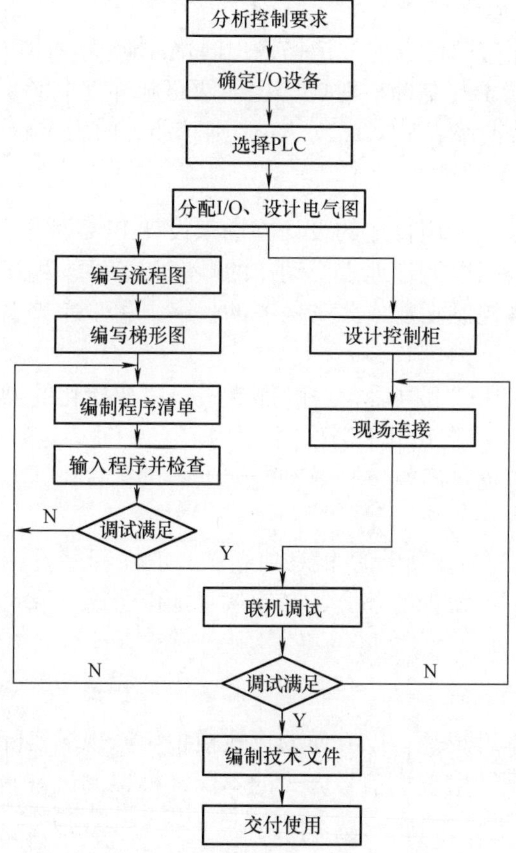

图 6-1　PLC 控制系统设计一般流程图

1. 分析被控对象并提出控制要求

详细分析被控对象的工艺过程及工作特点，了解被控对象机电之间的配合，提出被控对象对 PLC 控制系统的控制动作和要求，确定控制方案，拟定设计任务书。

2. 确定输入 / 输出设备

根据系统的控制要求，确定所需的输入设备和输出设备，从而确定 PLC 的 I/O 点数。

3. 选择 PLC

PLC 的选择包括对 PLC 的机型、容量、I/O 模块及电源等的选择。

4. 分配 I/O 点并设计 PLC 外围硬件电路

画出 PLC 的 I/O 点与输入 / 输出设备的连接图或对应关系表；画出系统其他部分的电气电路图，包括主电路和未连接 PLC 的控制电路等，确定硬件电气电路。

分配 I/O 点时应注意高速计数脉冲输入端子以及中断口的分配，以信捷 XDH 系列为例做介绍。

选择输入口时如果不是高速计数也不使用中断则优先避开高速计数及中断，如果使用高计数功能，则优先使用 X0、X1（不占用中断口），X2 ～ X13 中存在高速计数与中断复用的端子，使用中断端子时优先避开高速计数端子，为后期增加输入做好预留。

输出口主要考虑脉冲与脉冲方向，选择输出时优先避开脉冲口，脉冲口为输出的前几路，一般分配脉冲方向端子与脉冲口对应，比如两路脉冲 Y0、Y1，则分配的脉冲方向为 Y2、Y3；如果为 4 路脉冲 Y0、Y1、Y2、Y3，则脉冲方向为 Y4、Y5、Y6、Y7。

5. 程序设计

根据系统的控制要求，采用合适的设计方法来设计 PLC 程序。对于复杂的控制系统，需绘制系统控制流程图，用以清楚地表明动作的顺序和条件。程序要以满足系统控制要求为主线，逐一编写实现各控制功能或各子任务的程序，逐步完善系统指定的功能。除此之外，程序通常还应包括以下内容。

1）初始化程序。在 PLC 上电后，一般都要做一些初始化的操作，为启动做必要的准备，避免系统发生误动作。初始化程序的主要内容有：对特定数据区、计数器等进行清零，对特定数据区所需数据进行恢复，对特定继电器进行置位或复位，对特定初始状态进行显示等。

2）检测、故障诊断和显示等程序相对独立，一般在程序设计基本完成时再添加。保护和联锁程序是程序中不可缺少的部分，必须认真加以考虑。它可以避免由于非法操作而引起的控制逻辑混乱。

6. 程序模拟调试

程序模拟调试的基本思想是：以方便的形式模拟生产现场实际状态，为程序的运行创造必要的环境条件。根据产生现场信号方式的不同，模拟调试有硬件模拟法和软件模拟法两种形式。

硬件模拟法是使用一些硬件设备（如用另一台 PLC 或一些输入或输出信号器件等）模拟产生现场的信号，并将这些信号以硬接线的方式连到 PLC 系统的输入或输出端，其时效性较强。

软件模拟法是在 PLC 中另外编写一套模拟程序，模拟程序提供现场信号，采用分段调试的方法，利用编程软件的监控功能完成模拟程序功能测试。此法简单易行，但时效性不易保证。

7. 硬件实施

硬件实施方面主要是进行控制柜（台）等硬件的设计及现场施工，其主要内容有：设计控制柜和操作台等部分的电气布置图、安装接线图和设计系统各部分之间的电气互连图。然后根据施工图样进行现场接线，并进行详细检查。

由于程序设计与硬件实施可同时进行，因此 PLC 控制系统的设计周期可大大缩短。

8. 联机调试

联机调试是将通过模拟调试的程序进一步进行在线统调。联机调试过程应循序渐进，从 PLC 只连接输入设备、再连接输出设备、再接上实际负载等步骤逐步进行调试。如不符合要求，则对硬件和程序稍加调整，通常只需修改部分程序即可。

全部调试完毕后，交付试运行。经过一段时间运行后，如果设备工作正常、程序不需要修改，应将程序固化到 EPROM 中，以防程序丢失。

9. 整理和编写技术文件

技术文件包括设计说明书、硬件原理图、安装接线图、电气元件明细表、PLC 程序以及使用说明书等，见表 6-1。

表 6-1　控制系统设计相关技术文件表

文件夹名称	存储内容	需求度
00_ 工艺文档	当前项目选用的电气设备硬件列表	必须有
01_ 配置选型	当前项目选用的电气设备硬件列表	必须有
02_I/O 分配	当前项目 PLC 程序的输入 / 输出分配表	必须有
03_ 软元件分配	当前项目的软元件资源分配表（PLC+HMI）	必须有
04_ 程序流程	当前项目 PLC 程序对应的流程图文件	必须有
05_PLC 程序	当前项目 PLC 文件	必须有
06_HMI 程序	当前项目触摸屏文件	必须有
07_ 设备文件	设备文件，包括照片、视频、机械图样、电气接线、图标素材等	视情况
08_ 配置文档	项目使用的配置文件，包括伺服系统、PLC 等的设置参数保存到配置文件	视情况
09_ 用户手册	项目调试手册、使用说明、用户手册等文档	必须有
10_ 复盘总结	复盘整个项目，总结收获，列出学到的新知识，记录薄弱的环节等	必须有
11_ 技术资料 – 客户提供	存放其他附件，例如客户提供的触摸屏画面、文档等	视情况
12_ 其他文档	当前程序基于的模板的文件夹（程序只保留基于的最新版本）	视情况
13_ 工程模板	当前程序基于的模板的文件夹（程序只保留基于的最新版本）	视情况

二、自助洗车机控制系统程序流程图

对于复杂的控制程序，在开始编程前，要根据控制功能要求进行细致的分析，以便对程序的整体结构有一个基本的构思。流程图不同于顺序功能图，后者可以直接上机编写，而流程图主要表达的是一种基本构思。绘制流程图是分析功能的一种常用方法。流程图又称为流程框图或框图，它用约定的几何图形、有向线段和简单的文字说明来描述 PLC 的处理过程和程序的执行步骤。

用流程图来分析自助洗车机的控制功能，描述 PLC 程序的执行步骤，如图 6-2 所示。流程图为接下来的编程打好了基础，明晰编程思路，避免多次返工。

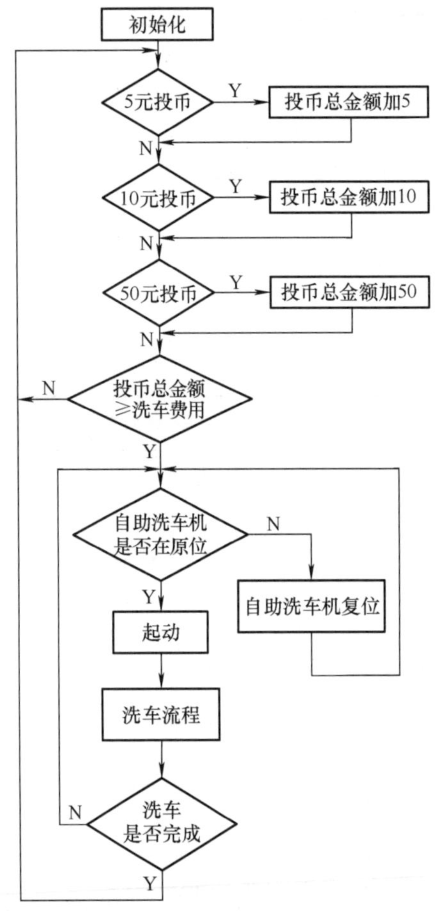

图 6-2　自助洗车机控制系统流程图

三、GROUP 和 GROUPE 指令的使用

GROUP 和 GROUPE 指令虽然指令本身并不具有实际意义，是否添加并不影响程序运行效果。但是对于控制功能复杂，程序冗长的工程，使用 GROUP 和 GROUPE 指令对不同功能指令段进行编组，可优化程序结构，提高程序可读性。

在使用时应注意，GROUP 和 GROUPE 指令必须成对出现，在折叠语段的开始部分输入 GROUP 指令，在折叠语段的结束部分输入 GROUPE 指令，如图 6-3 所示。程序中使用 GROUP 和 GROUPE 指令后，双击工程栏的“梯形图编程”选项下的行注释，则可以直接跳转到编辑区的本段程序，极大地方便了程序的查找和阅读，如图 6-4 所示。

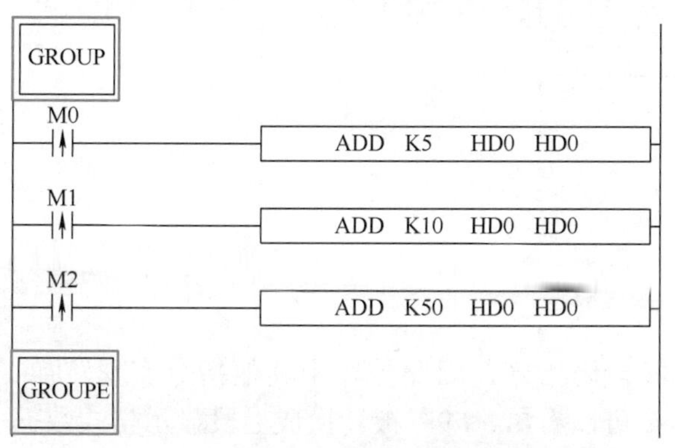

图 6-3　GROUP 和 GROUPE 指令成对使用图

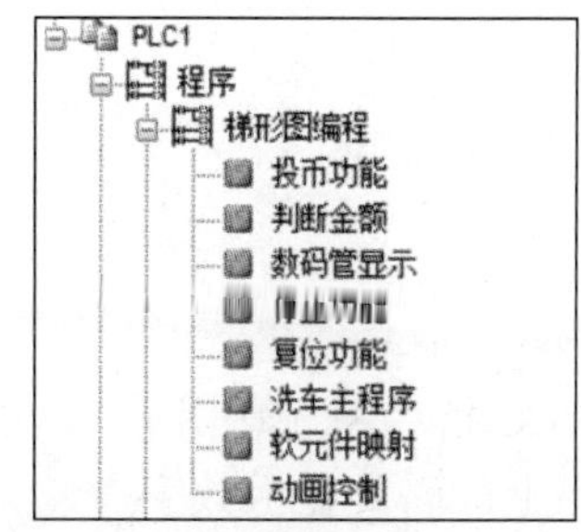

图 6-4　使用 GROUP 和 GROUPE 指令后工程栏显示图

四、利用触摸屏实现七段码显示

根据项目要求，需要在触摸屏上用七段数码管显示投币金额。在触摸屏上可以用“指示灯”控件，按照表 6-2 中的对应关系拼出一个七段码显示器，如图 6-5 所示。

表 6-2　4 位二进制数与七段码显示数对应关系表

(s)					7 段的构成	(d)											显示数据
16 进制数	b3	b2	b1	b0		b15	～	b8	b7	b6	b5	b4	b3	b2	b1	b0	
0	0	0	0	0		0	0	0	0	0	1	1	1	1	1	1	0
1	0	0	0	1		0	0	0	0	0	0	0	0	1	1	0	1
2	0	0	1	0		0	0	0	0	1	0	1	1	0	1	1	2
3	0	0	1	1		0	0	0	0	1	0	0	1	1	1	1	3
4	0	1	0	0		0	0	0	0	1	1	0	0	1	1	0	4
5	0	1	0	1	b0	0	0	0	0	1	1	0	1	1	0	1	5
6	0	1	1	0	b5 b1	0	0	0	0	1	1	1	1	1	0	1	6
7	0	1	1	1	b6	0	0	0	0	0	1	0	0	1	1	1	7
8	1	0	0	0	b4 b2	0	0	0	0	1	1	1	1	1	1	1	8
9	1	0	0	1	b3	0	0	0	0	1	1	0	1	1	1	1	9
A	1	0	1	0		0	0	0	0	1	1	1	0	1	1	1	A
B	1	0	1	1		0	0	0	0	1	1	1	1	1	0	0	b
C	1	1	0	0		0	0	0	0	0	1	1	1	0	0	1	C
D	1	1	0	1		0	0	0	0	1	0	1	1	1	1	0	d
E	1	1	1	0		0	0	0	0	1	1	1	1	0	0	1	E
F	1	1	1	1		0	0	0	0	1	1	1	0	0	0	1	F

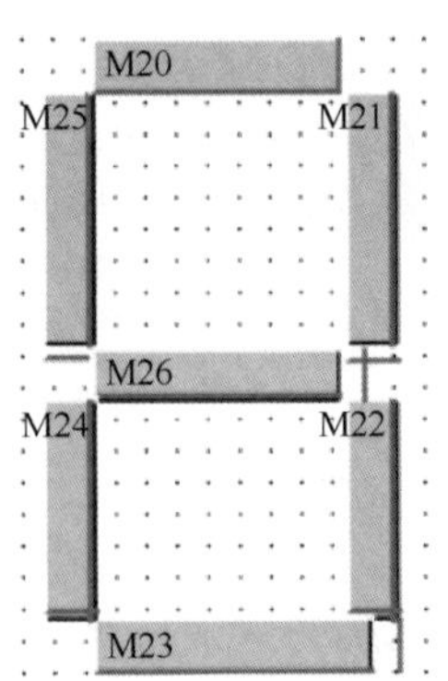

图 6-5　触摸屏七段码显示器图

信捷 PLC 指令系统中并没有现成的七段译码指令，因此需要用其他指令实现转换，例如，如果七段码要显示数字“9”，从表 6-2 可以看出，“9”被转换成七段显示格式数据为 01101111，该数据送到触摸屏七段码显示器，显示结果为 b6、b5、b3、b2、b1、b0 段亮（b4 段不亮），则七段码显示器显示出数字“9”，二进制 01101111 转换成十进制就是“111”。

例：如果当 HD1 为 5 时，参考表 6-2 可知，对应的二进制数 01101101，转换为十进制数为 K109，将 K109 送给 M20 往后的 16 位，则触摸屏上对应的 7 段数码管 M26、M25、M23、M22、M20 段亮（M24、M21 段不亮），数字“5”就显示出来了，其他数字同理。数字“0 ～ 9”的七段译码梯形图如图 6-6 所示。

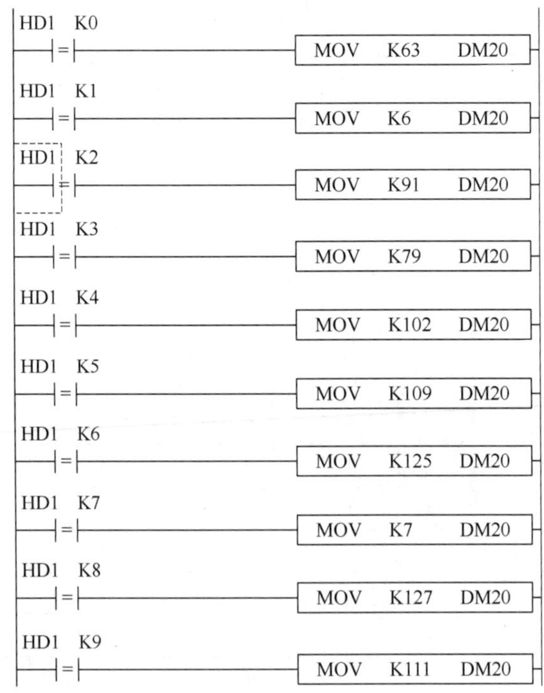

图 6-6　七段译码梯形图

6.3　项目实施

一、系统连接

自助洗车机控制系统计算机、触摸屏和 PLC 采用以太网通信，如图 6-7 所示。

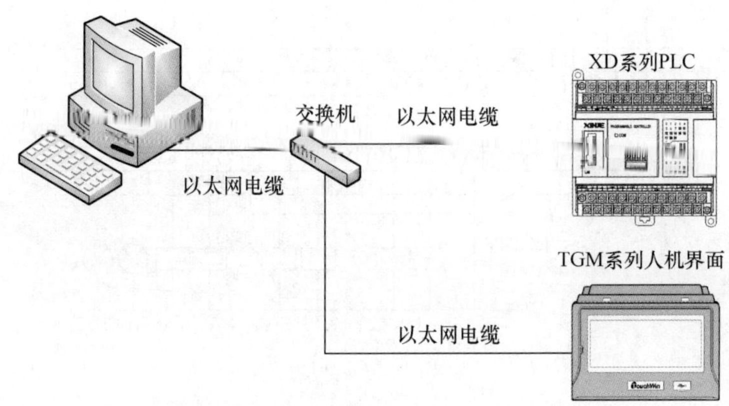

图 6-7　系统连接拓扑图

1. 输入 / 输出分配表

控制系统输入 / 输出分配见表 6-3。

表 6-3　输入 / 输出分配表

输入		输出	
名称	输入点	名称	输出点
5 元投币检测传感器 SQ1	X0	洗车机右移输出控制中间继电器 KA1	Y0
10 元投币检测传感器 SQ2	X1	洗车机左移输出控制中间继电器 KA2	Y1
50 元投币检测传感器 SQ3	X2	喷水驱动中间继电器 KA3	Y2
左极限位置传感器 SQ4	X3	洗刷驱动中间继电器 KA4	Y3
右极限位置传感器 SQ5	X4	喷清洁剂驱动中间继电器 KA5	Y4
起动按钮 SB1	X5	风扇驱动中间继电器 KA6	Y5
复位按钮 SB2	X6	起动灯 HL1	Y6
停止按钮 SB3	X7	复位灯 HL2	Y7

2. 外部接线图

信捷 XDH-60T4 型可编程控制器实现自助洗车机控制系统的输入 / 输出接线，如图 6-8 所示。

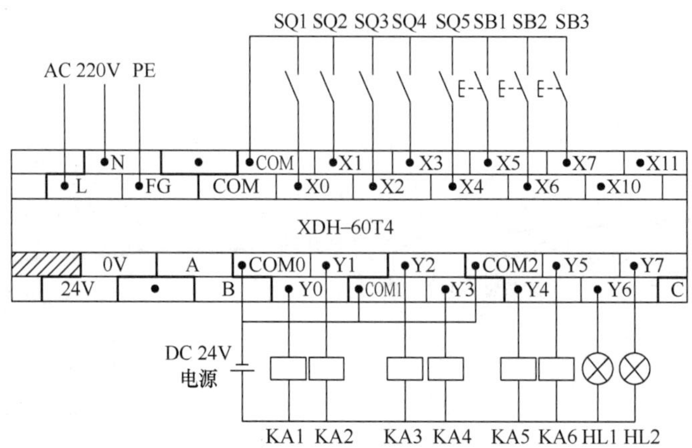

图 6-8　系统外部接线图

二、系统配置

本项目系统配置与前两个项目相同，详见项目 4 中的系统配置方法。

三、系统编程

根据自助洗车机系统控制要求和 HMI 设计要求，该程序从功能上可以分为：投币和金额判断、触摸屏七段码显示、停止和系统复位、洗车流程控制、动画控制等几部分。

为方便实现 HMI 动画效果，本参考程序全部采用与触摸屏关联的软元件作为输入 / 输出变量进行编程，HMI 与 PLC 软元件对应关系详见表 6-4。

表 6-4　HMI 与 PLC 软元件对应关系表

输入		输出	
触摸屏	PLC	触摸屏	PLC
5 元投币	M0	起动灯	M10
10 元投币	M1	右移驱动	M12
50 元投币	M2	左移驱动	M13
起动按钮	M3	喷水驱动	M14
右极限	M4	洗刷驱动	M15
左极限	M5	喷清洁剂驱动	M16
复位按钮	M7	风扇驱动	M17

（续）

输入		输出	
触摸屏	PLC	触摸屏	PLC
停止按钮	M8	复位灯	M18
洗车金额设定	HD100	右移倒计时	HD11
右移时间设定	HD6	洗刷倒计时	HD12
洗刷时间设定	HD8	洗车机位移距离	HD10

1. 梯形图编程

1）初始化和投币功能参考程序梯形图如图 6-9 所示。

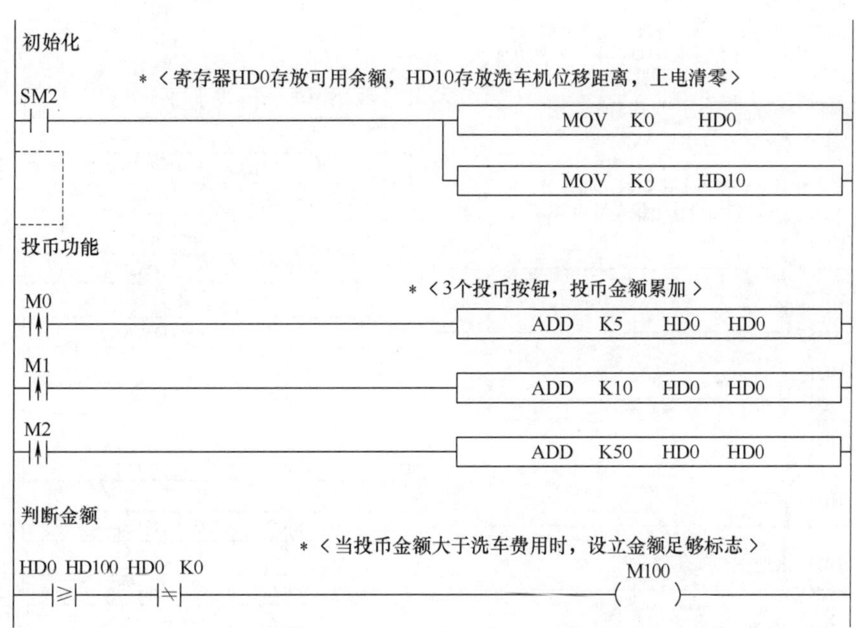

图 6-9　初始化和投币功能参考程序梯形图

2）触摸屏七段码显示参考程序如图 6-10 所示。当投币金额大于 1000 元时，由于触摸屏中只设置了 3 位七段码显示，因此显示“999”。下面举例说明本段程序是如何实现 3 位七段码显示功能的。例如存放投币金额的数据寄存器 HD0 的值为“158”，则百位数字为“1”，十位数字为“5”，个位数字为“8”。当前投币金额 HD0 除以 100（158/100=1.58），PLC 程序为“ DIV HD0 K100 HD1”，根据除法指令使用方法我们知道，

HD1 存放除法结果的商“1”，HD2 存放余数“58”；继续将余数 58 除以 10，PLC 程序为“ DIV HD2 K10 HD3”，HD3 存放除法结果的商“5”，HD4 存放余数“8”，也就是 HD1 存放百位数“1”，HD3 存放十位数“5”，HD4 存放个位数“8”，然后再将各数字转换成对应的七段码显示格式数据，将转换过的数据送到触摸屏七段码显示器，即可实现触摸屏多位数字的七段码显示功能。

图 6-10 触摸屏七段码显示参考程序梯形图

触摸屏七段码十位示数和个位示数显示方法可参考百位示数显示方法。

3）停止和复位功能参考程序如图 6-11 所示。

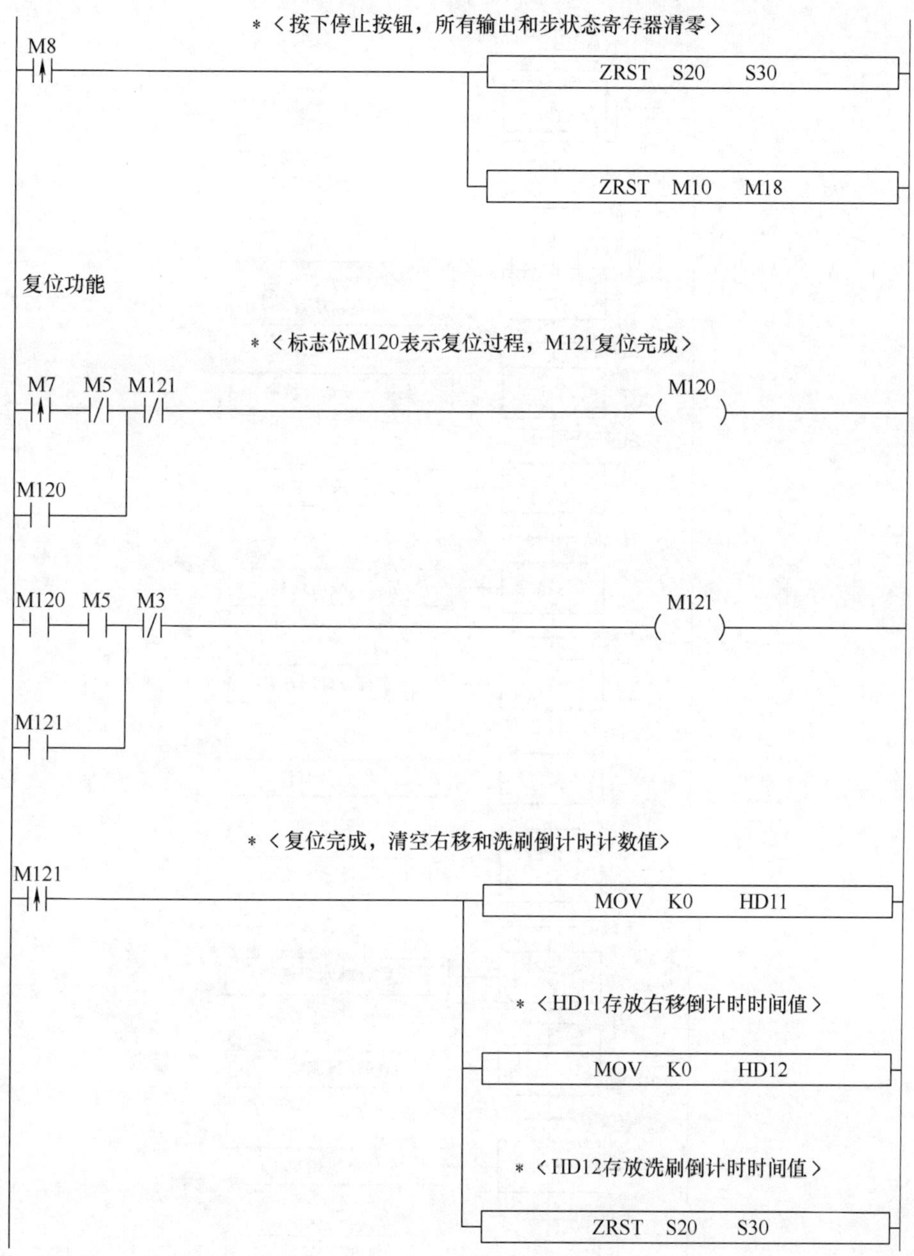

图 6-11　洗车停止和复位功能参考程序梯形图

4）洗车流程是一个典型的单序列顺序控制过程，顺序功能图如图 6-12 所示。在顺序功能图基础上采用起保停方式完成梯形图的编写。这种编程方式比较容易掌握，且通用性较强。洗车流程梯形图如图 6-13 所示。

5）输出采用软元件映射集中输出，部分参考程序如图 6-14 所示。自助洗车机其他动作输出与图 6-14 所示方法相同，这里不一一赘述了。

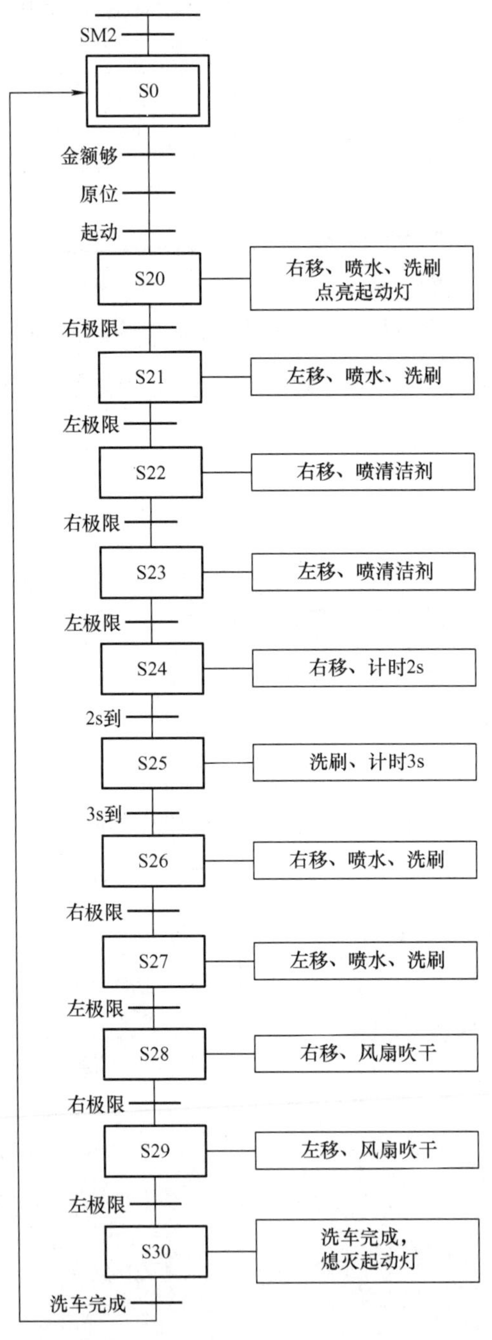

图 6-12 洗车流程顺序功能图

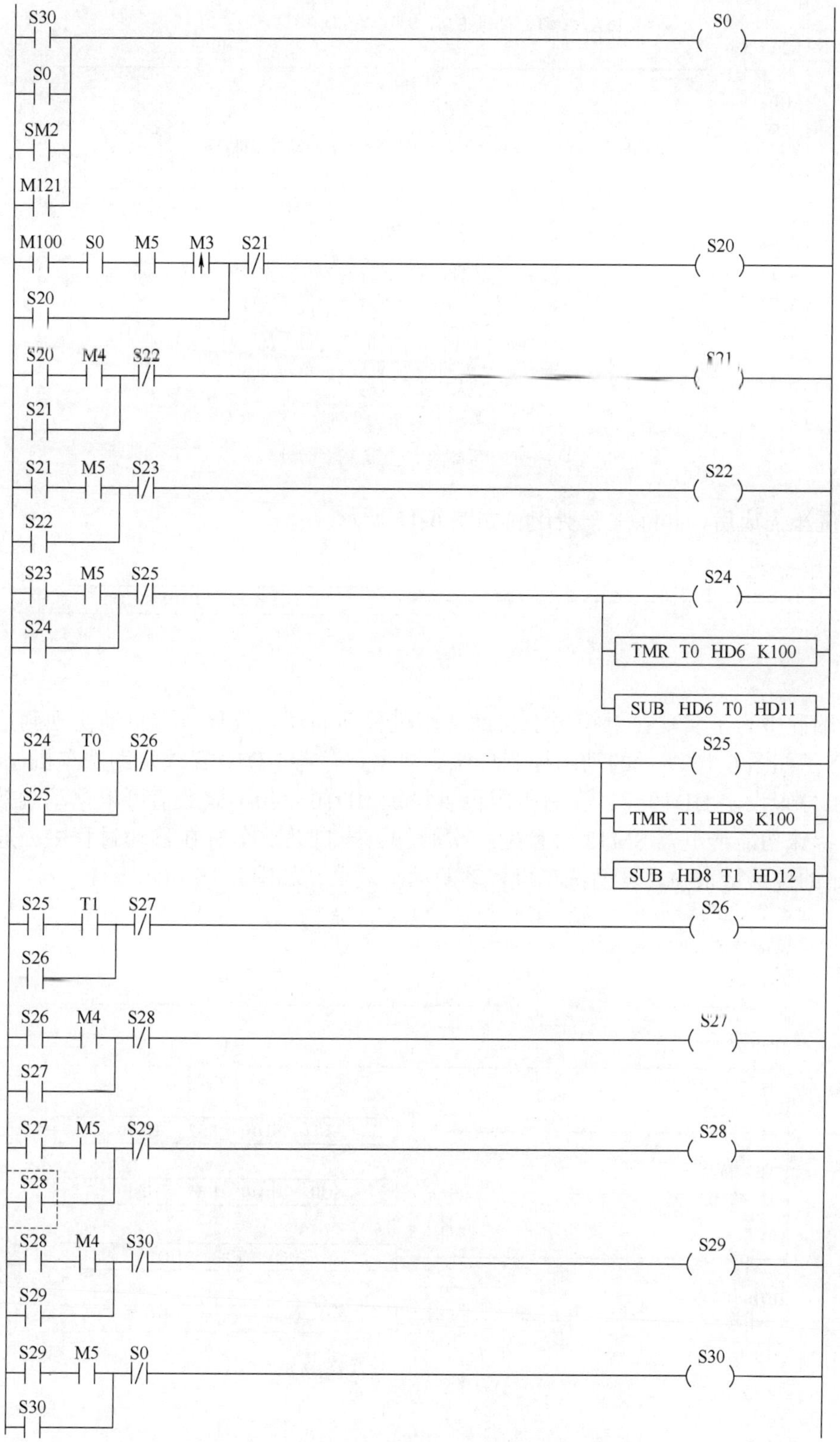

S30 S0
S0
SM2
M121

M100 S0 M5 M3 S21 S20
S20

S20 M4 S22 S21
S21

S21 M5 S23 S22
S22

S23 M5 S25 S24
S24
TMR T0 HD6 K100
SUB HD6 T0 HD11

S24 T0 S26 S25
S25
TMR T1 HD8 K100
SUB HD8 T1 HD12

S25 T1 S27 S26
S26

S26 M4 S28 S27
S27

S27 M5 S29 S28
S28

S28 M4 S30 S29
S29

S29 M5 S0 S30
S30

图 6-13　洗车流程梯形图

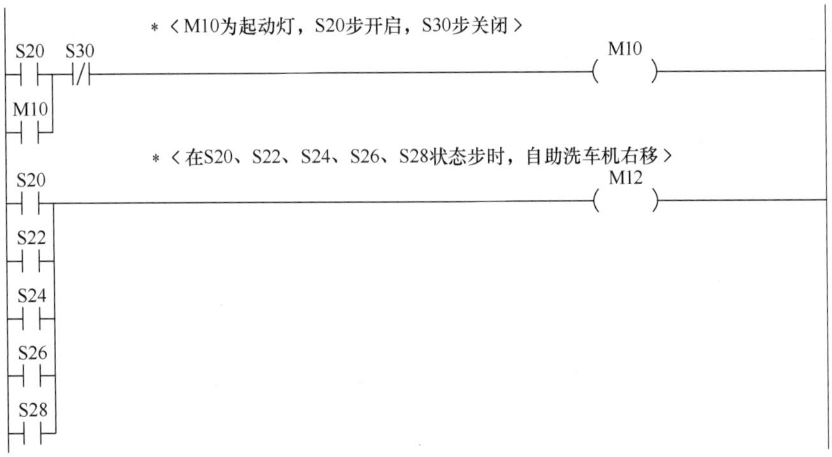

```
* <M10为起动灯，S20步开启，S30步关闭>
S20  S30                                   M10
-| |--|/|--------------------------------( )-
M10
-| |-

* <在S20、S22、S24、S26、S28状态步时，自助洗车机右移>
S20                                        M12
-| |-------------------------------------( )-
S22
-| |-
S24
-| |-
S26
-| |-
S28
-| |-
```

图 6-14 PLC 输出梯形图（部分）

6）洗车完成后，扣除洗车费用，如图 6-15 所示。

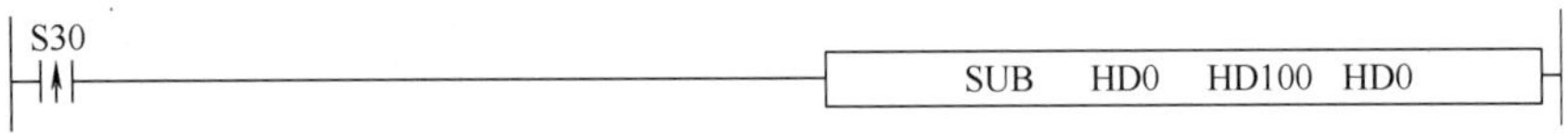

```
S30
-|↑|-----------------[SUB  HD0  HD100  HD0]-
```

图 6-15 洗车扣费梯形图

7）编程中为了实现在触摸屏上自助洗车机移动的动画效果，并自动实现到达左右限位，编制了如图 6-16 所示的动画控制程序。数据寄存器 HD10 存放自助洗车机位移距离，在左极限位置设定 HD10=0，在右极限位置设定 HD10=320（该数值可根据动画效果自行设置），特殊功能继电器 SM13 每秒发一次脉冲，当自助洗车机在移动过程中，通过每秒加减一定的位移量来实现自助洗车机移动的动画效果，如图 6-16 所示。

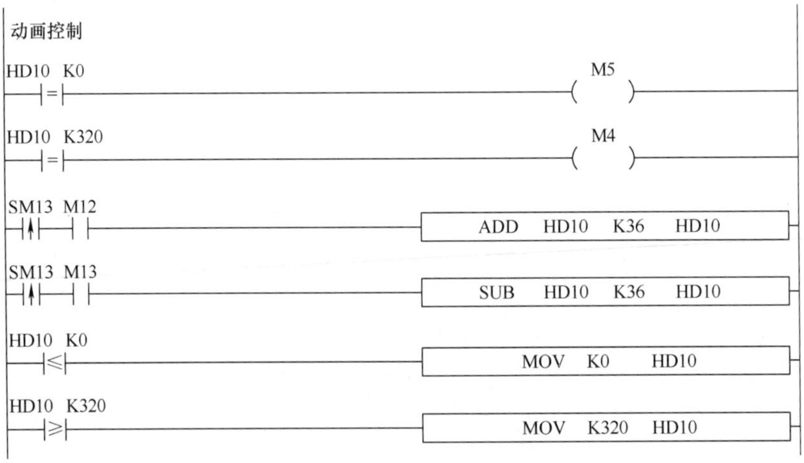

```
动画控制
HD10  K0                                   M5
--|=|------------------------------------( )-
HD10  K320                                 M4
--|=|------------------------------------( )-
SM13  M12
-|↑|--| |------------[ADD  HD10  K36  HD10]-
SM13  M13
-|↑|--| |------------[SUB  HD10  K36  HD10]-
HD10  K0
--|≤|----------------[MOV  K0  HD10]-
HD10  K320
--|≥|----------------[MOV  K320  HD10]-
```

图 6-16 PLC 动画控制梯形图

2. HMI 编程

根据任务要求，触摸屏界面设置两个画面，画面 1 为自助洗车机运行主页面，画面 2

为参数设置页面，如图 6-17、图 6-18 所示。运行主页面设置模拟动画（洗车机左右移动、喷水、洗刷、清洁剂、风扇等），6 个按钮（起动、停止、复位、5 元投币、10 元投币、50 元投币），指示灯（左右极限、起动标志灯、复位标志灯及数码管），2 个数据显示框（右移时间、洗刷时间）和 1 个“参数设置”画面跳转按钮。参数设置页面设置数据输入框 3 个（洗车费用设置、右移时间设置、洗刷时间设置）和 1 个“返回”画面跳转按钮；根据需要进行文字备注，界面合理布局，方便操作。

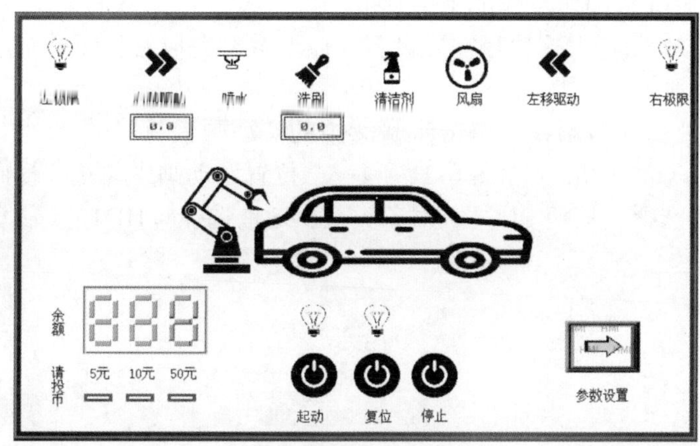

图 6-17　画面 1——运行主页面

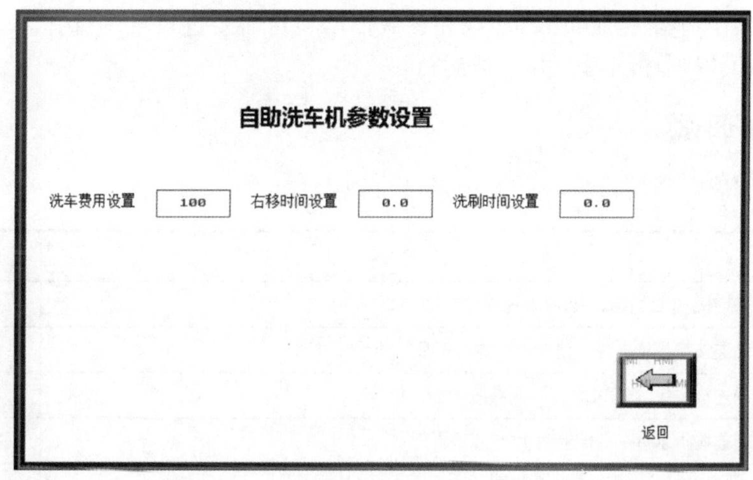

图 6-18　画面 2——参数设置页面

触摸屏编辑步骤如下：

1）打开 TouchWin 软件，新建工程，选择触摸屏型号为 TGM765（S/L）-MT/UT/ET/XT/NT，新建以太网设备“信捷 PLC”，在工程区添加画面 2，画面 1 为自助洗车机运行主页面，画面 2 为参数设置页面。

2）自助洗车机左右移动、喷水洗刷等动作的模拟动画设置。

① 单击图标，移动光标至画面中，单击左键放置。

② 双击“旋转动画”进行属性设置。单击“动画素材”选项卡“图片 0”/“添加”，在素材库中选择“喷水 –1”图片，如图 6-19 所示；单击“图片 1”/“添加”，在素材库中选择“喷水 –2”图片，如图 6-20 所示。

“动画”选项卡中，“周期时间”默认为 800ms；勾选“许可”和“寄存器控制”，寄存器控制属性中对象设备选择“信捷 PLC”，对象类型及地址选择“M14”；勾选“连续值”“单程模式”“线圈控制”，线圈控制属性中对象设备选择“信捷 PLC”，对象类型及地址选择“M14”。完成喷水动作的动画模拟。

③ 重复步骤①、②，根据项目需要设置对应参数，完成右移驱动、左移驱动、洗刷、清洁剂、风扇的动画制作。

④ 自助洗车机动画的制作，单击步骤②中的“动画素材”/“图片 0”/“添加”，在素材库中选择图片“洗车机”，如图 6-21 所示。“位置”动画中勾选“横向移动”，显示动画属性，对象设备选择“信捷 PLC”，对象类型及地址选择“HD10”。

图 6-19　喷水 –1 图

图 6-20　喷水 –2 图

图 6-21　洗车机图

3）自助洗车机人机界面中的指示灯部件包括左极限、右极限、起动标志灯、复位标志灯、金额显示部分的数码管。指示灯、按钮、数据输入框、数据显示框及画面跳转等部件设置的具体操作请参照项目 5，外观和参数根据项目需要进行合理选择。

4）完成触摸屏程序编写，并下载运行。

四、系统调试

根据实际现象，参照评分表对本项目进行检查。

模块	评分表	分值 / 分	得分
基础接线模块（30 分）	1. 正确连接 PLC 电源，使 PLC 能正常起动	5	
	2. 正确连接触摸屏电源，使触摸屏能够正常起动	5	
	3. 正确连接按钮，使 PLC 可正确接收到输入信号	5	
	4. 正确连接指示灯，并能通过 PLC 点亮	5	
	5. 按下按钮后，指示灯受 PLC 控制点亮	5	
	6. 正确连接可编程控制器与触摸屏之间的通信线缆	5	
PLC 编程（40 分）	1. 软元件地址注释表每少一处地址扣 0.5 分，最多扣 5 分	5	
	2. 未按下起动按钮，洗车机系统为初始状态（所有灯为熄灭状态、相应按钮为 OFF 状态、计时器不起动）不扣分；如初始化状态有异常，每处扣 0.5 分，最多扣 2 分	2	
	3. 按下起动按钮后，系统开始运行，自助洗车机按照要求正常运行不扣分；如运行不正常，每一点扣 1 分，最多扣 6 分	6	
	4. 投币显示正常，可按项目要求累计投币后起动	2	

（续）

模块	评分表	分值 / 分	得分
PLC 编程（40 分）	5. 按下复位按钮，系统当前动作立即停止，洗车机开始左移，到达左极限开关时原点复位灯亮起，每错一处扣 2 分	5	
	6. 按下停止按钮未停止扣 5 分；可以停止，但未按要求停止，扣 3 分	5	
	7. 相关运行时间参数不可设置扣 5 分；可设置但设置参数不全面，扣 3 分	5	
	8. 程序能够重复运行且正常，得 5 分；若只能运行一次扣 2 分	5	
	9. 按键之间无冲突，得 5 分	5	
触摸屏画面绘制（20 分）	1. 自助洗车机相应指示灯及按钮齐全，不扣分；每少一个扣 1 分，最多扣 4 分	4	
	2. 洗车机实时状态显示正确，不扣分；每错一处扣 0.5 分，最多扣 3 分	3	
	3. 计时时间显示正确且有单位不扣分；无时间显示，扣 3 分，有时间显示但无单位或单位不全、不正确，扣 2 分	3	
	4. 有加密页面，且正确输入密码后跳转到目标页面，不扣分；没有加密页扣 2 分；有加密页但跳转错误扣 1 分	2	
	5. 所有器件标注齐全（例如按钮备注、指示灯用处等），每有一处没标注扣 0.5 分，最多扣 3 分	3	
	6. 画面整齐，功能布局明朗，区域划分合理，得 5 分	5	
安全 6S 素养（10 分）	1. 安全用电，未发生带电插拔电线电缆，得 3 分	3	
	2. 着装规范整洁，未穿着存在安全隐患的服饰，得 2 分	2	
	3. 工位保持整洁，工具整齐，得 3 分	3	
	4. 地面清洁干净，得 2 分	2	
合计		100	

6.4　6S 整理

在所有的任务都完成后，按照 6S 职业标准打扫实训场地，6S 整理现场标准如图 6-22 所示。

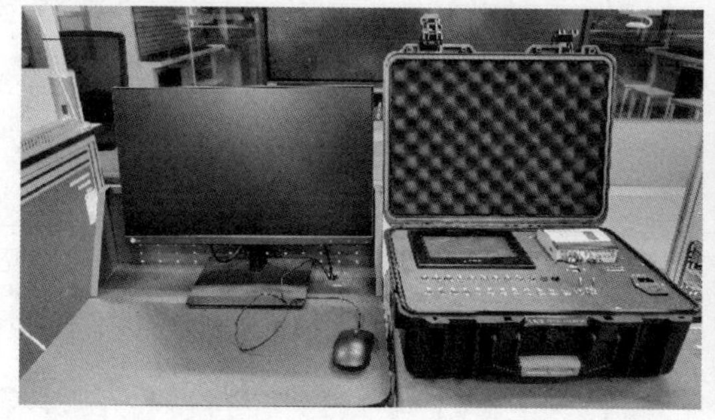
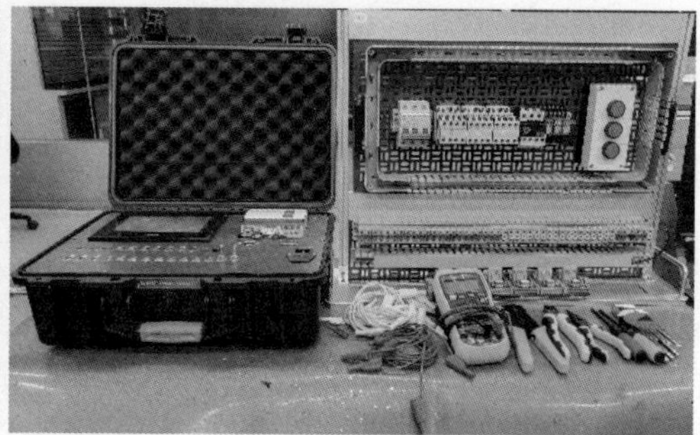

图 6-22　6S 整理现场标准图示

参 考 文 献

[1] 周斌 . PLC 应用技术（S7–1200 机型）[M]. 北京：高等教育出版社，2022.

[2] 莫莉萍，白颖 . 电机与拖动基础项目化教程 [M]. 北京：电子工业出版社，2018.

[3] 龚仲华，夏怡 . 交流伺服与变频技术及应用 [M]. 4 版 . 北京：人民邮电出版社，2021.

[4] 廖常初 . S7–1200PLC 编程及应用 [M]. 4 版 . 北京：机械工业出版社，2021.